Deepen Your Mind

Deepen Your Mind

前　言

馬克·庫班（NBA 獨行俠隊老闆，億萬富翁）說過，「人工智慧、深度學習和機器學習，不論你現在是否能夠理解這些概念，你都應該學習。否則三年內，你就會像被滅絕的恐龍一樣被社會淘汰。」

馬克·庫班的這番話可能聽起來挺嚇人的，但道理是無庸置疑的！我們正經歷一場大革命，這場革命就是由巨量資料和強大的電腦運算能力發起的。2016 年 3 月，震驚世界的 AlphaGo 以 4:1 的成績戰勝李世石，讓越來越多的人了解到人工智慧的魅力，也讓更多的人加入深度學習的研究。

然而普通的程式設計師想要快速入門深度學習，就需要使用簡單易懂的框架，自從 Google 公司開放了 TensorFlow 深度學習框架原始碼，深度學習這門技術便成為廣大開發者最實用的技術。而 Keras 框架使得撰寫神經網路模型更簡單、更高效。

深度學習如何高效入門可以說是 AI 領域老生常談的問題了，一種路徑是從傳統的統計學習開始，然後跟著書上推公式學數學；另一種路徑是從實驗入手，畢竟深度學習是一門實驗科學，可以透過學習深度學習框架 TensorFlow 和 Keras 以及具體的影像辨識的任務入手。對想要快速出成果的同學來說，第一種方法是不推薦的，除非你的數學很強想去做一些偏理論的工作，對大部分人來說還是從深度模型入手，以實驗為主來學習比較合適。

本書立足實踐，以通俗易懂的方式詳細介紹深度學習的基礎理論以及相關的必要知識，同時以實際動手操作的方式來引導讀者入門人工智慧深度學習。

▌範例原始程式、資料集、開發環境與答疑服務 ▌

本書提供範例原始程式、資料集，請至本公司官網下載。

▌本書適合的讀者 ▌

閱讀本書的讀者，需要具備 Python 語言基礎知識。只要你想改變自己的現狀，那麼這本書就非常適合你。本書就是給那些非專業出身而想半路「殺進」人工智慧領域的程式設計師們，提供快速上手的參考指南。

▌致謝 ▌

感謝我的妻子和女兒、你們是我心靈的港灣！

感謝我的父母，你們一直在默默地支持著我！

感謝我的朋友和同事，相互學習的同時彼此欣賞！

感謝清華大學出版社的老師們幫助我出版了這本有意義的著作。

萬事起頭難，只有打開了一扇窗戶，才能發現一個全新的世界。這本書能幫助新人打開深度學習的這扇門，讓更多的人享受到人工智慧時代到來的紅利。

▌繁體中文版說明 ▌

本書作者為中國大陸人士，為求本書程式碼能正確執行，本書文中出現的程式碼範例示意圖，均維持簡體中文介面輸出圖，以方便讀者在執行程式時比對執行結果，特此說明。

宋立桓

騰訊雲解決方案架構師

雲端運算、巨量資料、人工智慧諮詢顧問

目　錄

■ 第 1 章　人工智慧、機器學習與深度學習簡介 ■

1.1　什麼是人工智慧 1-1

1.2　人工智慧的本質 1-3

1.3　人工智慧相關專業人才的就業前景 1-6

1.4　機器學習和深度學習 1-6

  1.4.1　什麼是機器學習 1-6

  1.4.2　深度學習獨領風騷 1-8

  1.4.3　機器學習和深度學習的關係和對比 1-10

1.5　小白如何學深度學習 1-14

  1.5.1　關於兩個「放棄」 1-14

  1.5.2　關於三個「必須」 1-15

■ 第 2 章　深度學習開發環境架設 ■

2.1　Jupyter Notebook 極速入門 2-1

  2.1.1　什麼是 Jupyter Notebook 2-1

  2.1.2　如何安裝和啟動 Jupyter Notebook 2-2

  2.1.3　Jupyter Notebook 的基本使用 2-5

2.2　深度學習常用框架介紹 2-9

2.3　Windows 環境下安裝 TensorFlow（CPU 版本）和 Keras 2-11

2.4　Windows 環境下安裝 TensorFlow（GPU 版本）和 Keras 2-13

  2.4.1　確認顯示卡是否支持 CUDA 2-13

  2.4.2　安裝 CUDA 2-15

2.4.3　安裝 cuDNN 2-17

2.4.4　安裝 TensorFlow（GPU 版本）和 Keras 2-18

2.5　Windows 環境下安裝 PyTorch 2-19

2.5.1　安裝 PyTorch（CPU 版本）..................................... 2-19

2.5.2　安裝 PyTorch（GPU 版本）..................................... 2-21

▌第 3 章　Python 資料科學函數庫 ▌

3.1　張量、矩陣和向量... 3-1

3.2　陣列和矩陣運算函數庫——NumPy 3-3

3.2.1　串列和陣列的區別... 3-4

3.2.2　建立陣列的方法... 3-5

3.2.3　NumPy 的算數運算 3-6

3.2.4　陣列變形 3-7

3.3　資料分析處理函數庫——Pandas... 3-8

3.3.1　Pandas 資料結構 Series 3-8

3.3.2　Pandas 資料結構 DataFrame 3-9

3.3.3　Pandas 處理 CSV 檔案 3-11

3.3.4　Pandas 資料清洗 3-12

3.4　資料視覺化函數庫——Matplotlib 3-15

▌第 4 章　深度學習基礎 ▌

4.1　神經網路原理闡述... 4-1

4.1.1　神經元和感知器... 4-1

4.1.2　啟動函數 4-5

4.1.3　損失函數 4-8

4.1.4　梯度下降和學習率... 4-9

4.1.5　過擬合和 Dropout 4-10

4.1.6　神經網路反向傳播法 4-12

4.1.7　TensorFlow 遊樂場帶你玩轉神經網路 4-13

4.2　卷積神經網路 4-19

4.2.1　什麼是卷積神經網路 4-19

4.2.2　卷積神經網路詳解 4-20

4.2.3　卷積神經網路是如何訓練的 4-25

4.3　卷積神經網路經典模型架構 4-26

4.3.1　LeNet5 4-27

4.3.2　AlexNet 4-33

4.3.3　VGGNet 4-34

4.3.4　GoogLeNet 4-36

4.3.5　ResNet 4-38

▋ 第 5 章　深度學習框架 TensorFlow 入門 ▋

5.1　第一個 TensorFlow 的「Hello world」................................. 5-1

5.2　TensorFlow 程式結構 5-2

5.3　TensorFlow 常數、變數、預留位置 5-4

5.3.1　常數 5-4

5.3.2　變數 5-6

5.3.3　預留位置 5-9

5.4　TensorFlow 案例實戰 5-12

5.4.1　MNIST 數字辨識問題 5-12

5.4.2　TensorFlow 多層感知器辨識手寫數字 5-14

5.4.3　TensorFlow 卷積神經網路辨識手寫數字 5-20

5.5　視覺化工具 TensorBoard 的使用 5-27

第 6 章　深度學習框架 Keras 入門

6.1　Keras 架構簡介 6-1

6.2　Keras 常用概念 6-4

6.3　Keras 建立神經網路基本流程 6-5

6.4　Keras 建立神經網路進行鐵達尼號生還預測 6-9

　　6.4.1　案例專案背景和資料集介紹 6-9

　　6.4.2　資料前置處理 6-14

　　6.4.3　建立模型 6-15

　　6.4.4　編譯模型並進行訓練 6-16

　　6.4.5　模型評估 6-17

　　6.4.6　預測和模型的保存 6-18

6.5　Keras 建立神經網路預測銀行客戶流失率 6-20

　　6.5.1　案例專案背景和資料集介紹 6-21

　　6.5.2　資料前置處理 6-23

　　6.5.3　建立模型 6-25

　　6.5.4　編譯模型並進行訓練 6-26

　　6.5.5　模型評估 6-27

　　6.5.6　模型最佳化——使用深度神經網路輔以 Dropout 正規化 ... 6-29

第 7 章　資料前置處理和模型評估指標

7.1　資料前置處理的重要性和原則 7-1

7.2　資料前置處理方法介紹 7-2

　　7.2.1　資料前置處理案例——標準化、歸一化、二值化 7-3

　　7.2.2　資料前置處理案例——遺漏值補全、標籤化 7-6

　　7.2.3　資料前置處理案例——獨熱編碼 7-8

　　7.2.4　透過資料前置處理提高模型準確率 7-10

7.3　常用的模型評估指標 7-12

第 8 章　影像分類辨識

8.1　影像辨識的基礎知識 8-1
　　8.1.1　電腦是如何表示影像 8-1
　　8.1.2　卷積神經網路為什麼能稱霸電腦影像辨識領域 8-3
8.2　實例一：手寫數字辨識 8-7
　　8.2.1　MNIST 手寫數字辨識資料集介紹 8-7
　　8.2.2　資料前置處理 8-9
　　8.2.3　建立模型 8-10
　　8.2.4　進行訓練 8-13
　　8.2.5　模型保存和評估 8-14
　　8.2.6　進行預測 8-15
8.3　實例二：CIFAR-10 影像辨識 8-16
　　8.3.1　CIFAR-10 圖像資料集介紹 8-16
　　8.3.2　資料前置處理 8-17
　　8.3.3　建立模型 8-18
　　8.3.4　進行訓練 8-20
　　8.3.5　模型評估 8-23
　　8.3.6　進行預測 8-23
8.4　實例三：貓狗辨識 8-27
　　8.4.1　貓狗資料集介紹 8-27
　　8.4.2　建立模型 8-30
　　8.4.3　資料前置處理 8-31
　　8.4.4　進行訓練 8-32
　　8.4.5　模型保存和評估 8-34
　　8.4.6　進行預測 8-35
　　8.4.7　模型的改進最佳化 8-37

▌第 9 章　IMDB 電影評論情感分析▐

9.1　IMDB 電影資料集和影評文字處理介紹 9-1

9.2　基於多層感知器模型的電影評論情感分析 9-6

    9.2.1　加入嵌入層 9-7

    9.2.2　建立多層感知器模型 9-8

    9.2.3　模型訓練和評估 9-9

    9.2.4　預測 9-11

9.3　基於 RNN 模型的電影評論情感分析 9-14

    9.3.1　為什麼要使用 RNN 模型 9-14

    9.3.2　RNN 模型原理 9-15

    9.3.3　使用 RNN 模型進行影評情感分析 9-17

9.4　基於 LSTM 模型的電影評論情感分析 9-18

    9.4.1　LSTM 模型介紹 9-18

    9.4.2　使用 LTSM 模型進行影評情感分析 9-20

▌第 10 章　遷移學習▐

10.1　遷移學習簡介 10-1

10.2　什麼是預訓練模型 10-2

10.3　如何使用預訓練模型 10-5

10.4　在貓狗辨識的任務上使用遷移學習 10-6

10.5　在 MNIST 手寫體分類上使用遷移學習 10-11

10.6　遷移學習複習 10-14

▌第 11 章　人臉辨識實踐▐

11.1　人臉辨識 11-1

    11.1.1　什麼是人臉辨識 11-1

11.1.2　人臉辨識的步驟 11-3

11.2　人臉檢測和關鍵點定位實戰 11-8

11.3　人臉表情分析情緒辨識實戰 11-13

11.4　我能認識你——人臉辨識實戰 11-18

▌第 12 章　影像風格遷移 ▌

12.1　影像風格遷移簡介 12-1

12.2　使用預訓練的 VGG16 模型進行風格遷移 12-6

12.2.1　演算法思想 12-6

12.2.2　演算法細節 12-7

12.2.3　程式實現 12-11

12.3　影像風格遷移複習 12-20

▌第 13 章　生成對抗網路 ▌

13.1　什麼是生成對抗網路 13-1

13.2　生成對抗網路演算法細節 13-4

13.3　循環生成對抗網路 13-7

13.4　利用 CycleGAN 進行影像風格遷移 13-12

13.4.1　匯入必要的函數庫 13-13

13.4.2　資料處理 13-13

13.4.3　生成網路 13-15

13.4.5　整體網路結構的架設 13-19

13.4.6　訓練程式 13-21

13.4.7　結果展示 13-24

▌後記　進一步深入學習 ▌

第 1 章

人工智慧、機器學習與深度學習簡介

近些年來，業界許多的影像辨識技術與語音辨識技術的進步都源於深度學習（Deep Learning，DL）的發展。深度學習的發展極大地提升了機器學習（Machine Learning，ML）在人工智慧（Artificial Intelligence，AI）領域中的核心地位，進而再次掀起了人工智慧理論研究和產品研發的浪潮。深度學習摧枯拉朽般地實現了各種任務，使得幾乎所有的機器協助工具都變為可能，如無人駕駛汽車、預防性醫療保健、商業智慧等，都可以實現。甚至誇張到有人認為「AI 無所不能，馬上就要改變世界、取代人類」，這種誇張的領域，基本都跟深度學習有關。

1.1 什麼是人工智慧

首先，我們來界定一下接下來所要討論的人工智慧（AI）的定義和範圍。

AI 是 Artificial Intelligence 的縮寫，中文是大家廣知的「人工智慧」。它可以視為使機器具備類似人類的智慧，從而代替人類去完成某些工作和任務。

讀者對 AI 的認知可能來自《西方極樂園》《大英雄天團》《瓦力》等影視作品，這些作品中的 AI 都可以定義為「強人工智慧」，因為它們能夠像人類一樣去思考和推理，且具備知覺和自我意識。這就是所謂的強人工智慧，即指具有完全人類思考能力和情感的人工智慧。「弱人工智慧」則是指不具備完全智慧但能完成某一特定任務的人工智慧。這樣的弱人工智慧系統，能夠在特定的任務上、在已有的資料集上進行學習，同時能夠在今後沒見過的場景預測上獲得較好的結果。這種「弱人工智慧」就在我們身邊，早已服務在大家生活的各方面了，已經開始為社會創造價值。比如語音幫手，它整合在智慧型手機、智慧喇叭、輪車裡，甚至是我們的智慧手錶中。最常見的一種應用場景是，我們說「Hi Siri，幫我查查明天的天氣」，語音幫手立即響應我們的要求，告知我們天氣情況。這裡面涉及了機器如何聽懂、理解人類的意圖，然後在網際網路上找到合適的資料，再回覆給我們。

還有一個常見的應用場景是，機器人電話客服，相信大家平時都接到過一些推銷電話（甚至是騷擾電話），電話那端和人類的聲音是完全一樣的，甚至能夠對答如流，但是我們有沒有想過，和我們進行交流的其實只是一台機器呢？

這個其實是最接近大家普遍認知的人工智慧，無奈要讓機器完全理解人類的自然語言還是「路漫漫其修遠兮」，特別是人類隱藏在語言裡面的情感、隱喻，機器要理解起來依然是困難重重。所以，自然語言處理（NLP）一直被視為是人類征服人工智慧的一座高峰。在網上可以搜索到很多關於自然語言處理的相關內容，有興趣的讀者可以進一步去查閱和了解。

相比於理解自然語言，電腦視覺的發展就順利得多，它教電腦能「看懂」一些人類交給它們的事物。比如在停車場出入口處汽車牌照的辨識，以前得請一個專職人員天天守在出入口處登記車牌號、計算停車費、繳費後放行等，現在幾乎是一個攝影機即可搞定所有的事情。

在購物的應用場景中，如 Amazon 的無人超市，能夠透過人臉辨識知道顧客是不是來過、以前有沒有在這家超市購物過，從而給顧客推薦他們心儀的商品，使顧客獲得更好的購物體驗。

除了身邊這些「有形」的能看能聽的人工智慧產品或服務，那些幫助人類做決策、做預測的人工智慧系統也是人工智慧技術的強項。

比如刷抖音的時候，後端伺服器會學習使用者的喜好，推薦越來越符合使用者喜好的影片。

再比如說專業性更高的醫療行業，你有沒有想過，自己學醫八年，從 20 到 28 歲，嘔心瀝血孜孜以求，到頭來仍然有可能被新技術所取代。筆者朋友的兒子是醫療影像專業的，在一家醫院工作，有一次一起交流的時候發現他對自己的前景充滿了擔憂：他說一個影像科的醫生，從學習到出師，需要花費十餘年的時間；這些 X 光片或 CT、核磁共振的片子及其診斷結果，如果讓人工智慧診療系統來進行判斷，可能只需要幾秒鐘就能完成，而且機器診斷的準確率還會明顯地高於人類醫生，同時成本也更低。

對於家庭生活場景中的應用，在每年的 CES（國際消費類電子產品展覽會）中我們都會看到全球智慧家居廠商發佈的硬核心產品。2019 年科沃斯發佈了第一款基於視覺辨識技術的掃地機器人 DG70，它可以辨識家裡的鞋子、襪子、垃圾桶、充電線，當然除了用到視覺辨識系統之外，還需要機身上各種各樣的感測器資訊的融合處理，才能在清掃複雜家居環境時實現合理避障。

1.2 人工智慧的本質

先舉一個簡單的例子，如果我們需要讓機器具備辨識「狗」的智慧：第一種方式是我們需要將狗的特徵（毛茸茸、四條腿、有尾巴……）告訴機器，機器將滿足這些規則的東西辨識為狗；第二種方式是我們完全不告訴機器狗有什麼特徵，但我們給機器提供 10 萬幅狗的圖片，機器自個兒從已有的圖片中學習到狗的特徵，從而具備辨識狗的智慧。

其實，AI 在實現時其本質上都是一個函數。我們給機器提供目前已有的資料，機器從這些資料裡找出一個最能擬合（即最能滿足）這些資料的函數，當有新的資料需要預測時，機器就可以透過這個函數去預測出這個新資料對應的結果是什麼。

對於一個具備某種 AI 的模型而言，它有以下要素：「資料」+「演算法」+「模型」，理解了這三個詞及其之間的連結，AI 的本質也就容易搞清楚了。

我們用一個能夠區分貓和狗圖片的分類器模型來輔助理解一下這三個詞：

「**資料**」就是我們需要準備大量標注過是「貓」還是「狗」的圖片。為什麼要強調大量？因為只有資料量足夠大，模型才能夠學習到足夠多且準確區分貓和狗的特徵，才能在區分貓狗這個任務上表現出足夠高的準確性。當然，在資料量不大的情況下，我們也可以訓練模型，不過在新資料集上預測出來的結果往往就會差很多。

「**演算法**」指的是建構模型時我們打算用淺層的網路還是深層的網路？如果是深層的話，我們要用多少層？每層有多少神經元？功能是什麼？也就是在深度學習的網路架構中確定預測函數應該採用什麼樣的網路結構及其層數。

我們用 Y=f(W, X, b) 來表示這一函數，X 是已有的用來訓練的資料（貓和狗的圖片），Y 是已有的圖片資料的標籤（標注該圖片是貓還是狗）。那麼該函數中的 W 和 b 是什麼呢？就是函數中的 W（權重）和 b（偏置），這兩個參數需要機器學習後「自己」找出來，找的過程也就是模型訓練的過程。

「**模型**」指的是我們把資料帶入到演算法中進行訓練（train），機器會不斷地學習，當機器找到最佳 W 和 b 後，我們就說這個模型訓練於是函數 Y=f(W, X, b) 就完全確定下來了。

然後，我們就可以在已有的資料集外給模型一幅新的貓或狗的圖片，模型就能透過函數 Y=f(W, X, b) 算出來這幅圖究竟是貓還是狗，這也就是該模型的預測功能。

簡單複習一下：不管是最簡單的線性回歸模型、還是較複雜的擁有幾十個甚至上百個隱藏層的深度神經網路模型，其本質都是尋找一個能夠良好地擬合目前已有資料的函數 Y=f(W, X, b)，並且我們希望這個函數在新的未知資料上也能夠表現良好。

上面提到的科沃斯發佈的 DG70 掃地機器人，只給它一隻「眼睛」和有限個感測器，但卻要求它可以辨識日常家居物品：比如前方遇到的障礙物是拖鞋還是很重的傢俱腳，可不可以推過去？如果遇到了衣服、抹布這種奇形怪狀的軟布，掃地機器人還需要準確辨識出來以避免被纏繞。

讓掃地機器人完成影像辨識大致需經過以下幾個步驟：

（1）定義問題：根據掃地機器人的使用場景，需要辨識家居場景中可能遇到的所有障礙物：傢俱、桌腳、抹布、拖鞋等。有了這些類別的定義，我們才可以訓練一個多分類模型，針對掃地機器人眼前看到的物體進行分類，並且採取對應的避開動作。由於機器智慧無法像人類一樣去學習，去自我進化，去舉一反三，因此當前階段的機器智慧，永遠只能忠實地執行人類交給它的任務。

（2）收集資料與訓練模型：接下來去收集資料並標注資料。現在的深度神經網路動不動就是幾百萬個參數，具有非常強大的表達能力，因此需要大量標注的資料。在收集了有關圖片之後，還需要人工標注員一個一個地去判斷這些圖片屬於上面已定義類別中的哪一類。因為標注需要人工來完成，所以這項工作的成本非常高，一個任務一年可能要花費上千萬元。有了高品質的標注資料，才有可能有效驅動深度神經網路去「學習」真實的世界。

（3）這麼複雜的人工智慧運算在這個具體案例上是在掃地機器人上執行的。一方面是要保護使用者的隱私，不能將使用者資料上傳到雲端；另一方面，掃地是一個動態過程，很多運算對時效性要求非常高，稍有延遲掃地機器人就可能撞到牆壁了。

如上所述，就連簡單的「辨識拖鞋」都需要經過上面這麼複雜的過程。所以，掃地機器人雖小，但其中涉及的技術堪比自動駕駛汽車涉及的技術。對自動駕駛汽車來説，其訊號收集的過程跟上面掃地機器人差不多。不過為了保證訊號的精確程度，自動駕駛汽車除了影像視覺訊號之外，車身會配備更多的感測器，用於精確感知周圍的環境。

1.3 人工智慧相關專業人才的就業前景

1. 人工智慧產業高速發展引發巨量人才需求

近年來，隨著人工智慧的高速發展，人類的生產效率和生活品質都得到大幅提升，各路資本、巨頭和創業公司紛紛湧入相關領域，蘋果、Google、微軟、亞馬遜和臉書等五大巨頭都投入了大量資源先佔人工智慧市場，甚至將自己整體轉型為人工智慧驅動型公司。據麥肯錫統計，全世界，科技巨頭在 AI 上的相關投入已經達到 200~300 億美金，其中 90% 用於技術研發和部署，10% 用於收購。此外，初創公司導向的 VC 和 PE 投資也快速增長，總計 60~90 億美金，三年間的外部投資年增長率接近 40%。人工智慧是一個日益增長且正面臨全面商業化的行業，需要的人只會越來越多，而非越來越少。傳統行業的智慧化已經啟動，企業在 AI 時代建構新的競爭優勢的核心在於人工智慧以及人才的有效供給。目前對人工智慧人才的培養處於較為落後的狀態，大專院校對人才的培養很難滿足企業需求。一些掌握人工智慧前端技術的企業開始尋找新的人才培養模式，未來將有更多的符合職位需求的人才進入市場。

1.4 機器學習和深度學習

■ 1.4.1　什麼是機器學習 ■

要說明什麼是深度學習，首先要知道機器學習、神經網路、深度學習之間的關係。

眾所皆知，機器學習是一種利用資料訓練出模型，然後使用模型預測的技術。與傳統的為解決特定任務、透過編碼實現的軟體程式不同，機器學習使用大量的資料來「訓練」，透過各種演算法從資料中學習如何完成任務。

　　機器學習是人工智慧的子領域，機器學習理論主要是研究、分析和設計一些讓電腦可以自動學習的演算法。

　　舉例來說，假設要建構一個辨識貓的程式。按照以往的方式，如果我們想讓電腦進行辨識，需要輸入一串指令，例如貓長著毛茸茸的毛、頂著一對三角形的耳朵等，然後電腦根據這些指令執行下去。但是，如果我們對程式展示一隻老虎的照片，程式應該如何反應呢？更何況透過傳統方式制定全部所需的規則，在此過程中必然會涉及一些困難的概念，比如對毛茸茸的定義。因此，更好的方式是讓機器自學。我們可以為機器提供大量貓的照片，機器系統將以自己特有的方式查看這些照片。隨著實驗的反覆進行，系統會不斷學習更新，最終能夠準確地判斷出哪些是貓，哪些不是貓。

　　在這種機器自學的方式中，我們不給機器規則，取而代之的是，我們提供機器大量針對某一任務的資料，讓機器自己去學習，去挖掘出規律，從而具備完成某一任務的智慧。因此，機器學習就是透過演算法，使用大量資料進行訓練，訓練完成後會產生模型，訓練好的模型就用於新資料結果的預測。

　　機器學習的常用方法主要分為監督式學習（Supervised Learning）和無監督式學習（Unsupervised Learning）。

1. 監督式學習

　　監督式學習需要使用有輸入和預期輸出標記的資料集。比如，如果指定的任務是使用一種影像分類演算法對男孩和女孩的影像進行分類，那麼男孩的影像需要帶有「男孩」標籤，女孩的影像需要帶有「女孩」標籤。這些資料被認為是一個「訓練」資料集，透過已有的訓練資料集（即已知資料及其對應的輸出）去訓練，從而得到一個最佳模型，這個模型就具有了對未知資料進行分類的能力。它之所以被稱為監督式學習，是因為演算法在使用訓練資料集進行學習的過程中就像是有一位老師正在監督。在我們預先知道正確的分類答案的情況下，演算法對訓練資料不斷進行迭代預測，其預測結果由「老師」不斷進行修正。當演算法達到可接受的性能水準時，學習過程才會停止。

在人對事物的認識中，我們從孩童開始就被大人們教授這是鳥、那是豬、那是房子，等等。我們所見到的景物就是輸入資料，而大人們對這些景物的判斷結果（是房子還是鳥）就是對應的輸出。當我們見識多了以後，腦子裡就慢慢地獲得了一些泛化的模型，這就是訓練得到的那個（或那些）函數，之後不需要大人在旁邊指點，孩子也能分辨出來哪些是房子，哪些是鳥。

2. 無監督式學習

無監督式學習（也被稱為非監督式學習）是另一種機器學習方法，它與監督式學習的不同之處在於事先沒有任何訓練樣本，而需要直接對資料進行建模。這聽起來似乎有點不可思議，但是在我們自身認識世界的過程中，很多地方都用到了無監督式學習。比如，我們去參觀一個畫展，就算之前對藝術一無所知，但是在欣賞完多幅作品之後，我們也能把它們分成不同的派別（比如哪些更朦朧一點，哪些更寫實一些，即使我們不知道什麼叫作朦朧派，什麼叫作寫實派，但是至少我們能把它們分為兩類）。

■ 1.4.2 深度學習獨領風騷 ■

機器學習有很多經典演算法，其中有一個是「神經網路」（Neural Network，NN）演算法。神經網路最初是一個生物學的概念，一般是指由大腦神經元、觸點、細胞等組成的網路，用於產生意識，幫助生物思考和行動，後來人工智慧受神經網路的啟發，發展出了類神經網路（Artificial Neural Network，ANN）。「類神經網路」是指由電腦模擬的「神經元」（Neuron）一層一層組成的系統。這些「神經元」與人類大腦中的神經元相似，透過加權連接相互影響，並透過改變連接上的權重來改變神經網路執行的計算。

最初的神經網路是感知器（Perceptron）模型，可以認為是單層神經網路，但由於感知器演算法無法處理多分類問題和線性不可分問題，當時運算能力也落後，因而對神經網路的研究沉寂了一段時間。2006 年，Geoffrey Hinton 在《科學》（Science）學術期刊上發表了一篇文章，不僅解決了神經網路在計算上的難度，同時也說明了深度神經網路（Deep Neural Network，DNN）在學習上的優異性。深度神經網路的「深度」指的是這個神經網路的複雜度，神經網路的層數越多就越複雜，它所具備的學習能力也就越強。此後神經網路重新成為機器學習中主流的學習技術，基於深度神經網路的機器學習則被稱為深度學習。

如圖 1-1 所示，神經網路與深度神經網路的區別在於隱藏層級。神經網路一般有輸入層→隱藏層→輸出層，一般來說隱藏層大於 2 的神經網路就叫作深度神經網路。深度學習的實質就是透過建構具有很多隱藏層的機器學習模型和巨量的訓練資料，來學習更有用的特徵，從而最終提升分類或預測的準確性。

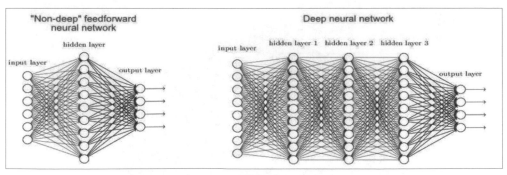

圖 1-1

有「電腦界諾貝爾獎」之稱的 ACMAM 圖靈獎（ACM A.M. Turing Award）公佈 2018 年的獲獎者是引起這次人工智慧革命的三位深度學習之父——蒙特婁大學教授 Yoshua Bengio、多倫多大學名譽教授 Geoffrey Hinton、紐約大學教授 Yann LeCun，他們使深度神經網路成為人工智慧的關鍵技術。ACM 這樣介紹他們三人的成就：Hinton、LeCun 和 Bengio 三人為深度神經網路這一領域建立起了概念基礎，透過實驗揭示了神奇的現象，還貢獻了足以展示深度神經網路實際進步的工程進展。

　　Google 的 AlphaGo（阿爾法狗）與李世石九段進行了驚天動地的大戰，AlphaGo 最終以絕對優勢完勝李世石九段，擊敗棋聖李世石的 AlphaGo 所用到的演算法，實際上就是基於神經網路的深度學習演算法。人工智慧、機器學習、深度學習成為這幾年電腦行業、網際網路行業最火的技術名詞。

1.4.3　機器學習和深度學習的關係和對比

　　如圖 1-2 所示，深度學習屬於機器學習的子類。它的靈感來自人類大腦的工作方式，是利用深度神經網路來解決特徵表達的一種學習過程。深度神經網路本身並非一個全新的概念，可以視為包含多個隱藏層的神經網路結構。為了提高深度神經網路的訓練效果，人們對神經元的連接方法以及啟動函數（Activation Function）等方面做出了調整。其目的在於建立模擬人腦進行分析學習的神經網路，模仿人腦的機制來解釋或「理解」資料，如文字、影像、聲音等。

圖 1-2

如果是傳統的機器學習的方法，我們會首先定義一些特徵，比如有沒有鬍鬚、耳朵、鼻子、嘴巴的模樣等。總之，我們首先要確定對應的「臉部特徵」作為機器學習的特徵，以此來對我們的物件進行分類辨識。

現在，深度學習的方法則更進一步。深度學習會自動地找出這個分類問題所需要的重要特徵，而傳統機器學習則需要我們人工地舉出特徵。

那麼，深度學習是如何做到這一點的呢？還是以辨識貓和狗的例子來說明，按照以下步驟：

步驟 1 首先確定出有哪些邊和角與辨識出貓和狗的關係最大。

步驟 2 然後根據上一步找出的很多小元素（邊、角等）建構層級網路，找出它們之間的各種組合。

步驟 3 在建構層級網路之後，就可以確定哪些組合可以辨識出貓和狗。

深度學習的「深」是因為它通常會有較多的隱藏層，正是因為有那麼多隱藏層存在，深度學習網路才擁有表達更複雜函數的能力，也才能夠辨識更複雜的特徵，繼而完成更複雜的任務。有關機器學習與深度學習，我們從以下幾個方面進行比較。

1. 資料依賴

機器學習能夠適應各種規模的資料量，特別是資料量較小的場景。如果資料量迅速增加，那麼深度學習的效果將更加突出，如圖 1-3 所示。這是因為深度學習演算法需要大量資料才能完美理解。隨著資料量的增加，二者的表現有很大區別。

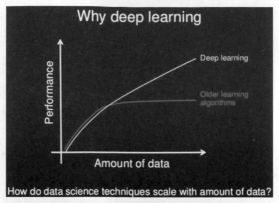

圖 1-3

　　從資料量對不同方法的影響來看，我們可以發現深度學習適合處理巨量資料，而資料量比較小的時候，用傳統的機器學習也許更合適，結果更好。為了實現高性能，深層網路需要非常大的資料集，之前提到的預先訓練過的神經網路用了 120 萬幅影像進行訓練。對許多應用來說，這樣的巨量資料集並不容易獲得，並且花費昂貴且非常耗時。對於較小的資料集，傳統的機器學習演算法通常優於深度學習網路。

2. 硬體依賴

　　深度學習十分地依賴高階的硬體設施，因為計算量實在太大了！深度學習中涉及很多的矩陣運算，因此很多深度學習都要求有 GPU 參與運算，因為 GPU 就是專門為矩陣運算而設計的。相反地，機器學習隨便給一台普通的電腦就可以執行，物美價廉。深度學習網路需要高端 GPU 輔助巨量資料集的訓練，這些 GPU 非常昂貴，但是深層網路的訓練過程離不開高性能的 GPU，此外，還需要快速的 CPU、SSD 儲存以及快速且大容量的 RAM。

　　傳統的機器學習演算法只需要一個「體面」的 CPU 就可以訓練得很好，對硬體的要求不高。由於它們在計算上並不昂貴，可以更快地迭代，因此在更短的時間內可以嘗試更多不同的技術。

3. 特徵工程

特徵工程就是指我們在訓練一個模型的時候，首先需要確定有哪些特徵。在機器學習方法中，幾乎所有的特徵都需要透過行業專家來確定，然後手工編碼。而深度學習演算法試圖自己從資料中學習特徵，這也是深度學習十分引人注目的一點，畢竟特徵工程是一項十分煩瑣、耗費很多人力物力的工作，深度學習的出現大大減少了發現特徵的成本。

經典的機器學習演算法通常需要複雜的特徵工程。首先在資料集上執行深度探索性資料分析，然後做一個簡單的降低維數的處理，最後必須仔細選擇最佳功能以傳遞給機器演算法。當使用深度網路時，不需要這樣做，因為只需將資料直接傳遞給網路，通常就可以實現良好的性能。這完全消除了原有的大型和具有挑戰性的特徵工程階段。

4. 執行時間

執行時間是指訓練演算法所需要的時間量。一般來説，深度學習演算法需要花大量時間來進行訓練，因為該演算法包含有很多參數，因此訓練時間更長。頂級的深度學習演算法需要花幾周的時間來完成訓練。相對而言，普通機器學習演算法的執行時間較短，一般幾秒鐘、最多幾小時就可以訓練好。不過，深度學習花費這麼大力氣訓練出模型肯定不會白費力氣的，其優勢就在於模型一旦訓練好，在預測任務上會執行得更快、更準確。

5. 可理解性

最後一點，也是深度學習的缺點（其實也説不上是缺點），那就是在很多時候我們難以理解深度學習。一個深層的神經網路，每一層都代表一個特徵，而層數多了，我們也許根本就不知道它們代表的是什麼特徵，也就沒法把訓練出來的模型用於對預測任務進行解釋。舉例來說，我們用深度學習方法來批改論文，也許訓練出來的模型對論文評分都十分準確，但是我們無法理解模型到底是什麼規則，於是那些拿了低分的同學找你質問「憑什麼我的分這麼低啊？」你也啞口無言，因為深度學習模型太複雜，內部的規則很難理解。

但是傳統機器學習演算法不一樣，比如決策樹演算法，就可以明確地把規則列出來，每一個規則，每一個特徵，我們都可以理解。此外，調整超參數並更改模型設計也很簡單，因為我們對資料和底層演算法都有了更全面的了解。相比較而言，深度學習網路是個「黑盒子」，研究人員無法完全了解深層網路的「內部」。

1.5 小白如何學深度學習

近幾年來，深度學習的發展極其迅速，其影響力已經遍地開花，在醫療、自動駕駛、機器視覺、自然語言處理等各方面大顯身手。在深度學習這個世界級的大風口上，誰能搶先進入深度學習領域，學會運用深度學習技術，誰就能真正地在 AI 時代「飛」起來。

對每一個想要開始學習深度學習方法的大學生、程式設計師或其他轉行的人來說，最頭疼也是最迫切的需求就是深度學習該如何入門呢？下面筆者談一談自己的看法。

1.5.1 關於兩個「放棄」

1. 放棄巨量資料

沒錯，就是放棄巨量資料！在我們想要入門深度學習的時候，往往會搜集很多資料，什麼某某學院深度學習內部資源、深度學習從入門到進階百GB 資源、某某人工智慧教學，等等。很多時候我們拿著十幾 GB、幾百 GB 的學習資源，將其踏踏實實地儲存在某雲端硬碟裡，等著日後慢慢學習。殊不知，有 90% 的人僅只是搜集資料、保存資料而已，放在雲端硬碟裡一年半載都忘了去學習。躺在雲端硬碟的資料很多時候只是大多數人「以後好好學習」的自我安慰和自我安全感而已。而且，面對巨量的學習資料，很容易陷入一種迷茫的狀態，最直接的感覺就是：天啊，有這麼多東西要學！天啊，還有這麼多東西沒學！簡單來說，就是選擇越多，越容易讓人陷入無從選擇的困境。

所以，第一步就是要放棄巨量資料！轉而選擇一份真正適合自己的資料，好好研讀下去、消化它！最終會發現，這樣做收穫很大。

2. 放棄從數學基礎起步

深度學習的初學者，總會在學習路徑上遇到困惑。先是那一系列框架，就讓我們不知道該從哪兒著手。一堆書籍，也讓我們猶豫該如何選擇。即使去諮詢專業人士，他們也總會輕飄飄地告訴我們一句「先學好數學」。怎樣算是學好？深度學習是一門融合機率論、線性代數、凸優化、電腦、神經科學等多方面的複雜技術。學好深度學習需要的理論知識很多，有些人可能基礎不是特別紮實，就想著從最底層的知識開始學起，機率論、線性代數、凸優化公式推導，等等。但是這樣做的壞處是比較耗時間，而且容易造成「懈怠學習」，打擊了學習的積極性，直到自己徹底放棄學習。真要是按照他們的要求，按部就班去學，沒有個幾年時間，我們連數學和程式設計基礎都學不完。可到那時候，許多「低垂的果實」還在嗎？

因為啃書本和推導公式相對來說比較枯燥，遠不如直接架設一個簡單的神經網路更能激發自己學習的積極性。當然，不是說不需要鑽研基礎知識，只是說，在入門的時候，最好先從頂層框架上開始，有個系統的認識，然後再從實踐到理論，有的放矢地查漏補缺機器學習的基礎知識。從宏觀到微觀，從整體到細節，更有利於深度學習快速入門！而且從學習的積極性來說，也有著「正回饋」的作用。

■ 1.5.2 關於三個「必須」 ▌

談完了深度學習入門的兩個「放棄」之後，我們來看下一步，深度學習究竟該如何快速入門？

1. 必須選擇程式語言：Python

俗話説「工欲善其事，必先利其器！」學習深度學習，掌握一門合適的程式語言非常重要！最佳的選擇就是 Python。為什麼人工智慧、深度學習會選擇 Python 呢？一方面是因為 Python 作為一門直譯型語言，入門簡單、容易上手。另一方面是因為 Python 的開發效率高，Python 有很多函數庫很方便用於人工智慧演算法，比如 NumPy 做數值計算，Sklearn 做機器學習，Matplotlib 將資料視覺化 ...... 等。整體來説，Python 既容易上手，又是功能強大的程式語言。可以毫不誇張地説，Python 可以支援從太空船系統的開發到小遊戲開發的幾乎所有領域。

這裡筆者要為 Python 瘋狂推薦，因為 Python 作為萬能的膠水語言，能做的事情實在太多了，並且它還非常容易上手。筆者大概花了 50 個小時學習了 Python 的基礎語法，然後就開始動手撰寫程式去爬小説、爬網易雲音樂的評論等程式。

總之，Python 是整個學習過程中並不耗費精力的環節，但是剛開始記語法確實是很無聊、很無趣的，需要堅持一下。

2. 必須選擇一個或兩個最好的深度學習框架

對於業界的人工智慧專案，一般的原則都是「不重複造輪子」：不會去從零開始撰寫一套機器學習的演算法，往往是選擇採用一些已有的演算法函數庫和演算法框架。以前，我們可能會選用已有的各種演算法來解決不同的機器學習問題。現在隨著深度學習的流行，一套神經網路框架 TensorFlow、Keras 等就可以解決幾乎所有的機器學習問題，進一步降低了機器學習任務的開發難度。如果説 Python 是我們手中的利器，那麼一個好的深度學習框架就無疑給了我們更多的資源和工具，方便我們實現龐大、高級、優秀的深度學習專案。

奧卡姆剃刀定律（Occam's Razor，Ockham's Razor），又稱為「奧康的剃刀」，它是由 14 世紀英格蘭的邏輯學家、聖方濟各會修士奧卡姆的威廉（William of Occam，約 1285 年至 1349 年）提出。這個原理稱為「如無必要，勿增實體」，即「簡單有效原理」。正如他在《箴言書注》2卷15題所說「切勿浪費較多東西去做事情，用較少的東西同樣可以做好的事情。」

深度學習底層的結構實際很複雜。然而，作為應用者，我們只需要幾行程式就能實現神經網路，加上資料讀取和模型訓練，也不過寥寥十來行左右的程式。感謝科技的進步，深度學習的使用者介面，越來越像搭積木。只要我們投入適當的學習成本，就總能很快學會的。

TensorFlow 是可以把一個模型程式量大大減少的框架， Keras 就是讓模型程式量可以少到令人震驚的一種框架，當用 Keras 寫完第一個模型後，筆者的心情真的是無比激動。

本章介紹貓和狗分類的例子，如果這個分類器模型程式在 Keras 框架下實現，則只要寥寥幾行程式就能把一個擁有著卷積層（Convolutional Layer，簡稱 Conv Layer）、池化層（Pooling Layer，簡稱 Pool Layer）和全連接層（Fully Connected Layer，簡稱 FC Layer）並且使用 Adam 這個較高級最佳化方法的深度學習網路給撰寫出來。後續章節會讓我們感受到在 Keras 框架下實現深度學習演算法模型有多簡單。

3. 必須堅持「唯有實踐出真知」

現在很多教學和課程往往忽視了實戰的重要性，將大量的精力放在了理論介紹上。我們都知道紙上談兵的典故，重理論、輕實戰的做法是非常不可取的。就像上一小節說的第2個「放棄」一樣，在具備基本的理論知識之後，最好就直接實踐，撰寫程式解決實際問題。從學習的效率上講，這樣做的速度是最快的。

作為毫無 AI 技術背景、只會 Python 程式語言、從零開始入門深度學習的同學們，不要猶豫，上車吧。深度學習入門可以很簡單！

第 2 章

深度學習開發環境架設

「工欲善其事，必先利其器」，開發工具的準備是進行深度學習的第一步。Python 程式設計利器首選基於 Web 的互動環境 Jupyter Notebook，深度學習框架目前使用普遍的有 TensorFlow、PyTorch、Keras 等。

提示 如果不習慣使用 Jupyter Notebook 編輯器，也可以改用 PyCharm 社區版。

2.1 Jupyter Notebook 極速入門

本節主要介紹什麼是 Jupyter Notebook、如何快速安裝和啟動 Jupyter Notebook 以及 Jupyter Notebook 的基本使用方法。

2.1.1 什麼是 Jupyter Notebook

Jupyter Notebook（以下簡稱 Jupyter），簡單來說，就是一種模組化的 Python 編輯器（現在也支援 R 等多種語言），即在 Jupyter 中可以把大段的 Python 程式進行碎片化處理，每一段分開來執行。在軟體開發中，Jupyter 可能顯得沒那麼好用，這個模組化的功能會破壞掉程式的整體性。但是，當我們在做資料處理、分析、建模、觀察結果等的時候，Jupyter 模組化的功能不僅能提供更好的視覺體驗，更能大大縮短執行程式及偵錯程式的時間，同時還能讓整個處理和建模的過程變得異常清晰。

　　熟悉 Python 的讀者一定對 Python 的互動式功能感觸頗深。當工作後有一次筆者和一個做嵌入式的好友聊起 Python 時，好友表示他被 Python 的易讀性和互動性所震驚了。做嵌入式用的 C 和 C++ 每次都要經過編譯，而且每一行的程式沒有辦法單獨執行。與之不同的是，Python 的每一行程式都像是人類交流所用的文字一樣，簡單易懂且有互動性。所謂互動性，就是有問有答，我們輸入一句，它便傳回一句的結果。但在一般的 IDE（如 PyCharm）中，Python 的這一互動功能被極大地限制了，通常我們會將程式整段撰寫之後一起執行。而在 Jupyter 中，我們可以每寫幾行或每完成一個小的模組便執行一次。也許對軟體工程師們來說，這個功能並沒有多大的吸引力，但是對身為機器學習工程師的我們來說，這個功能可以說是我們的大救星。

▌2.1.2 如何安裝和啟動 Jupyter Notebook ▌

　　安裝 Jupyter Notebook 的前提是安裝了 Python（建議 Python 3.6 版本以上）。關於 Python 的安裝也非常簡單（注意，一定要選擇 Python3 版本），可以將本書附贈的 Python 軟體資源套件複製到硬碟上並解壓縮，按兩下 Python-3.6.4-md64.exe 檔案，它會自動安裝好 Python 3.6.4 版本，安裝的時候注意要在安裝介面上選擇「Add Python 3.6 to PATH」（增加環境變數）核取方塊，然後再選擇中間的「Install Now」選項，如圖 2-1 所示。

圖 2-1

等 Python 軟體安裝好之後，再按兩下 install.bat 檔案，系統會自動安裝好本書需要用到的一些依賴套件，如大名鼎鼎的 scikit-learn 機器學習工具套件、實現人臉辨識 dlib 開放原始碼函數庫等。

只要有一門程式語言基礎，如 C、VB，我們三天之內就能掌握 Python 的使用技能，因為 Python 比其他程式語言更加簡單、易學。在掌握 Python 基本語法之後，我們需要再花一點時間去學習處理資料與操作資料的方法，熟悉一下 Pandas、NumPy 和 Matplotlib 這些工具套件的使用方法。Pandas 工具套件可以處理資料幀，資料幀類似於 Excel 檔案當中的資訊表，有橫行和縱列，這種資料就是所謂的結構化資料。NumPy 工具套件可以基於資料進行數值運算。Matplotlib 工具套件可以製圖，實現資料視覺化。

在學習使用過程中，如果需要安裝對應的工具套件，推薦使用 pip 程式來安裝。舉例來說，如果要安裝 Matplotlib 工具套件，則進入到 cmd 視窗，執行 python -m pip install matplotlib 命令進行自動安裝，系統會自動下載安裝套件，如圖 2-2 所示。

Jupyter 的安裝命令是 pip3 install jupyter。當一台電腦同時有多個版本的 Python 的時候，用 pip3 就可以自動辨識用 Python3 來安裝函數庫，這樣就避免了和 Python2 發生衝突。如果電腦上只安裝了 Python3，那麼不管是用 pip 還是 pip3 都是一樣的。注意，舊版本的 pip 在安裝 Jupyter Notebook 過程中可能面臨依賴項無法同步安裝的問題，因此強烈建議先把 pip 升級到最新版本。

啟動命令 jupyter notebook，執行命令之後，在終端中將顯示一系列 Notebook 的伺服器資訊，同時瀏覽器將自動啟動 Jupyter Notebook。

圖 2-2

啟動過程中終端顯示內容類別似如圖 2-3 所示的內容。

圖 2-3

 提示

之後在 Jupyter Notebook 進行的所有操作，都必須保持終端處於打開狀態，因為一旦關閉終端，就會斷開與本機伺服器的連接，我們就將無法在 Jupyter Notebook 中操作。

　　瀏覽器網址列中將預設顯示 http://localhost:8888，如圖 2-4 所示。其中，localhost 指的是本機，8888 則是通訊埠編號。啟動介面顯示了當前檔案目錄資訊。Jupyter 保存檔案的根目錄，對應作業系統中登入使用者的家目錄。

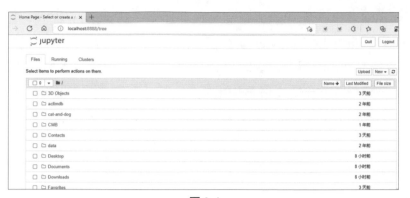

圖 2-4

2.1.3 Jupyter Notebook 的基本使用

在打開的介面上，依次點擊 New → Python3 來建立一個 Python3 的 .ipynb 檔案。然後點擊右上角的 new 按鈕，選擇 Python 3，如圖 2-5 所示。

圖 2-5

選擇 Python 3 以後將打開一個新的介面，這裡就是撰寫程式的地方了。首先，點擊左上角的檔案名稱，進行檔案名稱重新命名，如圖 2-6 所示。

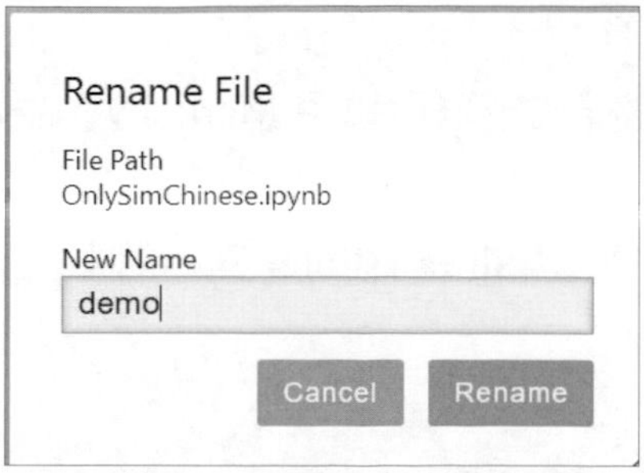

圖 2-6

重新命名後進入程式編輯頁面，在裡面寫一行 Python 程式，比如輸入「a=1」後按 Enter 鍵，Jupyter 換行但沒有開啟新的命令列儲存格，繼續輸入「b=5」後點擊「執行」，或按 Shift+Enter 快速鍵，執行儲存格中的命令，因為此時是給予值命令所以沒有輸出結果。輸入變數名稱後按 Shift+Enter 快速鍵即可看到互動的 Python 命令列中儲存格的執行結果，這裡輸入「a+b」後執行，看到即時結果為 6，如圖 2-7 所示。這就表現出互動式 Python 命令列程式設計的優勢，即不用撰寫列印輸出命令 print 就可以即時觀察執行情況。

圖 2-7

在圖 2-8 中，In[6] 中的數字「6」表示執行的次數，這個次數也可以視為在這個工作區裡執行程式的順序。因為每個程式區塊裡面的內容是可以相互呼叫的，可能在後面定義的方法也是可以在前面來使用的。這裡一定要注意，如果兩個程式區塊裡面的內容要進行呼叫，比如 B 區塊要呼叫 A 區塊裡面的程式，A 區塊裡面的程式在寫完以後，必須先執行，然後才能在 B 區塊中呼叫，否則會顯示出錯。

Jupyter 不僅可以寫程式，還可以用 Markdown 語法寫註釋說明文件。先選擇程式，然後切換到 Markdown 以後，就可以在裡面寫一些文件註釋。寫完註釋後，同樣使用快速鍵 Shift + Enter 執行程式，就可以達到如圖 2-9 所示的效果。

圖 2-8   圖 2-9

Jupyter 插入圖片的方法是把要插入文件的圖片（如 airplane.jpg）放到程式檔案的相同目錄下，透過 Markdown 格式插入圖片，如輸入「![jupyter](airplane.jpg)」，執行儲存格，即可顯示該圖片。

如果需要將本地的 Python 檔案（.py 檔案）載入到 Jupyter 的儲存格中，比如當前路徑下有一個 test_demo.py 檔案，需要將其載入到 Jupyter 的儲存格中。

test_demo.py 的 Python 原始檔案內容如下：

```
import  os
print(os.getcwd())# 獲取當前工作目錄路徑
```

在需要匯入該段程式的儲存格中輸入「%load test_demo.py」，按快速鍵 Shift+Enter 執行該儲存格，結果如圖 2-10 所示。可以看到執行後，%load test_demo.py 被自動加入了註釋符號 #，test_demo.py 中的所有程式都被載入到了當前的儲存格中。

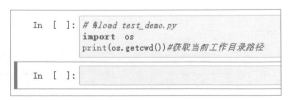

圖 2-10

利用 Jupyter 的儲存格也是可以執行 Python 檔案的，即在儲存格中執行以下程式：

```
%run file.py
```

這裡的 file.py 是要執行的 Python 程式的檔案名稱，執行結果會顯示在該儲存格中，如圖 2-11 所示。

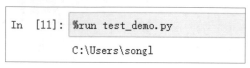

圖 2-11

Jupyter 的 .ipynb 檔案也可以轉為 .py 檔案，直接在 Jupyter Notebook 中的 File 功能表列中依次點擊 Download as → Python(.py) 即可，如圖 2-12 所示。

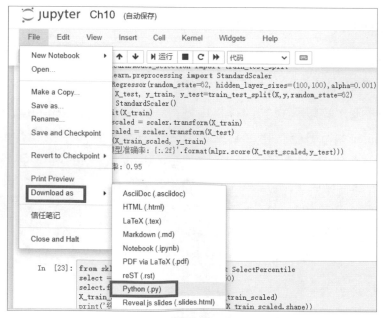

圖 2-12

2.2 深度學習常用框架介紹

在開始深度學習專案之前，選擇一個合適的框架是非常重要的，因為選擇一個合適的框架能造成事半功倍的作用。研究者們使用各種不同的框架來達到他們的研究目的，這也側面證明了深度學習領域的百花齊放。全世界流行的深度學習框架有 PaddlePaddle、TensorFlow、Caffe、Theano、Keras、Torch 和 PyTorch。

1. TensorFlow

Google 開放原始碼的 TensorFlow 是一款使用 C++ 語言開發的開放原始碼數學計算軟體，使用資料流程圖（Data Flow Graph）的形式進行計算。圖中的節點代表數學運算，而圖中的線筆表示多維資料陣列（Tensor）之間的互動。TensorFlow 靈活的架構可以部署在一個或多個 CPU、GPU 的電腦及伺服器中，或使用單一的 API 應用在行動裝置中。TensorFlow 最初是由研究人員和 Google Brain 團隊針對機器學習和深度神經網路進行研究而開發的，開放原始碼之後幾乎可以在各個領域適用。

TensorFlow 是全世界使用人數最多、社區最為龐大的框架，因為是 Google 公司出品，所以維護與更新比較頻繁，並且有著 Python 和 C++ 的介面，教學也非常完善，同時很多論文重現的第一個版本都是基於 TensorFlow 寫的，所以是深度學習框架裡預設的老大。

2. PyTorch

PyTorch 的前身便是 Torch。Torch 是紐約大學的機器學習開放原始碼框架，幾年前在學術界非常流行，包括 LeCun 等都在使用。但是由於其使用的是一種絕大部分人都沒有聽過的 Lua 語言，導致很多人都被嚇跑。後來隨著 Python 的生態越來越完善，Facebook 人工智慧研究院推出了 PyTorch 並開放原始碼。PyTorch 不是簡單地封裝 Torch 並提供 Python 介面，而是使用 Python 重新撰寫了很多內容，使其不僅更加靈活、支援動態圖，而且提供了

Python 介面。它由 Torch7 團隊開發，是一個以 Python 為優先的深度學習框架，不僅能夠實現強大的 GPU 加速，同時還支援動態神經網路，這是很多主流深度學習框架（比如 TensorFlow 等）都不支援的功能特性。

3. Keras

Keras 是一個對小白使用者非常友善且簡單的深度學習框架，嚴格來說它並不是一個開放原始碼框架，而是一個高度模組化的神經網路函數庫。它是一個用 Python 撰寫的高級神經網路 API（高層表示會引用封裝好的的底層），能夠以 TensorFlow、CNTK 或 Theano 作為後端執行。Keras 的特點是能夠快速實現模型的架設，能夠把我們的想法迅速轉為結果。TensorFlow 的 API 比較底層，有時候做一件很簡單的事情要寫很多輔助程式。而 Keras 的介面設計非常簡潔，做同樣的事情，Keras 的程式大概是 TensorFlow 的三分之一到五分之一。

4. 框架複習

深度學習框架的出現降低了深度學習入門的門檻，我們不需要從複雜的神經網路開始撰寫程式，可以根據需要選擇已有的模型，透過訓練得到模型參數，也可以在已有模型的基礎上增加自己的層（Layer），或是在頂端選擇自己需要的分類器和最佳化演算法（比如常用的梯度下降法）。當然也正因如此，沒有什麼框架是完美的，就像一套積木裡可能沒有你需要的那一種積木，所以不同的框架適用的領域不完全一致。整體來說深度學習框架提供了一系列深度學習的元件（對於通用的演算法，裡面會有實現），當需要使用新的演算法的時候，就需要使用者自己去定義，然後呼叫深度學習框架的函數介面執行使用者自訂的新演算法。

2.3 Windows 環境下安裝 TensorFlow（CPU 版本） 和 Keras

Keras 只是一個前端 API，在使用它之前需要安裝好其後端，根據主流情況推薦安裝 TensorFlow 作為 Keras 的後端引擎。故先安裝 TensorFlow，後安裝 Keras。在安裝 TensorFlow 和 Keras 時，需要注意兩者版本的對應關係，否則可能會顯示出錯。比如，安裝的 Keras 版本為 2.4，這個版本要求 TensorFlow 是 2.2 以上，版本之間不對應是無法使用的。

下面講解如何安裝 TensorFlow（CPU 版本）和 Keras。

1. 安裝 TensorFlow（CPU 版本）

具體操作步驟如下：

步驟 1 首先確保 pip 的版本較新，先在命令提示視窗輸入命令「python -m pip install -U pip」升級 pip，如圖 2-13 所示。

```
C:\Users\song1>python -m pip install -U pip
Collecting pip
  Downloading pip-21.3.1-py3-none-any.whl (1.7 MB)
     |████████████████████████████████████████| 1.7 MB 504 kB/s
Installing collected packages: pip
  Attempting uninstall: pip
    Found existing installation: pip 20.0.2
    Uninstalling pip-20.0.2:
      Successfully uninstalled pip-20.0.2
Successfully installed pip-21.3.1
```

圖 2-13

步驟 2 透過 pip 安裝 TensorFlow CPU 版本（這裡安裝的 TensorFlow 版本為 1.3.0），輸入命令「pip install tensorflow==1.3.0」。安裝完成後執行命令「pip show tensorflow」查看 CPU 版本的 TensorFlow，如圖 2-14 所示。

```
命令提示符
Microsoft Windows [版本 10.0.19044.1415]
(c) Microsoft Corporation。保留所有权利。

C:\Users\songl>pip show tensorflow
Name: tensorflow
Version: 1.3.0
Summary: TensorFlow helps the tensors flow
Home-page: http://tensorflow.org/
Author: Google Inc.
Author-email: opensource@google.com
License: Apache 2.0
Location: c:\users\songl\appdata\local\programs\python\python36\lib\site-packages
Requires: numpy, protobuf, six, tensorflow-tensorboard, wheel
Required-by: ai-utils
```

圖 2-14

步驟 3 無論是 CPU 版本還是 GPU 版本的 TensorFlow，在安裝完成後，都可以使用圖 2-15 中的程式測試 TensorFlow 是否正常安裝。在 Jupyter Notebook 程式編輯介面輸入範例程式，如果沒有提示錯誤，並輸出「Hello,TensorFlow!」，則說明 TensorFlow 已經安裝成功，如圖 2-15 所示。

```
In  [19]:  import tensorflow as tf
           hello = tf.constant('Hello, TensorFlow!')
           sess = tf.Session()
           h=sess.run(hello)
           print(h.decode())

           Hello, TensorFlow!
```

圖 2-15

2. 安裝 Keras

具體操作步驟如下：

步驟 1 在命令提示視窗下輸入命令「pip install keras==2.1.2」，安裝 Keras（指定安裝的 Keras 版本為 2.1.2）。安裝完成後執行命令「pip show keras」查看 Keras，如圖 2-16 所示。

```
命令提示符
Microsoft Windows [版本 10.0.19044.1415]
(c) Microsoft Corporation。保留所有权利。

C:\Users\song1>pip show tensorflow
Name: tensorflow
Version: 1.3.0
Summary: TensorFlow helps the tensors flow
Home-page: http://tensorflow.org/
Author: Google Inc.
Author-email: opensource@google.com
License: Apache 2.0
Location: c:\users\song1\appdata\local\programs\python\python36\lib\site-packages
Requires: numpy, protobuf, six, tensorflow-tensorboard, wheel
Required-by: ai-utils
```

圖 2-16

步驟 2 也可以在 Jupyter Notebook 程式編輯介面輸入如圖 2-17 所示的程式，查看 Keras 的版本（注意，程式中是雙底線）。

```
import tensorflow as tf
import keras
print(tf.__version__)
print(keras.__version__)

1.3.0
2.1.2
```

圖 2-17

2.4 Windows 環境下安裝 TensorFlow（GPU 版本）和 Keras

本節主要介紹如何在 Windows 環境下安裝 TensorFlow（GPU 版本）和 Keras。

2.4.1 確認顯示卡是否支持 CUDA

在深度學習中，我們常常要對圖像資料進行處理和計算，而處理器 CPU 因為需要處理的事情太多，並不能滿足我們對影像處理和計算速度的要求，顯示卡 GPU 就是用來幫助 CPU 解決這個問題的，因為 GPU 特別擅長處理圖像資料。

為什麼 GPU 特別擅長處理圖像資料呢？這是因為影像上的每一個像素

點都有被處理的需要，而且每個像素點的處理過程和方式都十分相似，GPU就是用很多簡單的計算單元去完成大量的計算任務，類似於純粹的人海戰術。GPU 不僅可以在影像處理領域大顯身手，它還被用在科學計算、密碼破解、數值分析、巨量資料處理（排序、Map-Reduce 等）、金融分析等需要大規模平行計算的領域。

而 CUDA（Compute Unified Device Architecture）是顯示卡廠商NVIDIA（英偉達）推出的只能用於自家 GPU 的平行計算框架，只有安裝這個框架才能夠進行複雜的平行計算。該架構使 GPU 能夠解決複雜的計算問題。它包含了 CUDA 指令集架構（ISA）以及 GPU 內部的平行計算引擎。安裝 CUDA 之後，可以加快 GPU 的運算和處理速度，主流的深度學習框架也都是基於 CUDA 進行 GPU 平行加速的。

要想安裝 CUDA 用於 GPU 平行加速，首先需要確定電腦顯示卡是否支援 CUDA 的安裝，也就是查看電腦裡面有沒有 NVIDA 的獨立顯示卡。在NVIDA 官網列表（https://developer.nvidia.com/cuda-gpus）中可以查看顯示卡型號。

在桌面上按滑鼠右鍵，如果能找到 NVIDIA 主控台，如圖 2-18 所示，則說明該電腦有 GPU。

在 NVIDIA 主控台上，透過查看系統資訊獲取支援的 CUDA 版本，類似結果如圖 2-19 所示。

圖 2-18

圖 2-19

2.4.2 安裝 CUDA

CUDA 是顯示卡廠商 NVIDIA 推出的基於新的平行程式設計模型和指令集架構的通用平行計算框架，能利用 NVIDIA GPU 的平行計算引擎進行複雜的平行計算。安裝 CUDA 的操作步驟如下：

步驟 1 如果已經確認系統已有支援 CUDA 的顯示卡，這時可到 NVIDIA 官 方 網 站 https://developer.nvidia.com/cuda-toolkit-archive 下 載 CUDA，如圖 2-20 所示。

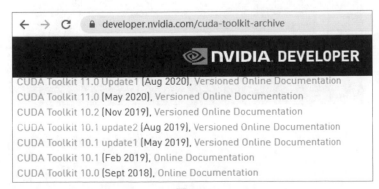

圖 2-20

!
注意
安裝 CUDA Driver 時，需要與 NVIDIA GPU Driver 的版本驅動一致，CUDA 才能找到顯示卡。

步驟② 根據實際情況選擇合適的版本，這裡下載 CUDA10 的本地安裝套件，如圖 2-21 所示選擇作業系統版本。

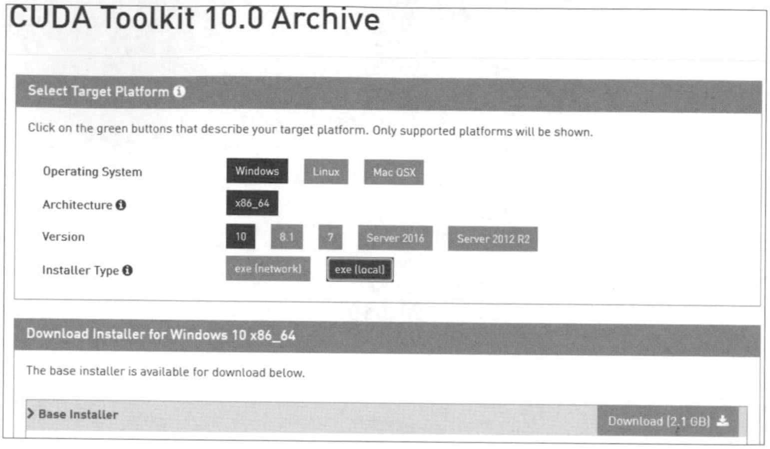

圖 2-21

步驟③ 安裝時選擇自訂，注意箭頭標記的核取方塊不要選取，如圖 2-22 所示，不需要安裝 Visual Studio，CUDA 的環境變數會自動進行設定。

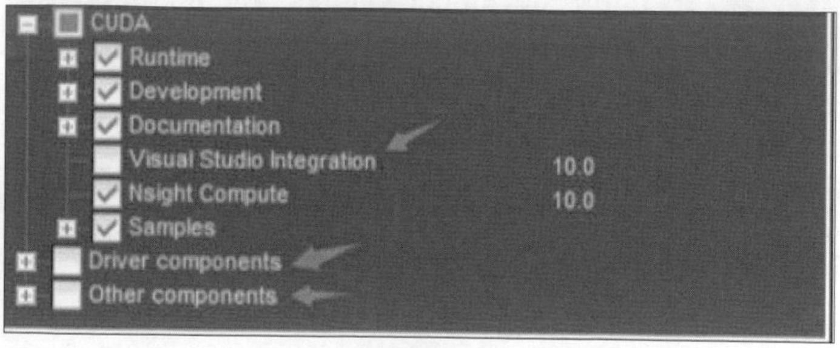

圖 2-22

2.4.3 安裝 cuDNN

　　cuDNN 是用於深度神經網路的 GPU 加速函數庫，接下來需要下載與 CUDA 對應的 cuDNN，下載網址為 https://developer.nvidia.com/rdp/cudnn-archive，如圖 2-23 所示。

圖 2-23

步驟 1 下載 cuDNN 需要註冊英偉達開發者計畫的會員帳號，加入會員，如圖 2-24 所示。

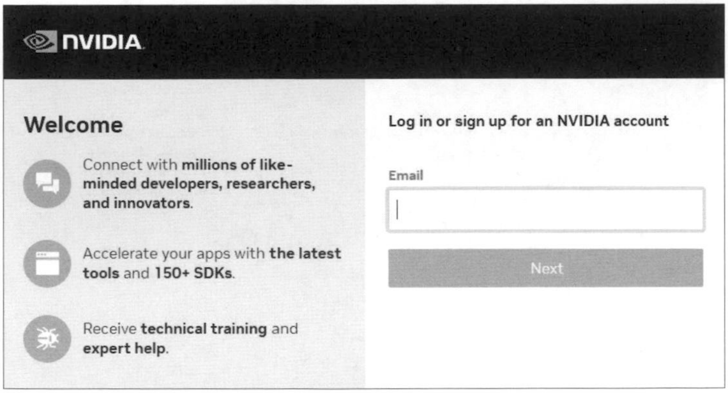

圖 2-24

步驟 2 成為會員後下載與 CUDA 對應版本的 cuDNN。cuDNN 就是個壓縮檔，解壓會生成 cuda/include、cuda/lib、cuda/bin 三個目錄，將裡面的檔案分別複製到 CUDA 安裝目錄（這裡是 C:\Program Files\NVIDIA GPU Computing Toolkit\CUDA\v10.0 目錄）下對應的目錄即可。注意不是替換資料夾，而是將檔案放入對應的資料夾中。

步驟 3 安裝 Visual Studio 2015、2017 和 2019 支援函數庫，這個支援函數庫務必安裝，否則後面容易出現各種問題，支援函數庫所佔記憶體大約十幾 MB。下載網址為 https://docs.microsoft.com/zh-CN/cpp/windows/latest-supported-vc-redist?view=msvc-160，如圖 2-25 所示。

步驟 4 安裝完成後重新啟動電腦即可。

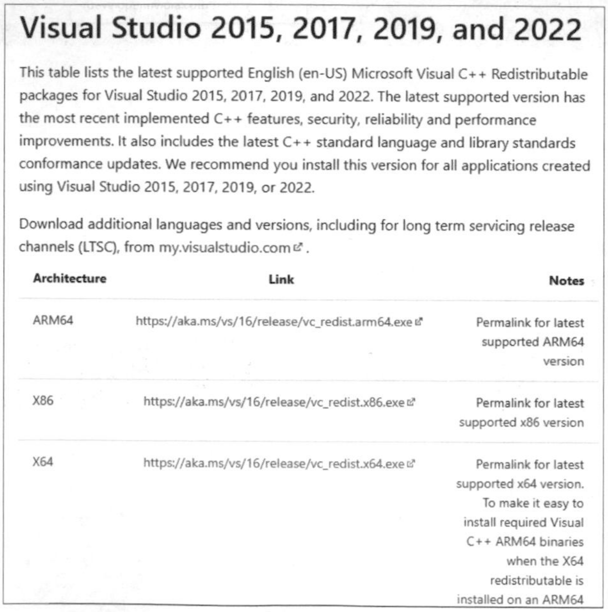

Visual Studio 2015, 2017, 2019, and 2022

This table lists the latest supported English (en-US) Microsoft Visual C++ Redistributable packages for Visual Studio 2015, 2017, 2019, and 2022. The latest supported version has the most recent implemented C++ features, security, reliability and performance improvements. It also includes the latest C++ standard language and library standards conformance updates. We recommend you install this version for all applications created using Visual Studio 2015, 2017, 2019, or 2022.

Download additional languages and versions, including for long term servicing release channels (LTSC), from my.visualstudio.com.

Architecture	Link	Notes
ARM64	https://aka.ms/vs/16/release/vc_redist.arm64.exe	Permalink for latest supported ARM64 version
X86	https://aka.ms/vs/16/release/vc_redist.x86.exe	Permalink for latest supported x86 version
X64	https://aka.ms/vs/16/release/vc_redist.x64.exe	Permalink for latest supported x64 version. To make it easy to install required Visual C++ ARM64 binaries when the X64 redistributable is installed on an ARM64

圖 2-25

2.4.4 安裝 TensorFlow（GPU 版本）和 Keras

步驟 1 透過 pip 命令安裝。在命令提示視窗輸入命令「pip install tensorflow-gpu==1.15.2」，安裝 TensorFlow 的 GPU 版本 1.15.2。

步驟 2 檢查是否安裝成功。在 Jupyter Notebook 程式編輯介面輸入以下程式：

```
from tensorflow.python.client import device_lib
import tensorflow as tf
print(device_lib.list_local_devices())
print(tf.test.is_built_with_cuda())
```

步驟 ③ 輸出結果如圖 2-26 所示。輸出結果為 GPU 的相關資訊則表示安裝成功，如果不是 GPU 版本，則會輸出「False」。

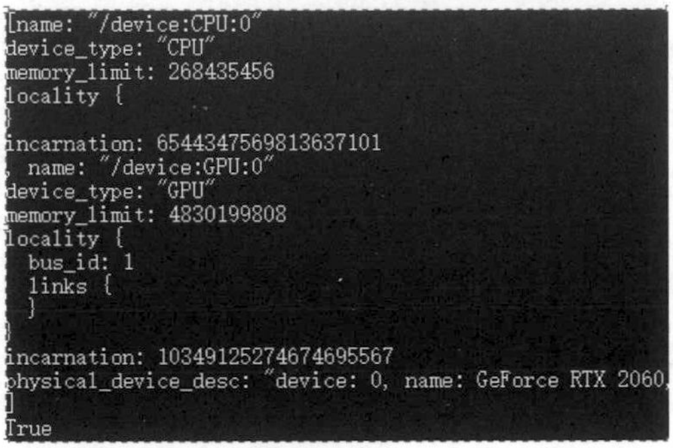

圖 2-26

步驟 ④ 使用 pip 命令安裝 Keras。在命令提示視窗輸入命令「pip install keras==2.1.2」，安裝 Keras 的版本 2.1.2。

2.5 Windows 環境下安裝 PyTorch

本節主要介紹如何在 Windows 環境下安裝 PyTorch，PyTorch 也有 CPU 版和 GPU 版。

2.5.1 安裝 PyTorch（CPU 版本）

從 2018 年 4 月起，PyTorch 官方開始發佈 Windows 版本。PyTorch 是基於 Python 開發的，要使用 PyTorch 首先需要安裝 Python，這裡的 Python 版本是 3.6。Windows 使用者能直接透過 conda、pip 和原始程式編譯三種方式來安裝 PyTorch。本小節主要介紹如何透過 pip 來安裝 PyTorch。

步驟 ① 在命令提示視窗輸入命令「pip install torch==1.8.0 torchvision ==0.9.0 torchaudio==0.8.0」安裝指定版本的 PyTorch，如圖 2-27 所示。

圖 2-27

步驟 ② 驗證 PyTorch 是否安裝成功。在命令提示視窗輸入命令 「print(torch.__version__)」（注意，程式中是雙底線），如果沒 有顯示出錯，說明安裝成功，如圖 2-28 所示。

```
Python 3.6 (64-bit)
Python 3.6.4 (v3.6.4:d48eceb, Dec 19 2017, 06:54:40) [MSC v.1900 64 bit (AMD64)] on win32
Type "help", "copyright", "credits" or "license" for more information.
>>> import torch
>>> print(torch.__version__)
1.8.0+cpu
>>> import torchvision
>>> print(torchvision.__version__)
0.9.0+cpu
>>> print(torch.cuda.is_available())
False
```

圖 2-28

2.5.2 安裝 PyTorch（GPU 版本）

安裝 GPU 版本的 PyTorch 要稍微複雜一些，需要先安裝 CUDA、cuDNN 計算框架（和安裝 TensorFlow GPU 版本一樣，此處省略），然後安裝 PyTorch。

步驟 ① 登入 PyTorch 官網 https://pytorch.org，如圖 2-29 所示，點擊 Install 按鈕。

步驟 ② 選擇對應項，在 Compute Platform 項目選擇對應的 CUDA 版本編號，如圖 2-30 所示。把 Run this Command（執行命令）中的命令複製到命令提示視窗中，執行命令即可進行安裝。

圖 2-29

PyTorch Build	Stable (1.10)		Preview (Nightly)		LTS (1.8.2)	
Your OS	Linux		Mac		Windows	
Package	Conda	Pip		LibTorch	Source	
Language	Python			C++ / Java		
Compute Platform	CUDA 10.2		CUDA 11.3		ROCm 4.2 (beta)	CPU
Run this Command:	pip3 install torch==1.10.0+cu102 torchvision==0.11.1+cu102 torchaudio===0.10.0+cu102 -f https://download.pytorch.org/whl/cu102/torch_stable.html					

圖 2-30

上述是基本的安裝過程，接下來我們看一下 CPU 與 GPU 在模型訓練時的性能差異對比圖，如圖 2-31 所示。

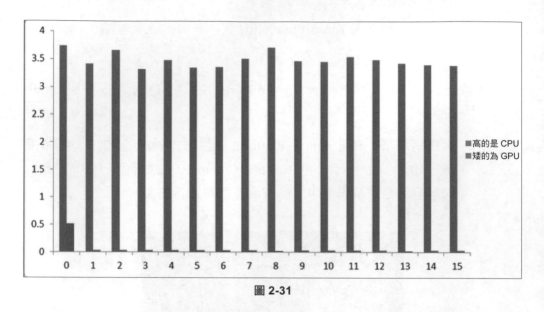

圖 2-31

從圖 2-31 可以看出 GPU 比 CPU 要快很多，大大減少了執行時間。如果有條件，可以購買 GPU 顯示卡，其在深度學習訓練中將物所超值。

第 3 章

Python資料科學函數庫

　　Python 是常用的資料分析工具，其常用的資料分析函數庫有很多，本章將主要介紹三個分析函數庫：NumPy（Numerical Python）、Pandas、Matplotlib。這三個函數庫是使用 Python 進行資料分析時最常用到的，NumPy 用來進行向量化的計算，Pandas 用來處理結構化的資料，而 Matplotlib 用來繪製出直觀的圖表。另外，在深度學習中會經常涉及張量（Tensor）的維數、向量（Vector）的維數等概念。

3.1 張量、矩陣和向量

　　純量（Scalar）只有大小的概念，沒有方向的概念，透過一個具體的數值就能表達完整。比如重量、溫度、長度、體積、時間、熱量等資料是純量。

　　只有一行或一列的陣列被稱為向量，因此我們把向量定義為一個一維陣列。向量主要有 2 個維度：大小、方向。箭頭的長度表示大小，箭頭所指的方向表示方向。

　　矩陣（Matrix）是一個按照長方陣列排列的複數或實數集合，元素是實數的矩陣稱為實矩陣，元素是複數的矩陣稱為複矩陣，而行數與列數都等於 n 的矩陣稱為 n 階矩陣或 n 階方陣。

　　如圖 3-1 所示，由 m×n 個數 a_{ij} 排成的 m 行 n 列的數表稱為 m 行 n 列的矩陣，簡稱 m×n 矩陣。

$$A = \begin{bmatrix} a_{11} & a_{12} & \cdots & a_{1n} \\ a_{21} & a_{22} & \cdots & a_{2n} \\ a_{31} & a_{32} & \cdots & a_{3n} \\ \cdots & \cdots & & \cdots \\ a_{m1} & a_{m2} & \cdots & a_{mn} \end{bmatrix}$$

圖 3-1

純量、向量、矩陣、張量這四個概念的維度是不斷上升的,我們用點、線、面、體的概念來比喻,解釋起來會更加容易:

- 點——純量。

- 線——向量。

- 面——矩陣。

- 體——張量。

0 階的張量就是純量,1 階的張量就是向量,2 階的張量就是矩陣,大於等於 3 階的張量沒有名稱,統一叫作張量。例如:

- 純量:很簡單,就是一個數,比如 1、2、5、108 等。

- 向量:[1,2]、[1,2,3]、[1,2,3,4]、[3,5,67,…, n] 都是向量。

- 矩 陣:[[1,3],[3,5]]、[[1,2,3],[2,3,4],[3,4,5]]、[[4,5,6,7,8],[3,4,7,8,9],[2, 11,34,56,18]] 是矩陣。

- 3 階張量:比如 [[[1,2],[3,4]],[[1,2],[3,4]]]。

TensorFlow 內部的計算都是基於張量的,因此我們有必要先對張量有個認識。張量在我們熟悉的純量、向量之上定義,詳細的定義比較複雜,我們可以先簡單地將它理解成為一個多維陣列:

```
3                               # 這個 0 階張量就是純量,shape=[]
[1., 2., 3.]                    # 這個 1 階張量就是向量,shape=[3]
[[1., 2., 3.], [4., 5., 6.]]    # 這個 2 階張量就是二維陣列,shape=[2, 3]
[[[1., 2., 3.]], [[7., 8., 9.]]]  # 這個 3 階張量就是三維陣列,shape=[2, 1, 3]
```

這裡有個容易混淆的地方，就是數學裡面的 3 維向量、n 維向量，其實指的是 1 階張量（即向量）的形狀，即它所包含分量的個數，比如 [1,3] 這個向量的維數為 2，它有 1 和 3 這兩個分量；[1,2,3,…,4096] 這個向量的維數為 4096，它有 1、2、…、4096 這 4096 個分量，說的都是向量的形狀。我們不能說 [1,3] 這個「張量」的階數是 2，只能說 [1,3] 這個「1 階張量」的維數是 2。矩陣也是類似，常常說的 n×m 階矩陣，這裡的階指的也是矩陣的形狀。

那麼，張量的階數和張量的形狀怎麼理解呢？階數要看張量的最左邊有多少個左中括號，有 n 個，則這個張量就是 n 階張量。

比如，[[1,3],[3,5]] 最左邊有兩個左中括號，它就是 2 階張量；[[[1,2],[3,4]],[[1,2],[3,4]]] 最左邊有三個左中括號，它就是 3 階張量。[[1,3],[3,5]] 的最左邊中括號裡有 [1,3] 和 [3,5] 這兩個元素，最左邊的第二個中括號裡有 1 和 3 這兩個元素，所以形狀為 [2,2]；[[[1,2],[3,4]],[[1,2],[3,4]]] 的最左邊中括號裡有 [[1,2],[3,4]] 和 [[1,2],[3,4]] 這兩個元素，最左邊的第二個中括號裡有 [1,2] 和 [3,4] 這兩個元素，最左邊的第三個中括號裡有 1 和 2 這兩個元素，所以形狀為 [2,2,2]。在形狀的中括號中有多少個數字，就代表這個張量是多少階的張量。

3.2 陣列和矩陣運算函數庫——NumPy

NumPy 是 Python 語言的擴充程式庫，支援大量的維度矩陣與矩陣運算，此外也針對陣列運算提供了大量的數學函數程式庫。Python 官網上的發行版本是不包含 NumPy 模組的，安裝 NumPy 最簡單的方法就是使用 pip 工具命令「pip install numpy==1.8.1」（表示安裝 NumPy 版本 1.8.1）。

■ 3.2.1 串列和陣列的區別 ■

NumPy 最重要的特點是其 n 維陣列物件 ndarray，它是一系列同類型資料的集合，下標從 0 開始作為集合中元素的索引。ndarray 是用於存放同類型元素的多維陣列，ndarray 中的每個元素在記憶體中都有相同儲存大小的區域。

Ndarray 的使用也很簡單，如圖 3-2 所示，首先引入 NumPy 函數庫，然後建立一個 ndarray 呼叫 NumPy 的 array 函數即可。

Python 已有串列類型，為什麼需要一個陣列物件？如圖 3-3 所示，NumPy 更進一步地支援數學運算，同樣做乘法運算，串列是把元素複製了一遍，而陣列是對每個元素做了乘法。串列儲存的是一維陣列，而陣列則能儲存多維資料。比如串列 e 雖然包含 3 個小表，但結構是一維，而陣列 f 則是 3 行 2 列的二維結構。

```
import numpy as np
a=[1, 2, 3, 4]
b=np.array([1, 2, 3, 4])
print(a)
print(b)
c=a*2
d=b*2
print(c)
print(d)
e=[[1, 2], [3, 4], [5, 6]]
f=np.array([[1, 2], [3, 4], [5, 6]])
print(e)
print(f)
```

```
[1, 2, 3, 4]
[1 2 3 4]
[1, 2, 3, 4, 1, 2, 3, 4]
[2 4 6 8]
[[1, 2], [3, 4], [5, 6]]
[[1 2]
 [3 4]
 [5 6]]
```

```
import numpy as np
a = np.array([1, 2, 3])
print (a)
```

```
[1 2 3]
```

圖 3-2

圖 3-3

3.2.2 建立陣列的方法

建立陣列的方法有兩種：

方法一：透過串列來建立陣列，如圖 3-4 所示，建立一維陣列 a1 及串列 lst1，將串列 lst1 轉換成 ndarray。

方法二：使用 NumPy 中的函數建立 ndarray 陣列，如 arange、ones、zeros 等。如圖 3-5 所示，使用 np.arange(n) 函數（第一個參數為起始值，第二個參數為終止值，第三個參數為步進值）建立陣列；使用 np.linspace() 根據起止資料等間距地填充資料，形成陣列。NumPy 中還有一些常用的用來產生隨機數的函數，如 randn() 和 rand()。

```
import numpy as np
a1=np.array([1,2,3,4])
lst1=[3.14,2.17,0,1,2]
a2=np.array([[1,2],[3,4],[5,6]])
a3=np.array(lst1)
print(a2)
print(a3)

[[1 2]
 [3 4]
 [5 6]]
[3.14 2.17 0.   1.   2.  ]
```

圖 3-4

```
x1=np.arange(12)
x2=np.arange(5,10)
x3=np.random.randn(3,3)
x4=np.random.random([3,3])
x5=np.ones((2,4))
x6=np.zeros((3,4))
x7=np.linspace(2,8,3,dtype=np.int32)
print(x1)
print(x2)
print(x3)
print(x4)
print(x5)
print(x6)
print(x7)

[ 0  1  2  3  4  5  6  7  8  9 10 11]
[5 6 7 8 9]
[[-1.56233759  0.8746619  -0.15799036]
 [-0.56180239 -0.61494341 -0.69827126]
 [-0.66539546  1.16099223 -1.41587553]]
[[0.24024003 0.79538857 0.27694957]
 [0.64205338 0.12071625 0.10342665]
 [0.87571911 0.61208231 0.64015831]]
[[1. 1. 1. 1.]
 [1. 1. 1. 1.]]
[[0. 0. 0. 0.]
 [0. 0. 0. 0.]
 [0. 0. 0. 0.]]
[2 5 8]
```

圖 3-5

3.2.3 NumPy 的算數運算

NumPy 最強大的功能便是科學計算與數值處理。比如有一個較大的串列，需要將每一個元素的值都變為原來的十倍，NumPy 的操作就比 Python 要簡單得多。

NumPy 中的加、減、乘、除與取餘數操作可以是兩個陣列之間的運算，也可以是陣列與常數之間的運算，如圖 3-6 所示。在計算中，常數是一個純量，陣列是一個向量，一個陣列和一個純量進行加、減、乘、除等算數運算時，結果是陣列中的每一個元素都與該純量進行對應的運算，並傳回一個新陣列。

```
import numpy as np
arr = np.arange(10)
print("arr:", arr)
#数组与常数之间的运算
#求加法
print("arr+1:", arr+1)
#求减法
print("arr-2:", arr-2)
#求乘法
print("arr*3", arr*3)
#求除法
print("arr/2", arr/2)

arr: [0 1 2 3 4 5 6 7 8 9]
arr+1: [ 1  2  3  4  5  6  7  8  9 10]
arr-2: [-2 -1  0  1  2  3  4  5  6  7]
arr*3 [ 0  3  6  9 12 15 18 21 24 27]
arr/2 [0.  0.5 1.  1.5 2.  2.5 3.  3.5 4.  4.5]
```

圖 3-6

同樣地，陣列與陣列也可以進行加、減、乘、除等對應的運算，如圖 3-7 所示。原則上，陣列之間進行運算時，各陣列的形狀應當相同，當兩個陣列形狀相同時，它們之間進行算數運算就是在陣列的對應位置進行對應的運算。

在上面的陣列運算中，陣列之間的形狀都是一致的。在一些特殊情況下，不同形狀的陣列之間可以透過「廣播」的機制來臨時轉換，滿足陣列計算的一致性要求。如圖 3-8 所示，a 為 2 行 3 列的二維陣列，b 為 1 行 3 列的一維陣列，原則上不能進行陣列與陣列之間的運算，但從結果顯示，a 陣列與 b 陣列之間的運算是將 b 陣列的行加到 a 陣列的每一行中。

同樣地，當兩陣列的行相同時，在列上面也可以進行上述操作，規則與行相同，如圖 3-9 所示，將 a 陣列的每一列與 b 陣列的列進行相加。

```
import numpy as np
a = np.arange(1,7).reshape((2,3))
b = np.array([[6,7,8],[9,10,11]])
print("a:\n", a)
print("b:\n",b)
#数组加法
print("a+b:\n",a+b)
#数组减法
print("a-b:\n",a-b)
#数组乘法
print("a*b:\n",a*b)
#数组除法
print("b/a:\n",b/a)


a:
 [[1 2 3]
 [4 5 6]]
b:
 [[ 6  7  8]
 [ 9 10 11]]
a+b:
 [[ 7  9 11]
 [13 15 17]]
a-b:
 [[-5 -5 -5]
 [-5 -5 -5]]
a*b:
 [[ 6 14 24]
 [36 50 66]]
b/a:
 [[6.         3.5        2.66666667]
 [2.25       2.         1.83333333]]
```

圖 3-7

```
import numpy as np
a = np.arange(1,7).reshape((2,3))
print("a:\n", a)
b = np.arange(3)
print("b:",b)
print("a.shape:", a.shape)
print("b.shape:", b.shape)
print("a+b:\n",a+b)
print("a-b:\n",a-b)
print("a*b:\n",a*b)


a:
 [[1 2 3]
 [4 5 6]]
b: [0 1 2]
a.shape: (2, 3)
b.shape: (3,)
a+b:
 [[1 3 5]
 [4 6 8]]
a-b:
 [[1 1 1]
 [4 4 4]]
a*b:
 [[ 0  2  6]
 [ 0  5 12]]
```

圖 3-8

```
import numpy as np
a = np.arange(1,13).reshape((4,3))
b = np.arange(1,5).reshape((4,1))
print("a:\n", a)
print("b:\n",b)
print("a.shape:", a.shape)
print("b.shape:", b.shape)
print("a+b:\n",a+b)


a:
 [[ 1  2  3]
 [ 4  5  6]
 [ 7  8  9]
 [10 11 12]]
b:
 [[1]
 [2]
 [3]
 [4]]
a.shape: (4, 3)
b.shape: (4, 1)
a+b:
 [[ 2  3  4]
 [ 6  7  8]
 [10 11 12]
 [14 15 16]]
```

圖 3-9

■ 3.2.4 陣列變形 ▌

陣列變形最靈活的實現方式是透過 reshape() 函數來實現。舉例來説，將數字 1~9 放入一個 3×3 的矩陣中，如圖 3-10 所示。該方法必須保證原始陣列的大小和變形後陣列的大小一致。如果滿足這個條件，reshape 方法將用到原陣列的非副本視圖。

另外一個常見的變形模式是將一個一維陣列轉為二維的行或列的矩陣。這可以透過 reshape 方法來實現，或更簡單地在一個切片操作中利用 newaxis 關鍵字來實現，如圖 3-11 所示。

```
import numpy as np
a = np.arange(1,10).reshape((3,3))
print(a)

[[1 2 3]
 [4 5 6]
 [7 8 9]]
```

圖 3-10

```
import numpy as np
x = np.array([1,2,3])
y=x[ np.newaxis , : ]    #變成二維的行向量
z=x[ : , np.newaxis ]    #變成二維的列向量
print(x)
print(y)
print(z)

[1 2 3]
[[1 2 3]]
[[1]
 [2]
 [3]]
```

圖 3-11

3.3 　資料分析處理函數庫——Pandas

　　Pandas 是 Python 的資料分析套件，提供了大量能使我們快速便捷地處理資料的函數和方法。

■ 3.3.1　Pandas 資料結構 Series ▌

　　Series 是一種一維資料結構，每一個元素都帶有一個索引，與一維陣列的含義相似，其中索引可以為數字或字串，如圖 3-12 所示。

　　Series 物件包含兩個主要的屬性：index 和 values，分別為圖 3-12 中的索引列和資料列。因為傳給建構元的是一個串列，所以 index 的值是從 0 開始遞增的整數，如果傳入的是一個類字典的鍵值對結構，就會生成與 index-value 對應的 Series；或在初始化的時候，以關鍵字參數顯性指定一個 index 物件。

　　如圖 3-13 所示，Series 類似一維陣列，但 Series 最大的特點就是可以使用標籤索引。ndarray 也有索引，但它是位置索引，Series 的標籤索引使用起來更方便。

```
import pandas as pd
import numpy as np
mylist = list('abced')      # 列表
myarr = np.arange(5)                    # 数组
ser1 = pd.Series(mylist)
ser2 = pd.Series(myarr)
ser3 = pd.Series([1,3,6],index=['a','b','c'])
print(ser1)
print(ser2)
print(ser3)
print(ser3[['c','b']]) #根据标签索引找对应值
```

```
0    a
1    b
2    c
3    e
4    d
dtype: object
0    0
1    1
2    2
3    3
4    4
dtype: int32
a    1
b    3
c    6
dtype: int64
c    6
b    3
dtype: int64
```

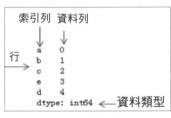

圖 3-12

圖 3-13

注意

Series 的 index 和 values 的元素之間雖然存在對應關係，但與字典的映射不同，index 和 values 實際仍為互相獨立的 ndarray 陣列。

3.3.2 Pandas 資料結構 DataFrame

Dataframe 是一種二維資料結構，資料以表格形式（與 Excel 類似）儲存，有對應的行和列，如圖 3-14 所示。它的每列可以是不同的資料型態（ndarray 只能有一個資料型態）。基本上可以把 DataFrame 看成是共用同一個 index 的 Series 的集合。

DataFrame 的構造方法與 Series 類似，只不過它可以同時接收多筆一維資料來源，每一筆一維資料來源都會成為單獨的一列，如圖 3-15 所示，圖中 df1、df2、df3 分別是使用串列建立、使用 ndarrays 建立，以及使用字典建立的 DataFrame，是一個二維的陣列結構。

```
import pandas as pd
data1 = [['Google',10],['Runoob',12],['Wiki',13]]
df1 = pd.DataFrame(data1,columns=['Site','Age'],dtype=float)
print(df)
data2 = [{'a': 1, 'b': 2},{'a': 5, 'b': 10, 'c': 20}]
df2 = pd.DataFrame(data2)
print (df2)
data3 = {'Site':['Google', 'Runoob', 'Wiki'], 'Age':[10, 12, 13]}
df3 = pd.DataFrame(data3)
print (df3)

     Site   Age
0  Google  10.0
1  Runoob  12.0
2    Wiki  13.0
   a   b     c
0  1   2   NaN
1  5  10  20.0
     Site  Age
0  Google   10
1  Runoob   12
2    Wiki   13
```

圖 3-14

圖 3-15

Pandas 可以使用 loc 屬性傳回指定行的資料。如果沒有設定索引，則預設第一行的索引為 0，第二行的索引為 1，依此類推。它也可以使用 loc[[…]] 格式傳回多行資料，其中，…為傳回行的索引，以逗點隔開，如圖 3-16 所示。

另外，使用 Pandas 也可以只獲取 DataFrame 中的其中幾列，尤其是當處理的資料中 Series 較多而我們只關注其中一些特定的列時。如圖 3-17 所示，假設我們只關注 apple 和 banana 的資料。

```
import pandas as pd

data = {
  "calories": [420, 380, 390],
  "duration": [50, 40, 45]
}
# 數據載入到 DataFrame 對象
df = pd.DataFrame(data)
# 返回第一行
print(df.loc[0])
# 返回第二行和第三行
print(df.loc[[1, 2]])

calories  420
duration   50
Name: 0, dtype: int64
   calories  duration
1       380        40
2       390        45
```

圖 3-16

```
import pandas as pd
data2 = {
  "mango": [420, 380, 390],
  "apple": [50, 40, 45],
  "pear": [1, 2, 3],
  "banana": [23, 45,56]
}
df = pd.DataFrame(data2)
print(df[["apple","banana"]])

   apple  banana
0     50      23
1     40      45
2     45      56
```

圖 3-17

■ 3.3.3 Pandas 處理 CSV 檔案 ■

CSV（Comma-Separated Values，逗點分隔值，有時也被稱為字元分隔值，因為分隔字元也可以不是逗點）是一種檔案格式，其檔案以純文字形式儲存表格資料（數字和文字）。CSV 檔案格式比較通用，相對簡單，應用廣泛。Pandas 可以很方便地處理 CSV 檔案。

Pandas 讀取 CSV 檔案是透過 read_csv 這個函數來操作的，讀取 CSV 檔案時指定的分隔符號為逗點，如圖 3-18 所示。注意，「CSV 檔案的分隔符號」和「我們讀取 CSV 檔案時指定的分隔符號」一定要一致。Pandas 的 head(n) 方法用於讀取前面的 n 行，如果不填參數 n，則預設傳回 5 行。tail(n) 方法用於讀取尾部的 n 行，如果不填參數 n，則預設傳回 5 行。

Pandas 的 info() 方法傳回表格的一些基本資訊，如圖 3-19 所示。在輸出結果中，non-null 為不可為空資料，從圖 3-19 中可以看到，總共 458 行資料，College 欄位的空值最多。

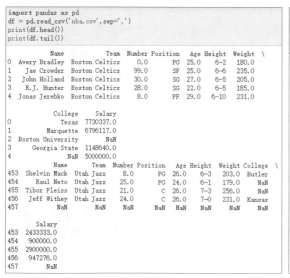

```
import pandas as pd
df = pd.read_csv('nba.csv',sep=',')
print(df.head())
print(df.tail())

         Name           Team  Number Position   Age Height  Weight  \
0   Avery Bradley  Boston Celtics    0.0      PG  25.0    6-2   180.0
1    Jae Crowder  Boston Celtics   99.0      SF  25.0    6-6   235.0
2   John Holland  Boston Celtics   30.0      SG  27.0    6-5   205.0
3    R.J. Hunter  Boston Celtics   28.0      SG  22.0    6-5   185.0
4  Jonas Jerebko  Boston Celtics    8.0      PF  29.0   6-10   231.0

           College     Salary
0            Texas  7730337.0
1       Marquette  6796117.0
2  Boston University        NaN
3    Georgia State  1148640.0
4              NaN  5000000.0
          Name       Team  Number Position   Age Height  Weight College  \
453  Shelvin Mack  Utah Jazz    8.0      PG  26.0    6-3   203.0  Butler
454    Raul Neto  Utah Jazz   25.0      PG  24.0    6-1   179.0     NaN
455  Tibor Pleiss  Utah Jazz   21.0       C  26.0    7-3   256.0     NaN
456   Jeff Withey  Utah Jazz   24.0       C  26.0    7-0   231.0  Kansas
457          NaN        NaN     NaN      NaN   NaN    NaN     NaN     NaN

        Salary
453  2433333.0
454   900000.0
455  2900000.0
456   947276.0
457        NaN
```

圖 3-18

```
import pandas as pd
df = pd.read_csv('nba.csv')
print(df.info())

<class 'pandas.core.frame.DataFrame'>
RangeIndex: 458 entries, 0 to 457
Data columns (total 9 columns):
 #   Column    Non-Null Count  Dtype
---  ------    --------------  -----
 0   Name      457 non-null    object
 1   Team      457 non-null    object
 2   Number    457 non-null    float64
 3   Position  457 non-null    object
 4   Age       457 non-null    float64
 5   Height    457 non-null    object
 6   Weight    457 non-null    float64
 7   College   373 non-null    object
 8   Salary    446 non-null    float64
dtypes: float64(4), object(5)
memory usage: 32.3+ KB
None
```

圖 3-19

也可以使用 to_csv()方法將 DataFrame 儲存為 CSV 檔案，如圖 3-20 所示。

```
import pandas as pd
# 三个字段 name, site, age
nme = ["Google", "Runoob", "Taobao", "Wiki"]
st = ["www.google.com", "www.runoob.com", "www.taobao.com", "www.wikipedia.org"]
ag = [90, 40, 80, 98]
# 字典
dict = {'name': nme, 'site': st, 'age': ag}
df = pd.DataFrame(dict)
# 保存 dataframe
df.to_csv('site.csv')
df2 = pd.read_csv('site.csv')
print(df2)

   Unnamed: 0    name              site  age
0           0  Google    www.google.com   90
1           1  Runoob    www.runoob.com   40
2           2  Taobao    www.taobao.com   80
3           3    Wiki www.wikipedia.org   98
```

圖 3-20

Pandas 的 to_string() 函數用於傳回 DataFrame 類型的資料，如果不使用該函數，直接使用 print(df)，輸出結果為資料的前面 5 行和尾端 5 行，中間部分以…代替。

3.3.4　Pandas 資料清洗

資料清洗是指對一些沒有用的資料進行處理的過程。很多資料儲存在資料缺失、資料格式錯誤、資料錯誤或資料重複的情況，要使資料分析更加準確，就需要對這些沒有用的資料進行處理。

這裡使用到的測試資料 clean-data.csv 如圖 3-21 所示。這個表中包含四種空資料：n/a、NA、--、na。

我們可以透過 isnull() 判斷各個儲存格是否為空，如圖 3-22 所示。在這個例子中我們需要指定空資料型態，把 n/a、NA、--、na 都指定為空資料。

A	B	C	D	E	F	G
PID	ST_NUM	ST_NAME	OWN_OCC	NUM_BEDF	NUM_BATI	SQ_FT
1E+08	104	PUTNAM	Y	3	1	1000
1E+08	197	LEXINGTO	N	3	1.5	--
1E+08		LEXINGTO	N	n/a	1	850
1E+08	201	BERKELEY	12	1	NaN	700
	203	BERKELEY	Y	3	2	1600
1E+08	207	BERKELEY	Y	NA	1	800
1E+08	NA	WASHINGTON		2	HURLEY	950
1E+08	213	TREMONT	Y	1	1	
1E+08	215	TREMONT	Y	na	2	1800

圖 3-21

```
import pandas as pd
missing_values = ["n/a", "na", "—"]
df = pd.read_csv('clean-data.csv', na_values = missing_values)
print (df['NUM_BEDROOMS'])
print (df['NUM_BEDROOMS'].isnull())
```

```
0    3.0
1    3.0
2    NaN
3    1.0
4    3.0
5    NaN
6    2.0
7    1.0
8    NaN
Name: NUM_BEDROOMS, dtype: float64
0    False
1    False
2     True
3    False
4    False
5     True
6    False
7    False
8     True
Name: NUM_BEDROOMS, dtype: bool
```

圖 3-22

　　使用 dropna() 方法可以刪除包含空資料的行。預設情況下，dropna() 方法傳回一個新的 DataFrame，不會修改來源資料（如果需要修改來源資料 DataFrame，可以使用 inplace=True 參數）。使用 fillna() 方法來替換一些空欄位，也可以指定某一個列來替換資料，如圖 3-23 所示。

```
import pandas as pd
df = pd.read_csv('clean-data.csv')
new_df = df.dropna()
print(new_df.to_string())
new_df2=df.fillna('unknown')
print(new_df2.to_string())
new_df3=df['PID'].fillna('unknown')
print(new_df3.to_string())
```

	PID	ST_NUM	ST_NAME	OWN_OCCUPIED	NUM_BEDROOMS	NUM_BATH	SQ_FT
0	100001000.0	104.0	PUTNAM	Y	3	1	1000
1	100002000.0	197.0	LEXINGTON	N	3	1.5	—
8	100009000.0	215.0	TREMONT	Y	na	2	1800

	PID	ST_NUM	ST_NAME	OWN_OCCUPIED	NUM_BEDROOMS	NUM_BATH	SQ_FT
0	1.00001e+08	104	PUTNAM	Y	3	1	1000
1	1.00002e+08	197	LEXINGTON	N	3	1.5	—
2	1.00003e+08	unknown	LEXINGTON	N	unknown	1	850
3	1.00004e+08	201	BERKELEY	12	1	unknown	700
4	unknown	203	BERKELEY	Y	3	2	1600
5	1.00006e+08	207	BERKELEY	Y	unknown	1	800
6	1.00007e+08	unknown	WASHINGTON	unknown	2	HURLEY	950
7	1.00008e+08	213	TREMONT	Y	1	1	unknown
8	1.00009e+08	215	TREMONT	Y	na	2	1800

```
0    1.00001e+08
1    1.00002e+08
2    1.00003e+08
3    1.00004e+08
4        unknown
5    1.00006e+08
6    1.00007e+08
7    1.00008e+08
8    1.00009e+08
```

圖 3-23

替換空儲存格的常用方法是計算列的平均值（所有值加起來的平均值）、中位數值（排序後排在中間的數）或眾數（出現頻率最高的數）。Pandas 分別使用 mean()、median() 和 mode() 方法計算列的平均值、中位數值和眾數。如圖 3-24 所示，使用 mean() 方法計算列的平均值並替換空儲存格。

```
import pandas as pd
df = pd.read_csv('clean-data.csv')
x = df["ST_NUM"].mean()
df["ST_NUM"].fillna(x,inplace=True)
print(df.to_string())
```

	PID	ST_NUM	ST_NAME	OWN_OCCUPIED	NUM_BEDROOMS	NUM_BATH	SQ_FT
0	100001000.0	104.000000	PUTNAM	Y	3	1	1000
1	100002000.0	197.000000	LEXINGTON	N	3	1.5	—
2	100003000.0	191.428571	LEXINGTON	N	NaN	1	850
3	100004000.0	201.000000	BERKELEY	12	1	NaN	700
4	NaN	203.000000	BERKELEY	Y	3	2	1600
5	100006000.0	207.000000	BERKELEY	Y	NaN	1	800
6	100007000.0	191.428571	WASHINGTON	NaN	2	HURLEY	950
7	100008000.0	213.000000	TREMONT	Y	1	1	NaN
8	100009000.0	215.000000	TREMONT	Y	na	2	1800

圖 3-24

　　資料格式錯誤的儲存格會使資料分析變得困難，比如日期格式錯誤，我們可以將列中的所有儲存格轉為相同格式的資料；資料錯誤也是很常見的情況，比如年齡超過 100 歲，我們可以對錯誤的資料進行替換或移除。如圖 3-25 所示。

　　如果我們要清洗重複資料，可以使用 duplicated() 和 drop_duplicates() 方法。如果對應的資料是重複的，duplicated() 會傳回 True，否則傳回 False。刪除重複資料，可以直接使用 drop_duplicates() 方法，如圖 3-26 所示。

```python
import pandas as pd
# 第三个日期格式错误
data = {
  "Date": ['2020/12/01', '2020/12/02' , '20201226'],
  "duration": [50, 40, 45]
}
person = {
  "name": ['Google', 'Runoob' , 'Taobao'],
  "age": [50, 200, 12345]
}
df1 = pd.DataFrame(data, index = ["day1", "day2", "day3"])
df1['Date'] = pd.to_datetime(df['Date'])
print(df.to_string())
df2 = pd.DataFrame(person)
for x in df2.index:
  if df2.loc[x, "age"] > 100:
    df2.loc[x, "age"] = 100
print(df2.to_string())

          Date  duration
day1 2020-12-01        50
day2 2020-12-02        40
day3 2020-12-26        45
      name age
0  Google  50
1  Runoob  100
2  Taobao  100
```

圖 3-25

```python
import pandas as pd
persons = {
  "name": ['Google', 'Runoob', 'Runoob', 'Taobao'],
  "age": [50, 40, 40, 23]
}
df = pd.DataFrame(persons)
df.drop_duplicates(inplace = True)
print(df)

      name age
0  Google  50
1  Runoob  40
3  Taobao  23
```

圖 3-26

3.4 資料視覺化函數庫——Matplotlib

　　Matplotlib 是使用 Python 開發的繪圖函數庫，是 Python 程式設計界進行資料視覺化的首選函數庫。它提供了繪製圖形的各種工具，支援的圖形既包括簡單的散點圖、曲線圖和長條圖，也包括複雜的三維圖形等，基本上做到了「只有你想不到，沒有它做不到」的地步。

從最簡單的圖形開始，繪製一條正弦曲線，如圖 3-27 所示。最開始時，引入相關模組並重新命名為 np 和 plt，其中 np 是用來生成圖形的資料，plt 就是繪圖模組。然後，使用 np.linspace 生成一個包含 50 個元素的陣列作為 x 軸資料，這些元素均勻地分佈在 [0, 2 π] 區間上。接著，使用 np.sin 生成與 x 對應的 y 軸資料。再接著，使用 plt.plot(x, y) 畫一個折線圖形，並把 x 和 y 繪製到圖形上。最後，呼叫 plt.show() 把繪製好的圖形顯示出來。

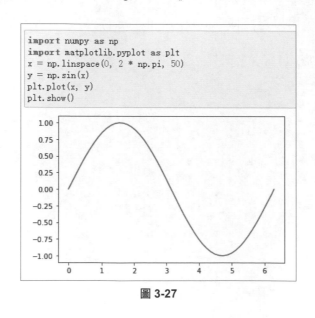

```
import numpy as np
import matplotlib.pyplot as plt
x = np.linspace(0, 2 * np.pi, 50)
y = np.sin(x)
plt.plot(x, y)
plt.show()
```

圖 3-27

注意　使用 plot() 方法時傳入了兩組資料：x 和 y，分別對應 x 軸和 y 軸。如果僅傳入一組資料的話，那麼該資料就是 y 軸資料，x 軸將使用陣列索引作為資料。

從繪製的圖中可以看到圖形包含有 x 軸刻度、y 軸刻度和曲線本身。

我們換一種更容易的方式來畫圖，如圖 3-28 所示。對比圖 3-27 可以看出，與之前的編碼相比，這裡多了兩行程式，而且使用 ax 代替 plot 來繪製圖形。其中，fig = plt.figure() 表示顯性建立了一個圖表物件 fig，剛建立的圖表此時還是空的，什麼內容都沒有。接著，使用 ax = fig.add_subplot(1, 1, 1)

往圖表中新增了一個圖形物件，傳回值 ax 為該圖形的坐標系。add_subplot() 的參數指明了圖形數量和圖形位置。(1, 1, 1) 對應於 (R, C, P) 三個參數，R 表示行，C 表示列，P 表示位置，因此，(1, 1, 1) 表示在圖表中總共有 1×1 個圖形，當前新增的圖形增加到位置 1。如果改為 fig.add_subplot(1, 2, 1)，則表示圖表擁有 1 行 2 列，總共有 2 個圖形。

如圖 3-29 所示，使用 plt.title() 函數為圖表增加標題，使用 plt.xlable() 和 plt.ylabel() 函數分別為 x 軸和 y 軸增加標籤。pyplot 並不預設支援中文顯示，需要 rcParams 修改字型實現，但由於更改字型會導致顯示不出負號（－），因此需要將設定檔中的 axes.unicode_minus 參數設定為 False。

在繪製圓形圖時，只需舉出每個事件所佔的時間，Maxplotlib 會自動計算各事件所佔的百分比，如圖 3-30 所示。

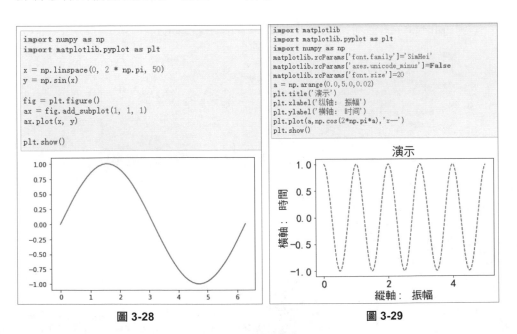

圖 3-28   圖 3-29

使用 plt.scatter() 函數可以繪製散點圖。如圖 3-31 所示，使用 NumPy 的 random 方法隨機生成 1024 個 0~1 的隨機數。

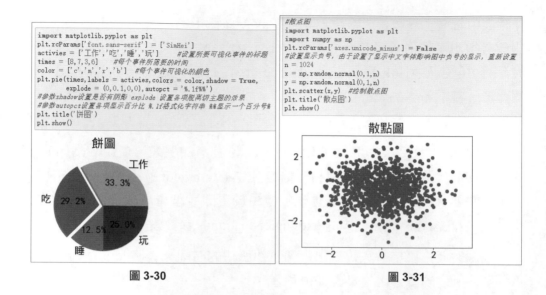

```
import matplotlib.pyplot as plt
plt.rcParams['font.sans-serif'] = ['SimHei']
activies = ['工作','吃','睡','玩']    #设置所要可视化事件的标题
times = [8,7,3,6]    #每个事件所花费的时间
color = ['c','m','r','b']    #每个事件可视化的颜色
plt.pie(times, labels = activies, colors = color, shadow = True,
        explode = (0,0.1,0,0), autopct = '%.1f%%')
#参数shadow设置是否有阴影 explode 设置各项脱离饼主题的效果
#参数autopct设置各项显示百分比 %.1f格式化字符串 %%显示一个百分号
plt.title('饼图')
plt.show()
```

圖 3-30

```
#散点图
import matplotlib.pyplot as plt
import numpy as np
plt.rcParams['axes.unicode_minus'] = False
#设置显示负号，由于设置了显示中文字体影响图中负号的显示，重新设置
n = 1024
x = np.random.normal(0,1,n)
y = np.random.normal(0,1,n)
plt.scatter(x,y)    #绘制散点图
plt.title('散点图')
plt.show()
```

圖 3-31

使用 plt.bar() 函數可以繪製直條圖，如圖 3-32 所示。

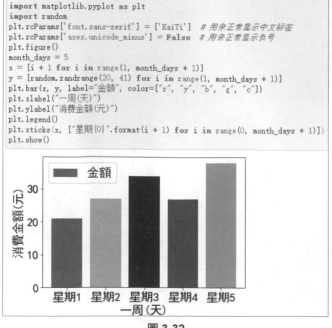

```
import matplotlib.pyplot as plt
import random
plt.rcParams['font.sans-serif'] = ['KaiTi']    # 用来正常显示中文标签
plt.rcParams['axes.unicode_minus'] = False    # 用来正常显示负号
plt.figure()
month_days = 5
x = [i + 1 for i in range(1, month_days + 1)]
y = [random.randrange(20, 41) for i in range(1, month_days + 1)]
plt.bar(x, y, label="金额", color=["r", "y", "b", "g", "c"])
plt.xlabel("一周(天)")
plt.ylabel("消费金额(元)")
plt.legend()
plt.xticks(x, ["星期{0}".format(i + 1) for i in range(0, month_days + 1)])
plt.show()
```

圖 3-32

　　Matplotlib 是 Python 中最受歡迎的資料視覺化軟體套件之一，支持跨平台執行，它是 Python 常用的 2D 繪圖函數庫，同時也提供一部分 3D 繪圖介面。Matplotlib 通常與 NumPy、Pandas 一起使用，是資料分析中不可或缺的重要工具之一。

第 4 章

深度學習基礎

　　深度學習的框架是神經網路模型，它研究的是多層隱藏層的深度神經網路。神經網路的重要特性是它能夠從環境中進行學習。神經網路的學習是一個過程：在其所處環境的激勵下，相繼給網路輸入一些樣本模式，並按照一定的規則（學習演算法）調整網路各層的權值矩陣，待網路各層權值都收斂到一定值後，學習過程結束。卷積神經網路（Convolutional Neural Networks，CNN）是深度學習的代表，解決了傳統神經網路的不足，卷積神經網路的使用讓電腦在影像辨識領域獲得了飛躍式的發展。

4.1 神經網路原理闡述

　　本節主要簡述神經網路的工作原理。

■ 4.1.1 神經元和感知器 ▌

　　類神經網路也簡稱為神經網路，是一種模仿生物神經網路（動物的中樞神經系統，特別是大腦）的結構和功能的數學模型或計算模型。

　　神經元是組成神經網路的基本單元，其主要是模擬生物神經元的結構和特性，接收一組輸入訊號並產生輸出。1943 年，美國神經解剖學家 Warren McCulloch 和數學家 Walter Pitts 將神經元描述為一個具備二進位輸出的邏輯門：傳入神經元的衝動經整合後使細胞膜電位提高，超過動作電位的設定值（threshold）時即為興奮狀態，產生神經衝動，由軸突經神經末梢傳出；傳入神經元的衝動經整合後使細胞膜電位降低，低於設定值時即為抑制狀態，不產生神經衝動。

　　我們來看一個神經元執行原理。神經元接收電訊號，然後輸出另一種電訊號。如果輸入電訊號的強度不夠大，那麼神經元就不會做出任何反應；如果電訊號的強度大於某個界限，那麼神經元就會做出反應，向其他神經元傳遞電訊號。想像我們把手指深入水中，如果水的溫度不高，就不會感到疼痛；如果水的溫度不斷升高，當溫度超過某個度數時，我們會神經反射般地把手指抽出來，然後才感覺到疼痛，這就是輸入神經元的電訊號強度超過預定設定值後，神經元做出反應的結果。

　　哲學告訴我們，世界上的萬物都是相互聯繫的。生物學的神經元啟發我們構造了最簡單原始的「人造神經元」。類神經網路的第一個里程碑就是感知器，感知器其實是對神經元最基本概念的模擬。純粹從數學的角度上來看，感知器其實可以視為一個黑盒函數，接收若干個輸入，產生一個輸出的結果，這個結果就代表了感知器所做出的決策！

　　如圖 4-1 所示，圓圈表示一個感知器，它可以接收多個輸入，產出一個結果，結果只有兩種情況，「是」與「否」。

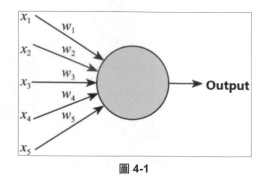

圖 4-1

　　舉一個簡單的例子，假設我們需要判斷小張同學是否接受一份工作，主要考慮以下三個因素：工作的環境、工作的內容、工作的薪酬。那麼對一份工作我們只需要將這三個因素量化出來，輸入到感知器中，然後就能得到感知器給我們的決策結果。而感知器內部決策的原理，其實就是給不同的因素指定不同的權重，因為對小張來說不同的因素的重要性自然是不相同的；然後設定一個設定值，如果加權計算之後的結果大於等於這個設定值，就說明可以判斷為接受，否則就是不接受。所以感知器本質上就是一個透過加權計算函數進行決策的工具。

單層感知器是一個只有一層的神經元。感知器有多個二進位輸入 x_1、x_2、$\cdots$、x_n，每個輸入有對應的權值（或權重）w_1、w_2、$\cdots$、w_n，將每個輸入值乘以對應的權值再求和（$\sum x_j w_j$），然後與一個設定值比較，大於設定值則輸出 1，小於設定值則輸出 0。寫成公式，如圖 4-2 所示。

如果把公式寫成矩陣形式，再用 b 來表示負數的設定值（即 b= –threshold），根據上面這個公式，我們可以進一步簡化，如圖 4-3 所示。

$$output = \begin{cases} 0 & \text{if } \sum_j w_j x_j \text{ d } \text{threshold} \\ 1 & \text{if } \sum_j w_j x_j > \text{threshold} \end{cases} \qquad output = f(x) = \begin{cases} 0 & \text{if } wx + b \text{ d } 0 \\ 1 & \text{if } wx + b > 0 \end{cases}$$

圖 4-2   圖 4-3

完整的感知器模型如圖 4-4 所示，感知器加權計算之後，再輸入到啟動函數中進行計算，得到一個輸出。類比生物學上的神經元訊號從類神經網路中的上一個神經元傳遞到下一個神經元的過程，並不是任何強度的訊號都可以傳遞下去，訊號必須足夠強，才能激發下一個神經元的動作電位，使其產生興奮，啟動函數的作用與之類似。

單層感知器的啟動函數為步階函數，是以設定值 0（界限值）為界的，若小於等於 0，則輸出 0，否則輸出 1。它將輸入值映射為輸出值「0」或「1」，顯然「1」對應於神經元興奮，「0」對應於神經元抑制。

單層感知器具有一定的侷限，無法解決線性不可分的問題，所以這個模型只能用於二元分類，且無法學習比較複雜的非線性模型，因此實際應用中的感知器模型往往更加複雜。將多個單層感知器進行組合，得到一個多層感知器。

如圖 4-5 所示是一個多層感知器模型（Multi-Layer Perceptron，MLP）的示意圖。網路的最左邊的層被稱為輸入層，其中的神經元被稱為輸入神經元。最右邊的輸出層包含輸出神經元，在圖 4-5 中，只有一個單一的輸出神經元，但一般情況下輸出層也會有多個輸出神經元。中間層被稱為隱藏層，因為裡面的神經元既不是輸入也不是輸出。隱藏層是整個神經網路最為重要的部分，它可以是一層，也可以是 N 層，隱藏層的每個神經元都會對資料進行處理。

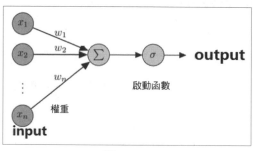

圖 4-4

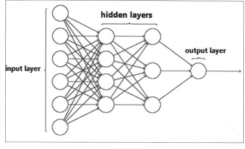

圖 4-5

MLP 並沒有規定隱藏層的數量，因此可以根據自己的需求選擇合適的隱藏層層數。MLP 對輸出層神經元的個數也沒有限制。我們通常把具有超過一個隱藏層的神經網路叫作深度神經網路。

複習感知器主要有以下三點：

（1）加入了隱藏層，隱藏層可以有多層，增強模型的表達能力。當然，隱藏層的層數越多，其複雜度也越大。

（2）輸出層的輸出神經元可以不止一個，這樣模型可以靈活地應用於分類回歸。

（3）每個感知器都對輸出結果有一定比重的貢獻，單一感知器權重或偏移的變化應該對輸出結果產生微小影響，這裡需要使用非線性的啟動函數。如果不使用非線性啟動函數，那即使是多層神經網路，也無法解決線性不可分的問題（當啟動函數是線性時，多層神經網路相當於單層神經網路）。

多層神經網路中一般使用的非線性啟動函數有 sigmoid、softmax 和 ReLU 等，這些非線性啟動函數給感知器引入了非線性因素，使得神經網路可以任意逼近任何非線性函數，這樣神經網路就可以應用到許多的非線性模型中。透過使用不同的啟動函數，神經網路的表達能力進一步增強。想像一下，足夠多的神經元，足夠多的層級，恰到好處的模型參數，神經網路威力暴增。

4.1.2 啟動函數

所謂啟動函數，就是在神經網路的神經元上執行的函數，負責將神經元的輸入映射到輸出端。例如最簡單的啟動函數，如圖 4-6 所示。

圖 4-6 所示的是單位步階函數，以 0 為界，輸出從 0 切換為 1（或從 1 切換至 0），其值呈階梯式變化，所以稱之為步階函數。當輸入大於 0 的時候就繼續向下一層傳遞，否則就不傳遞。這個函數極佳地表現了「啟動」的意思，但是這個函數是由兩段水平線組成，具有不連續、不光滑等不太好的性質，所以它無法用於神經網路的結構。因為如果使用它作啟動函數的話，參數的微小變化所引起的輸出的變化就會直接被步階函數抹殺掉，在輸出端完全表現不出來，無法為權重的學習提供指引，這是不利於訓練過程的參數更新的。

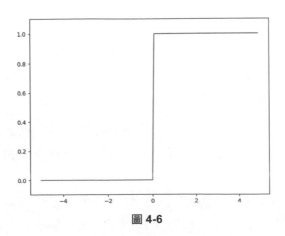

圖 4-6

在神經網路中較常用的啟動函數包括 sigmoid、tanh、ReLu 以及 softmax 函數，這些函數有一個共同的特點，就是它們都是非線性的函數。那麼我們為什麼要在神經網路中引入非線性的啟動函數呢？

從感知器的結構來看，如果不用啟動函數，每一層輸出都是上層輸入的線性函數，無論神經網路有多少層，輸出都是輸入的線性組合，無法直接進行非線性分類，那麼整個網路就只剩下線性運算，線性運算的複合還是線性運算，最終的效果只相當於單層的線性模型。

所以，我們要加入一種方式來完成非線性分類，這個方法就是啟動函數。啟動函數給神經元引入了非線性因素，它應用在隱藏層的每一個神經元上，使得神經網路能夠用於表示非線性函數，這樣神經網路就可以應用到許多的非線性模型中。

舉個常用的非線性的啟動函數的例子——sigmoid 函數，其公式如圖 4-7 所示。

$$\text{sigmoid}(x) = \sigma(x) = \frac{1}{1 + e^{-z}}$$

圖 4-7

這個函數的特點就是左端趨近於 0，右端趨近於 1，兩端都趨於飽和，函數的影像如圖 4-8 所示。

sigmoid 函數是傳統神經網路中最常用的啟動函數之一，從數學上來看，sigmoid 函數對中央區的訊號增益較大，對兩側區的訊號增益較小，在訊號的特徵空間映射上有很好的效果。

相對於步階函數只能傳回 0 或 1，sigmoid 函數可以傳回 0.731…、0.880…等實數。也就是說，感知器中神經元之間流動的是 0 或 1 的二元訊號，而神經網路中流動的是連續的實數值訊號。步階函數和 sigmoid 函數雖然在平滑性上有差異，但是如果從宏觀角度上看，可以發現它們具有相似的形狀。實際上，兩者的結構均是「輸入小時，輸出接近 0（為 0）；隨著輸入增大，輸出向 1 靠近（變成 1）」。也就是說，當輸入訊號為重要資訊時，步階函數和 sigmoid 函數都會輸出較大的值；當輸入訊號為不重要的資訊時，兩者都輸出較小的值。還有一個共同點是，不管輸入訊號有多小或有多大，輸出訊號的值的範圍都為 0~1。

還有 ReLU 函數，也是一種很常用的啟動函數，它的形式更加簡單，當輸入小於 0 時，輸出為 0；當輸入大於 0 時，輸出與輸入相等。其影像如圖 4-9 所示。

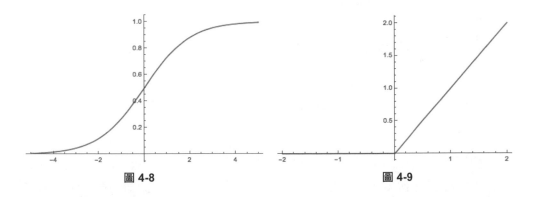

圖 4-8　　　　　　　　　　圖 4-9

ReLU 函數其實是分段線性函數，把所有的負值都變為 0，而正值不變。相比於其他啟動函數來說，ReLU 函數有以下優勢：對於線性函數而言，ReLU 函數的表達能力更強，尤其表現在深度網路中；而對於非線性函數而言，ReLU 函數由於其非負區間的梯度為常數，因此不存在梯度消失問題，使得模型的收斂速度維持在一個穩定狀態。這裡稍微描述一下什麼是梯度消失問題：當梯度小於 1 時，預測值與真實值之間的誤差每傳播一層會衰減一次。如果在深層模型中使用 sigmoid 作為啟動函數，這種梯度消失現象尤為明顯，將導致模型收斂停滯不前。如今，幾乎所有深度學習模型現在都使用 ReLU 函數，但它的局限性在於它只能在神經網路模型的隱藏層中使用。

最後的輸出層一般會有特定的啟動函數，不能隨意改變。比如多分類，我們應該使用 softmax 函數來處理分類問題從而計算類的機率。它與 sigmoid 函數類似，唯一的區別是在 softmax 函數中，輸出被歸一化，總和變為 1。

如果我們遇到的是二進位輸出問題，就可以使用 sigmoid 函數；而如果我們遇到的是多分類問題，使用 softmax 函數可以輕鬆地為每個類型分配值，並且可以很容易地將這個值轉化為機率。所以 softmax 層一般作為神經網路最後一層，作為輸出層進行多分類，softmax 輸出的每個值都≥ 0，並且其總和為 1，所以可以認為其為機率分佈。舉例來說，我們有一個向量 [3,1,–3]，將這組向量傳入 softmax 層進行前向傳播，我們會得到約等於 [0.88,0.12,0] 這樣的新向量。注意，這裡各分量的和為 1，這是公式決定的。這樣，這個新向量就可以表示取到各個值的機率了。

■ 4.1.3 損失函數 ▮

損失函數（Loss Function）用來度量真實值和預測值之間的差距，在統計學中損失函數是一種衡量損失和錯誤（這種損失與「錯誤地」估計有關）程度的函數。

神經網路模型的訓練是指透過輸入大量訓練資料，使得神經網路中的各參數（如權重係數 w）不斷調整，從而「學習」到一個合適的值，使得損失函數最小。

在處理分類問題的神經網路模型中，很多都使用交叉熵（Cross Entropy）作為損失函數。交叉熵出自資訊理論中的概念，原來的含義是用來估算平均編碼長度。在人工智慧學習領域，交叉熵用來評估分類模型的效果，比如影像辨識分類器。交叉熵在神經網路中作為損失函數，p 為真實標記分佈，q 則為訓練後模型的預測標記分佈，交叉熵損失函數可以衡量 p 與 q 的相似性。

我們希望模型在訓練資料上學到的預測資料分佈與真實資料分佈越相近越好，為了簡便計算，損失函數使用交叉熵就可以了。交叉熵在分類問題中常常與 softmax 函數搭配使用，softmax 函數將輸出的結果進行處理，使其多個分類的預測值的和為 1，再透過交叉熵來計算損失。

4.1.4 梯度下降和學習率

　　神經網路的目的就是透過訓練使近似分佈逼近真實分佈。那麼應該如何訓練，採用什麼方式一點點地調整參數，找出損失函數的極小值（最小值）？

　　我們最容易想到的調整參數（權重）的方法是窮舉，即取遍參數的所有可能設定值，比較在不同設定值情況下得到的損失函數的值，即可得到使損失函數設定值最小時的參數值。然而這種方法顯然是不可取的。因為在深度神經網路中，參數的數量是一個可怕的數字，動輒上萬、十幾萬。並且，參數設定值有時是十分靈活的，甚至會精確到小數點後若干位。若使用窮舉法，將造就一個幾乎不可能實現的計算量。

　　因此我們使用梯度下降法。梯度下降法是一種求函數最小值的方法。梯度衡量的是，如果我們稍微改變一下輸入值，函數的輸出值會發生多大的變化。

　　既然無法直接獲得該最小值，那麼我們就要想辦法一步一步逼近該最小值。一個常見的比喻是，下山時一步一步朝著坡度最陡的方向往下走，即可到達山谷最底部，如圖 4-10 所示。假設這樣一個場景：一個人被困在山上，需要從山上下來（找到山的最低點，也就是山谷），但此時山上的霧很大，導致能見度很低，因此，下山的路徑就無法確定，必須利用自己周圍的資訊一步一步地找到下山的路。這個時候，便可利用梯度下降演算法來幫助自己下山。怎麼做呢？首先以當前所處的位置為基準，尋找這個位置最陡峭的地方，然後朝著下降方向走一步，然後又繼續以當前位置為基準，再找最陡峭的地方往下走，直到最後到達最低處。

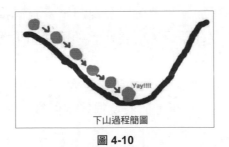

下山過程簡圖

圖 4-10

在梯度下降中的步進值大小稱為學習率。在下降過程中步進值越大，梯度影響越大。我們可以透過步進值來控制每一步走的距離，其實就是不要走太快，錯過了最低點，同時也要保證不要走得太慢，導致太陽下山了還沒有走到山谷。所以學習率的選擇在梯度下降法中非常重要，不能太大也不能太小，太小的話，可能導致遲遲走不到最低點；太大的話，可能導致錯過最低點。

學習率是深度學習中的重要的超參數，決定著目標函數能否收斂到局部最小值以及何時收斂到最小值。超參數是在開始學習過程之前設定值的參數，而非透過訓練得到的參數資料。學習率越低，損失函數的變化速度就越慢。雖然使用低學習率可以確保我們不會錯過任何局部極小值，但也表示我們將花費更長的時間來進行收斂。學習率的設定建議透過嘗試不同的固定學習率，觀察迭代次數和損失率的變化關係，找到損失下降最快所對應的學習率。

常見的梯度下降演算法 SGD（Stochastic Gradient Descent，隨機梯度下降演算法）已經成為深度神經網路最常用的訓練演算法之一，還有些最佳化的方法如 Adam 演算法（自我調整時刻估計演算法），它們會根據訓練演算法的過程而自我調整地修正學習率。SGD 和 Adam 也被稱為最佳化器（Optimizer）演算法。因為神經網路越複雜，資料越多，在訓練神經網路的過程上花費的時間也就越多，最佳化器演算法的作用是為了讓神經網路聰明起來、快起來。

■ 4.1.5　過擬合和 Dropout ▮

隨著迭代次數的增加，我們可以發現測試資料的損失值（Loss Score）和訓練資料的損失值存在著巨大的差距，如圖 4-11 所示。隨著迭代次數增加，訓練損失（Train Loss）越來越好，但測試損失（Test Loss）的結果確越來越差，訓練損失和測試損失的差距越來越大，模型開始過擬合（Overfit）。而過擬合會導致模型在訓練集上的表現很好，但針對驗證集或測試集，表現則大打折扣。

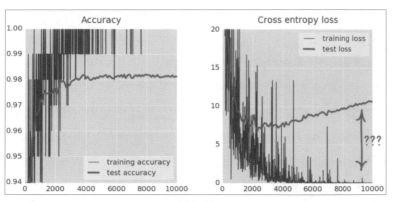

圖 4-11

Dropout 是指在深度學習網路的訓練過程中，按照一定的機率將一部分神經網路單元暫時從網路中捨棄，相當於從原始的網路中找到一個更「瘦」的網路，從而解決過擬合的問題，如圖 4-12 所示。

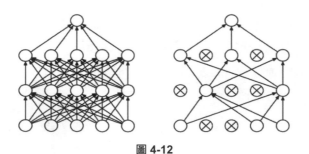

圖 4-12

做個類比，無性繁殖可以保留大段的優秀基因，而有性繁殖則將基因隨機拆解，破壞了大段基因的聯合適應性，但是自然選擇中選擇了有性繁殖，物競天擇，適者生存，可見有性繁殖的強大。Dropout 也能達到同樣的效果，它強迫一個神經單元和隨機挑選出來的其他神經元共同工作，減弱了神經元節點間的聯合適應性，增強了泛化能力。

如果一個公司的員工每天早上都是扔硬幣決定今天去不去上班，那麼這個公司會運作良好嗎？這並非沒有可能，這表示任何重要的工作都會有替代者，不會只依賴於某一個人。同樣地員工也會學會和公司內各種不同的人合作，而非每天都面對固定的人，每個員工的能力也會得到提升。這個想法雖然不見得適用於企業管理，但卻絕對適用於神經網路。在進行 Dropout 後，一個神經元不得不與隨機挑選出來的其他神經元共同工作，而非原先固定的週邊神經元。這樣經過幾輪訓練，這些神經元的個體表現力大大增強，同時也減弱了神經元節點間的聯合適應性，增強了泛化能力。我們通常是在訓練神經網路的時候使用 Dropout，這樣會降低神經網路的擬合能力，而在預測的時候關閉 Dropout。這就好像傳統武術裡，一個人在練輕功的時候會在腳上綁著很多重物，但是在真正和別人打鬥的時候會把重物全拿走。

■ 4.1.6 神經網路反向傳播法 ▎

神經網路可以視為一個輸入 x 到輸出 y 的映射函數，即 f(x)=y，其中這個映射 f 就是我們所要訓練的網路參數 w。我們只要訓練出來了參數 w，那麼對於任何輸入 x，就能得到一個與之對應的輸出 y。只要 f 不同，那麼同一個 x 就會產生不同的 y，我們當然想要獲得最符合真實資料的 y，由此就要訓練出一個最符合真實資料的映射 f。訓練最符合真實資料 f 的過程，就是神經網路的訓練過程。神經網路的訓練可以分為兩個步驟：一個是前向傳播，另外一個是反向傳播。

神經網路前向傳播是從輸入層到輸出層：從輸入層（Layer1）開始，經過一層層的層，不斷計算每一層的神經網路得到的結果以及透過啟動函數處理的本層輸出結果，最後得到輸出 y^，計算出了 y^，就可以根據它和真實值 y 的差別來計算損失值。

反向傳播就是根據損失函數 L(y^,y) 來反方向地計算每一層，由最後一層逐層向前去改變每一層的權重，也就是更新參數，即得到損失值之後，反過去調整每個變數以及每層的權重。

反向傳播法，通常縮寫為 BackProp，是一種監督式學習方法，即透過標記的訓練資料來學習（有監督者來引導學習）。簡單來說，BackProp 就是從錯誤中學習，監督者在類神經網路犯錯誤時進行糾正。以猜數字為例，

B 手中有一張數字牌讓 A 猜，首先 A 將隨意舉出一個數字，B 回饋給 A 是
大了還是小了，然後 A 經過修改，再次舉出一個數字，B 再回饋給 A 是否
正確以及大小關係，經過數次猜測和回饋，最後得到正確答案（當然，在實
際中不可能存在百分之百的正確，只能是最大可能正確）。

因此反向傳播，就是對比預測值和真實值，繼而傳回去修改網路參數的
過程。一開始我們隨機初始化卷積核心的參數，然後以誤差為指導透過反向
傳播演算法，自我調整卷積核心的值，從而最小化模型預測值和真實值之間
的誤差。

一個類神經網路封包含多層的節點：輸入層、中間隱藏層和輸出層，相
鄰層節點的連接都配有權重。學習的目的是為這些連接分配正確的權重。透
過輸入向量，這些權重可以決定輸出向量。在監督式學習中，訓練集是已標
注的，這表示對於一些給定的輸入，我們知道期望的輸出。

對於反向傳播演算法，最初所有的邊權重（Edge Weight）都是隨機分
配的。對於所有訓練資料集中的輸入，類神經網路都被啟動，並且觀察其輸
出。這些輸出會和我們已知的、期望的輸出進行比較，誤差會「傳播」回上
一層。該誤差會被標注，權重也會被對應地調整。重複該流程，直到輸出誤
差低於制定的標準。

反向傳播演算法結束後，我們就獲得了一個學習過的神經網路，該神經
網路被認為可以接收新輸入。也可以說該神經網路從一些樣本（標注資料）
和其錯誤（誤差傳播）中獲得了學習。

4.1.7 TensorFlow 遊樂場帶你玩轉神經網路

TensorFlow 遊樂場是一個透過網頁瀏覽器就可以訓練簡單的神經網路，
並實現視覺化訓練過程的工具。遊樂場位址為 http://playground.tensorflow.
org/，如圖 4-13 所示，遊樂場是一個線上演示、實驗的神經網路平台，是一
個入門神經網路的非常直觀的網站。這個圖形化平台非常強大，將神經網路
的訓練過程直接視覺化。

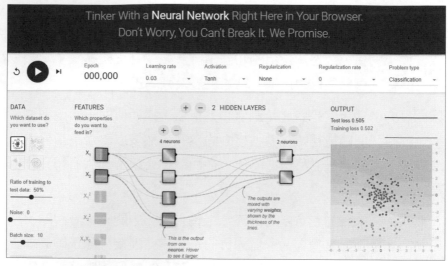

圖 **4-13**

打開遊樂場可以看到有很多的預設參數，首先我們來解讀一下頂部的一些參數：

- Epoch：訓練次數。

- Learning rate：學習率，在梯度下降演算法中會用到。學習率是人為根據實際情況來設定的，學習率越低，損失函數的變化速度就越慢。

- Activation：啟動函數，預設為非線性函數 Tanh。

- Regularization：正規化，提高泛化能力，防止過擬合。如果參數過多，模型過於複雜，容易造成過擬合。即模型在訓練樣本資料上表現得很好，但在實際測試樣本上表現得較差，不具備良好的泛化能力。為了避免過擬合，最常用的一種方法是使用正規化。

- Regularization rate：正規率，這裡是正規化加上權重參數。

- Problem type：問題類型。分類問題是指給定一個新的模式，根據訓練集推斷它所對應的類別，如 +1、–1，是一種定性輸出，也叫離散變數預測；回歸問題是指給定一個新的模式，根據訓練集推斷它所對應的輸出值（實數）是多少，是一種定量輸出，也叫連續變數預測，這裡我們要解決的是一個二分類問題。

　　遊樂場介面從左到右由資料（DATA）、特徵（FEATURES）、神經網路的隱藏層（HIDDEN LAYERS）和層中的連接線、輸出（OUTPUT）幾個部分組成，DATA 提供了四種資料集，我們預設選中第一種，被選中的資料也會顯示在最右側的 OUTPUT 中。如圖 4-14 所示，在這個資料中，我們可以看到在二維平面內，點被標記成兩種顏色。深色（電腦螢幕顯示為藍色）代表正值，淺色（電腦螢幕顯示為黃色）代表負值。這兩種顏色表示想要區分的兩類，所以是一個二分類問題。還可以調節訓練資料和測試資料的比例，並且可以調節資料中的雜訊（Noise）比例來模擬真實資料雜訊。雜訊資料是指資料中存在著錯誤或異常（偏離期望值）的資料，這些資料對資料的分析造成了干擾。我們還可以調整每批（Batch）輸入的資料的多少，調整範圍是 1~30，就是說每批進入神經網路資料的點可以有 1~30 個。

　　FEATURES 層對應的是實體的特徵向量，特徵向量是神經網路的輸入，一般神經網路的第一層是輸入層，代表特徵向量中每一個特徵的設定值。如圖 4-15 所示，每個點都有 X_1 和 X_2 兩個特徵，由這兩個特徵還可以衍生很多其他的特徵，如 X_1X_1、X_2X_2、X_1X_2、$\sin(X_1)$、$\sin(X_2)$ 等。從顏色上看，X_1 左邊是黃色（顏色參看網站）為負，右邊是藍色（顏色參看網站）為正，X_1 表示此點的水平座標值。同理，X_2 上邊是藍色為正，下邊是黃色為負，X_2 表示此點的垂直座標值。X_1X_1 是關於水平座標的「拋物線」資訊，X_2X_2 是關於垂直座標的「拋物線」資訊，X_1X_2 是「雙曲拋物面」的資訊，$\sin(X_1)$ 是關於水平座標的「正弦函數」資訊，$\sin(X_2)$ 是關於垂直座標的「正弦函數」資訊。因此，要學習的分類器就是要結合上述一種或多種特徵，畫出一條或多條線，將原始的黃色和藍色能夠準確地區分開。

　　HIDDEN LAYERS 即為隱藏層，位於神經網路輸入層與輸出層之間，如圖 4-16 所示。首頁顯示的網路有兩個隱藏層，第一個隱藏層有 4 個神經元，第二個隱藏層有 2 個神經元。隱藏層之間的連線表示權重，藍色（顏色參看網站）表示用神經元的原始輸出，黃色（顏色參看網站）表示用神經元的負輸出。連接線的粗細和深淺表示權重的絕對值大小。滑鼠放到線上可以看到具體值，也可以修改值。下一層的神經網路的神經元會對上一層的輸出再進行組合。組合時，根據上一次預測的準確性，透過反向傳播給每個組合不同的權重，連接線的粗細和深淺會發生變化，連接線越粗顏色越深，表示權重越大。

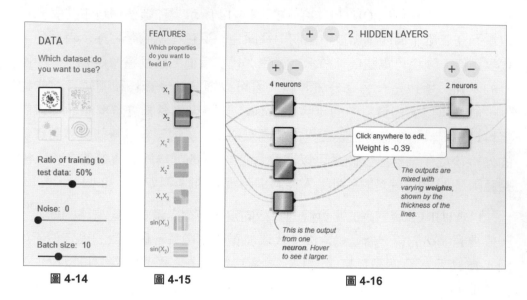

圖 4-14   圖 4-15   圖 4-16

　　在 TensorFlow 遊樂場中可以點擊隱藏層的「＋」或「－」增加隱藏層或減少隱藏層。同時，我們也可以選擇神經網路的層數、學習率、啟動函數、正規化。

　　OUTPUT 對應的是輸出層，如圖 4-17 所示。中間區域是輸出的視覺化，平面上或深或淺的顏色表示神經網路模型做出的判斷，顏色越深表示神經網路模型對它的判斷越有信心。

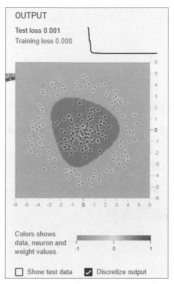

圖 4-17

　　TensorFlow 遊樂場所展示的是一個全連接神經網路，同一層的節點不會相互連接，而且每一層只和下一層連接，直到最後一層輸出層得到輸出結果。

　　在 TensorFlow 遊樂場中，每一個小格子代表神經網路中的節點，每一個節點上的顏色代表這個節點的區分平面，區分平面上的點的座標代表一種設定值，而點的顏色就對應其輸出值，輸出值的絕對值越大，顏色也就越深：黃色（顏色參看網站）越深表示負得越大，藍色（顏色參看網站）越深表示正得越大。

　　同理，TensorFlow 遊樂場中的每一條邊代表了神經網路中的參數，它可以是任意實數，顏色越深，表示參數值的絕對值越大：黃色越深表示負得越大，藍色越深表示正得越大；當邊的顏色接近白色時，參數設定值接近於 0。

　　TensorFlow 遊樂場簡潔明了地展示了使用神經網路解決分類問題的 4 個步驟：

步驟 ① 提取問題中實體的特徵向量。

步驟 ② 定義神經網路的結構，定義如何從神經網路的輸入到輸出，設定隱藏層數和節點個數（前向傳播）、啟動函數等。

步驟 ③ 透過訓練資料來調整神經網路中參數的設定值，也就是訓練神經網路的過程（反向傳播），利用反向傳播演算法不斷最佳化權重的值，使之達到最合理水準。

步驟 ④ 使用訓練好的神經網路來預測未知資料，這裡訓練好的網路就是其權重達到最佳的情況。

　　如圖 4-18 所示，我們選定螺旋形資料，7 個特徵全部輸入，進行實驗。選擇只有 3 個隱藏層時，第一個隱藏層設定 8 個神經元，第二個隱藏層設定 4 個神經元，第三個隱藏層設定 2 個神經元。訓練大概 2 分鐘，測試損失和訓練損失就不再下降了。訓練完成時，就可以看到我們的神經網路已經完美分離出藍色點以及黃色點了。

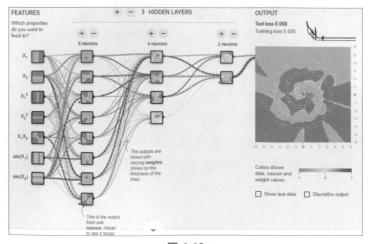

圖 4-18

對神經網路的初學者來說，透過 TensorFlow 遊樂場這個視覺化神經網路訓練平台來認識神經網路是比較直觀的。在這個工具平台上，能任意設計多層神經網路。舉例來說，可以透過設計多層、每層多神經元的網路，模擬出過擬合情況；也可以透過調整學習率、啟動函數、正規化等神經網路參數，把理論的基礎知識形象化表現出來。

4.2 卷積神經網路

卷積神經網路（CNN）被廣泛用於各個領域，在很多問題上都獲得了當前最好的性能。本節主要介紹卷積神經網路的相關知識。

4.2.1 什麼是卷積神經網路

大約在 20 世紀 60 年代，科學家提出的感受野（Receptive Field），這是卷積神經網路發展歷史中的第一件里程碑事件。當時科學家透過對貓的視覺皮層細胞的研究發現，每一個視覺神經元只會處理一小塊區域的視覺影像，即感受野。

深度學習的許多研究成果，離不開對大腦認知原理的研究，尤其是視覺原理的研究。1981 年的諾貝爾醫學獎，頒發給了 David Hubel、Torsten Wiesel 以及 Roger Sperry。前兩位的主要貢獻是「發現了視覺系統的資訊處理」，即可視皮層是分級的。

人類的視覺原理如下：從原始訊號攝入開始（瞳孔攝入像素 Pixels），接著做初步處理（大腦皮層某些細胞發現邊緣和方向），然後抽象（大腦判定眼前的物體的形狀是圓形的），然後進一步抽象（大腦進一步判定該物體是顆氣球）。對於不同的物體，人類視覺也是透過這樣逐層分級來進行認知的：最底層特徵基本上是類似的，就是各種邊緣；越往上，越能提取出此類物體的一些特徵（輪子、眼睛、軀幹等）；到最上層，不同的高級特徵最終組合成對應的影像，從而能夠讓人類準確地區分不同的物體。

　　因此我們可以很自然地想到：可不可以模仿人類大腦的這個特點，構造多層的神經網路，較低層的辨識初級的影像特徵，若干底層特徵組成更上一層特徵，最終透過多個層級的組合在頂層做出分類呢？答案是肯定的，這也是卷積神經網路的靈感來源。

　　1980 年前後，日本科學家福島邦彥（Kunihiko Fukushima）在 Hubel 和 Wiesel 工作的基礎上，模擬生物視覺系統並提出了一種層級化的多層類神經網路，即神經認知（Neurocognitron），以處理手寫字元辨識和其他模式辨識任務。神經認知模型在後來也被認為是現今卷積神經網路的前身。在福島邦彥的神經認知模型中，兩種最重要的組成單元是 S 型細胞（S-cells）和 C 型細胞（C-cells），兩類細胞交替堆疊在一起組成了神經認知網路。其中，S 型細胞用於取出局部特徵（Local Feature），C 型細胞則用於抽象和容錯，這與現今卷積神經網路中的卷積層（Convolution Layer）和池化層（Pooling Layer）可一一對應。卷積層完成的操作，可以認為是受局部感受野概念的啟發，而池化層主要是為了降低資料維度。

　　卷積神經網路是一種多層神經網路，擅長處理影像尤其是大影像的相關機器學習問題。

　　卷積神經網路透過一系列方法，成功將資料量龐大的影像辨識問題不斷降維，最終使其能夠被訓練。綜合起來説，卷積神經網路透過卷積來模擬特徵區分，並且透過卷積的權值共用及池化，來降低網路參數的數量級，最後透過傳統神經網路完成分類等任務。

▌4.2.2　卷積神經網路詳解▐

　　典型的卷積神經網路由卷積層、池化層、全連接層組成。其中卷積層與池化層配合，組成多個卷積組，逐層提取特徵，最終透過若干個全連接層完成分類，如圖 4-19 所示。

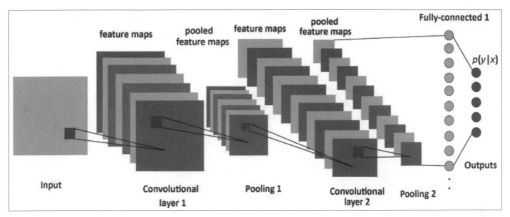

圖 4-19

用卷積神經網路辨識圖片，一般需要以下 4 個步驟：

步驟 ① 卷積層初步提取特徵。

步驟 ② 池化層提取主要特徵。

步驟 ③ 全連接層將各部分特徵整理。

步驟 ④ 產生分類器，進行預測辨識。

　　想要詳細了解卷積神經網路，需要先理解什麼是卷積和池化。這些概念都來自電腦視覺領域。

1. 卷積層的作用

　　卷積層的作用就是提取圖片中每個小部分裡具有的特徵。前面介紹過，卷積就是一種提取影像特徵的方式，特徵提取依賴於卷積運算，其中運算過程中用到的矩陣被稱為卷積核心。卷積核心的大小一般小於輸入影像的大小，因此卷積提取出的特徵會更多地關注局部，這很符合日常我們接觸到的影像處理。每個神經元沒有必要對全域影像進行感知，只需要對局部影像進行感知，然後在更高層將局部的資訊綜合起來，就獲得了全域的資訊。

假設我們有一個尺寸為 6×6 的影像，每一個像素點裡都儲存著影像的資訊。我們再定義一個卷積核心（相當於權重），用來從影像中提取一定的特徵。卷積核心與數字矩陣對應位相乘再相加，得到卷積層輸出結果，如圖 4-20 所示。

$$429 = （18×1+54×0+51×1+55×0+121×1+75×0+35×1+24×0+204×1）$$

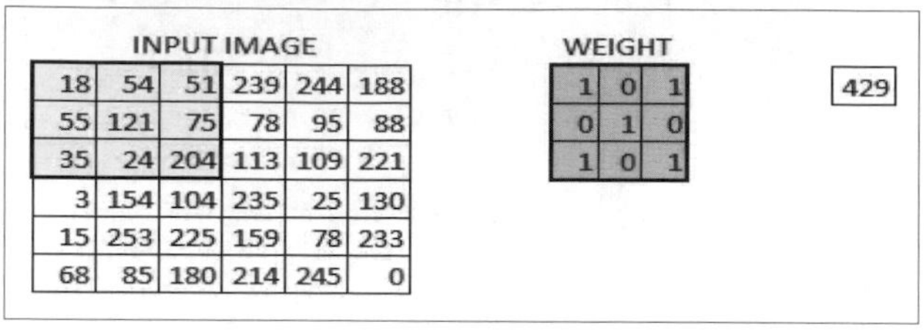

圖 4-20

卷積核心的設定值在沒有學習經驗的情況下，可由函數隨機生成，再逐步訓練調整，當所有的像素點都至少被覆蓋一次後，就可以產生一個卷積層的輸出，如圖 4-21 所示。

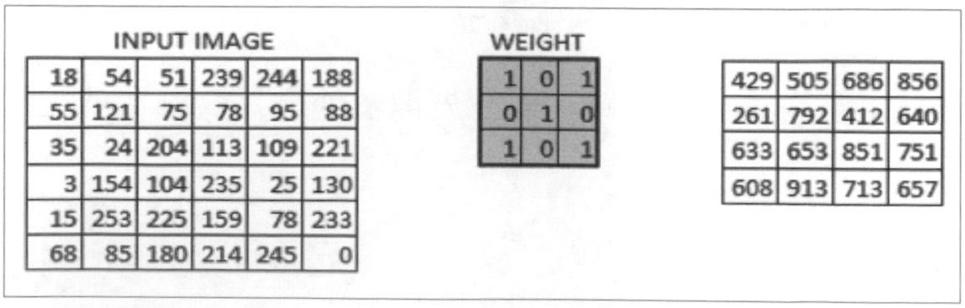

圖 4-21

神經網路模型初始時，並不知道要辨識的部分具有哪些特徵，而是透過比較不同卷積核心的輸出，來確定哪一個卷積核心最能表現該圖片的特徵。比如要辨識影像中曲線這一特徵，卷積核心就要對這種曲線有很高的輸出值（真實區域數字矩陣與卷積核心相乘作用後，輸出較大，對其他形狀，比如三角形，則輸出較低），就說明該卷積核心與曲線這一特徵的匹配程度高，越能表現該曲線特徵。

此時就可以將這個卷積核心保存起來用來辨識曲線特徵，採用同樣的方式能找出辨識其他部位（特徵）的卷積核心。在此過程中，卷積層在訓練時透過不斷地改變所使用的卷積核心，來從中選取出與圖片特徵最匹配的卷積核心，進而在圖片辨識過程中，利用這些卷積核心的輸出來確定對應的圖片特徵。

一句話概括卷積層，其實就是使用一個或多個卷積核心對輸入進行卷積操作。卷積層的作用就是透過不斷地改變卷積核心，來確定能初步表徵圖片特徵的、有用的卷積核心是哪些，再得到與對應的卷積核心相乘後的輸出矩陣。由於卷積操作會導致影像變小（損失影像邊緣），所以為了保證卷積後影像大小與原圖一致，常用的一種做法是人為地在卷積操作之前對影像邊緣進行填充。

2. 池化層的作用

池化層的目的是減少輸入影像的大小，去除次要特徵，保留主要特徵。卷積層輸出的特徵作為池化層的輸入，由於卷積核心數量許多，導致輸入的特徵維度很大。為了減少需要訓練的參數量和減少過擬合現象（過擬合時模型會過多地去注重細節特徵，而非共通性特徵，導致辨識準確率下降），可以只保留卷積層輸出的特徵中有用的特徵，而消除其中屬於雜訊的特徵，這樣既能減少雜訊傳送，還能降低特徵維度。它的目標是對輸入（圖片、隱藏層、輸出矩陣等）進行下採樣（Downsampling），來減小輸入的維度，並且包含局部區域的特徵。首先，常用的池化方法有最大池化（Max Pooling）、最小池化（Min Pooling）和平均池化（Average Pooling）。其次，是池化的區域大小和步進值。最大池化輸出的是選擇區域內數值的最大值，而平均池化輸出的是選擇區域內數值的平均值。如圖 4-22 所示，最大池化大小為 2×2，步進值為 2。這個池化例子，將 4×4 的區域池化成 2×2 的區域，這樣使資料的敏感度大大降低，同時也在保留資料資訊的基礎上降低了資料的計算複雜度。

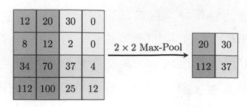

圖 4-22

3. 平坦層處理

平坦層（Flatten Layer）是一個非常簡單的神經網路層，用來將一個二階張量（矩陣）或三階張量展開成一個一階張量（向量），即用來將輸入「壓平」，把多維的輸入一維化，常用在從卷積層到全連接層的過渡。

4. 全連接層處理

卷積層和池化層的工作就是提取特徵，並減少原始影像帶來的參數。然而，為了生成最終的輸出，我們需要應用全連接層來生成一個分類器。全連接層在整個神經網路模型中相當於「分類器」。全連接層利用這些有用的影像特徵進行分類，利用啟動函數對整理的局部特徵進行一些非線性變換，得到輸出結果。

檢測高級特徵之後，網路最後的完全連接層就更是錦上添花了。簡單地說，這一層處理輸入內容後會輸出一個 n 維向量，N 是該程式必須選擇的分類數量。舉例來說，我們想得到一個數字分類程式，如果有 10 個數字，N 就等於 10。這個 n 維向量中的每一個數字都代表某一特定類別的機率。舉例來說，某一數字分類程式的結果向量是 [0, .1, .1, .75, 0, 0, 0, 0, 0, .05]，則代表該圖片有 10% 的機率是 1，10% 的機率是 2，75% 的機率是 3，5% 的機率是 9。完全連接層觀察上一層的輸出（其表示了更高級特徵的啟動映射）並確定這些特徵與哪一分類最為吻合。舉例來說，程式預測某一影像的內容為狗，那麼啟動映射中的高數值便會代表一些爪子或四條腿之類的高級特徵。同樣地，如果程式測定某一圖片的內容為鳥，啟動映射中的高數值便會代表諸如翅膀或鳥喙之類的高級特徵。大體上來說，完全連接層觀察高級特徵和哪一分類最為吻合和擁有怎樣的特定權重，因此當計算出權重與先前層之間的點積後，我們將得到不同分類的正確機率。

■ 4.2.3 卷積神經網路是如何訓練的 ∣

因為卷積核心實際上就是如 3×3、5×5 這樣的權值矩陣，網路要學習的，或說要確定下來的，就是這些權值的數值。卷積神經網路不斷地前、後向計算學習，更新出合適的權值，也就是一直在更新卷積核心。卷積核心更新了，學習到的特徵也就被更新了（因為卷積核心的值變了，與上一層影像的卷積計算的結果也隨之變化，得到的新影像也就變了）。對分類問題而言，其目的就是：對影像提取特徵，再以合適的特徵來判斷它所屬的類別，你有哪些各自的特徵，我就根據這些特徵，把你劃分到某個類別去。

卷積神經網路的實質就是更新卷積核心參數權值，即一直更新所提取到的影像特徵，以得到可以把影像正確分類的最合適的特徵。

卷積神經網路在本質上是一種輸入到輸出的映射，它能夠學習大量的輸入與輸出之間的映射關係，而不需要輸入和輸出之間精確的數學運算式，僅使用已知的模式對卷積神經網路加以訓練，卷積神經網路就具有了輸入與輸出之間的映射能力。這裡權值更新是基於反向傳播演算法，卷積網路執行的是監督訓練，其樣本集由形如（輸入向量，理想輸出向量）的向量對組成。這些向量對都應該來自網路，即模擬系統的實際「執行」結果，它們能夠從實際執行系統中擷取。在開始訓練前，全部的權值都應該用一些不同的小隨機數進行初始化。「小隨機數」用來保證網路不會因權值過大而進入飽和狀態，從而導致訓練失敗。「不同」用來保證網路能夠正常地學習。

卷積神經網路的訓練過程分為兩個階段。一個階段是資料由低層次向高層次傳播的階段，即前向傳播階段。另外一個階段是，當前向傳播得出的結果與預期不相符時，將誤差從高層次向低層次進行傳播訓練的階段，即反向傳播階段。

具體的訓練過程有以下 5 個步驟：

步驟 ① 網路進行權值的初始化。

步驟 ② 輸入資料經過卷積層、下採樣層、全連接層的前向傳播得到輸出值。

步驟 ③ 求出網路的輸出值與目標值之間的誤差。

步驟 ④ 當誤差大於我們的期望值時，將誤差傳回網路中，依次求得全連接層、下採樣層、卷積層的誤差。各層的誤差可以視為對於網路的總誤差，網路應承擔多少；當誤差等於或小於我們的期望值時，結束訓練。

步驟 ⑤ 根據求得的誤差，按極小化誤差的方法調整權值矩陣，進行權值更新，然後再進入到第 2 步。

4.3 卷積神經網路經典模型架構

ImageNet 大規模視覺辨識挑戰賽（ImageNet Large-Scale Visual Recognition Challenge，ILSVRC）成立於 2010 年，旨在提高大規模物件辨識和影像分類的最新技術。ILSVRC 作為最具影響力的競賽，促使了許多經典的卷積神經網路架構的出現。ILSVRC 使用的資料都來自 ImageNet，ImageNet 專案於 2007 年由史丹佛大學華人教授李飛飛創辦，目標是收集大量帶有標注資訊的圖片資料供電腦視覺模型訓練。ImageNet 擁有 1500 萬幅標注過的高畫質圖片，大約有 22000 類，其中約有 100 幅標注了圖片中主要物體的定位邊框。

ILSVRC 比賽使用 ImageNet 資料集的子集，大概擁有 120 萬幅圖片，以及 1000 類的標注。比賽一般採用 top-5 和 top-1 分類錯誤率作為模型性能的評測指標。top1 是指機率向量中最大的值作為預測結果，若分類正確，則為正確；top5 只要機率向量中最大值的前五名裡有分類正確的，即為正確。

下面我們來介紹其他幾個經典的卷積網路結構，LeNet 5、AlexNet、VGGNet、GoogLeNet 和 ResNet 等。如圖 4-23 所示，它們分別獲得了 ILSVRC 比賽分類專案的 2012 年冠軍（AlexNet，top-5 錯誤率為 16.4%，使用額外資料可達到 15.3%，8 層神經網路）、2014 年亞軍（VGGNet，top-5 錯誤率為 7.3%，19 層神經網路），2014 年冠軍（GoogLeNet，top-5 錯誤率為 6.7%，22 層神經網路）和 2015 年的冠軍（ResNet，top-5 錯誤率為 3.57%，152 層神經網路）。

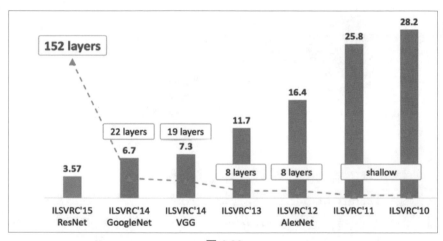

圖 4-23

4.3.1 LeNet5

LeNet5 模型是 1998 年 Yann LeCun 教授在論文 *Gradient-based Learning Applied To Document Recognition* 中提出的，是第一個成功應對手寫數字辨識問題的卷積神經網路，在那時的技術條件下就能取得低於 1% 的錯誤率。因此，LeNet5 這一卷積神經網路便在當時效力於全美幾乎所有的郵政系統，用來辨識手寫郵遞區號進而分揀郵件和包裹。當年，美國大多數銀行也用它來辨識支票上面的手寫數字，能夠達到這種商用的地步，它的準確性可想而知。可以說，LeNet5 是第一個產生實際商業價值的卷積神經網路，同時也為卷積神經網路以後的發展奠定了堅實的基礎。

LeNet5 這個網路雖然很小，但是它包含了深度學習的基本模組：卷積層、池化層、全連接層，是其他深度學習模型的基礎。這裡我們對 LeNet5 進行深入分析，同時透過實例分析，加深對卷積層和池化層的理解。如圖 4-24 所示，LeNet5 模型包括卷積層、採樣層、卷積層、採樣層、全連接層、全連接層、高斯連接層（Gaussian Connections Layer）。（傳統上，不將輸入層視為網路層次結構之一。）

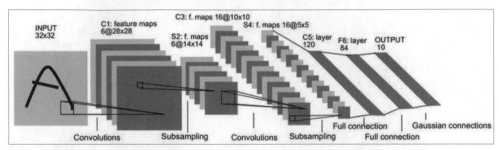

圖 4-24

LeNet5 共有 7 層，不包含輸入層，每層都包含可訓練參數，每個層有多個特徵圖（Feature Map），每個特徵圖透過一種卷積濾波器提取輸入的一種特徵，然後每個特徵圖有多個神經元。將一批資料登錄神經網路，經過卷積、啟動、池化、全連接和 softmax 回歸等操作，最終傳回一個機率陣列，從而達到辨識圖片的目的。LeNet5 各層參數說明如下。

1. INPUT—— 輸入層

要求輸出的影像尺寸大小為 32×32，首先在資料登錄層，輸入影像的尺寸統一歸一化為 32×32。（本層不算 LeNet5 的網路結構。）

LeNet5 要處理的是一個多分類問題，總共有十個類，因此神經網路的最後輸出層必然是 softmax 問題，然後神經元的個數是 10 個。

2. C1—— 卷積層

輸入圖片尺寸：32×32。

卷積核心大小：5×5。

卷積核心種類：6。

輸出特徵圖大小：28×28，(32–5+1)=28。

神經元數量：28×28×6。

可訓練參數：(5×5+1)×6（每個濾波器有 5×5=25 個 unit 參數和一個 bias 參數，一共 6 個濾波器）。

連接數：(5×5+1)×6×28×28=122304。

 說明　　輸入圖片尺寸為 32×32，對輸入影像進行第一次卷積運算（使用 6 個大小為 5×5 的卷積核心），得到 6 個 C1 特徵圖（6 個大小為 28×28 的特徵圖（32–5+1=28），神經元的個數為 6×28×28=784）。我們再來看看需要多少個參數，卷積核心的大小為 5×5，總共就有 6×(5×5+1)=156 個參數，其中 +1 是表示一個核心有一個 bias 偏置參數。對於卷積層 C1，C1 內的每個像素都與輸入影像中的 5×5 個像素和 1 個 bias 偏置有連接，所以總共有 156×28×28=122304 個連接。有 122304 個連接，但是我們只需要學習 156 個參數，這些主要是透過權值共用實現的。

C1 中每個特徵圖的每個單元都和輸入的 25 個點相連，其中 5×5 的區域被稱為感知野。每個特徵圖的每個單元共用 25 個權值和一個偏置。所謂權值共用就是同一個特徵圖中神經元權值共用，該特徵圖中的所有神經元使用同一個權值。因此參數個數與神經元的個數無關，只與卷積核心的大小及特徵圖的個數相關。但是共有多少個連接數就與神經元的個數相關了，神經元的個數也就是特徵圖的大小。

3. S2——池化層

輸入圖片尺寸：28×28。

採樣區域：2×2。

採樣種類：6。

輸出特徵圖大小：14×14。

神經元數量：14×14×6。

S2 中每個特徵圖的大小是 C1 中特徵圖大小的 1/4。

說明　第一次卷積之後緊接著就是池化運算，使用 2×2 池化核心進行池化，於是獲得了 S2，6 個 14×14 的特徵圖（28/2=14）。池化的大小，選擇 2×2，也就是相當於對 C1 層 28×28 的圖片進行分塊，每個區塊的大小為 2×2，這樣我們可以得到 14×14 個區塊，然後統計每個區塊中最大的值作為下採樣的新像素，因此我們可以得到 S1 結果為：14×14 大小的圖片，共有 6 幅這樣的圖片，神經元個數 14×14×6=14146。S2 中每個特徵圖的大小是 C1 中特徵圖大小的 1/4。S2 這個池化層是對 C1 中的 2×2 區域內的像素求和乘以一個權值係數再加上一個偏置，然後將這個結果再做一次映射。於是每個池化核心有兩個訓練參數，所以共有 2×6=12 個訓練參數，但是有 5×14×14×6=5880 個連接。

4. C3——卷積層

輸入：S2 中所有 6 個或幾個特徵圖組合。

卷積核心大小：5×5。

卷積核心種類：16。

輸出特徵圖大小：10×10。

說明 第一次池化之後是第二次卷積，第二次卷積的輸出是 C3，16 個 10×10 的特徵圖，卷積核心大小是 5×5。我們知道 S2 有 6 個 14×14 的特徵圖，C3 層比較特殊，在於它要將第一次卷積池化得到的 6 個特徵圖變成 16 個特徵圖，它透過將每個特徵圖連接到上層的 6 個或幾個特徵圖，而非把 S2 中的所有特徵圖直接連接到每個 C3 的特徵圖，從而來提取不同的特徵。這樣做的原因是不完全的連接機制可以使得連接數量保持在合理的範圍內，另外可以保證 C3 中的特徵圖提取到不同的特徵。

5. S4——池化層

輸入圖片尺寸：10×10。

輸出特徵圖大小：5×5（10/2）。

神經元數量：5×5×16=400。

說明 S4 是池化層，視窗大小仍然是 2×2，共計 16 個特徵圖，C3 層的 16 個 10×10 的圖分別進行以 2×2 為單位的池化得到 16 個 5×5 的特徵圖。這一層有 2×16=32 個訓練參數，5×5×5×16=2000 個連接。連接的方式與 S2 層類似。

6. C5——卷積層

輸入：S4 層的全部 16 個單元特徵圖。

卷積核心大小：5×5。

可訓練參數 / 連接：120×(16×5×5+1)=48120。

說明 C5 層是一個卷積層。我們繼續用 5×5 的卷積核心進行卷積，然後希望得到 120 個特徵圖。由於 S4 層的 16 個圖的大小為 5×5，與卷積核心的大小相同，所以卷積後形成的圖的大小為 1×1。這裡形成 120 個卷積結果，每個都與上一層的 16 個圖相連，所以共有 (5×5×16+1)×120 = 48120 個參數，同樣有 48120 個連接。

7. F6——全連接層

輸入：C5 的 120 維向量。

計算方式：計算輸入向量和權重向量之間的點積，再加上一個偏置，結果透過 sigmoid 函數輸出。

可訓練參數：$86 \times (120+1)=10164$。

 提示 F6 層有 84 個節點，對應於一個 7×12 的點陣圖，-1 表示白色，1 表示黑色，這樣每個符號的點陣圖的黑白色就對應於一個編碼。該層的訓練參數和連接數是 $(120+1) \times 84=10164$。

8. OUTPUT—— 輸出層

OUTPUT 層也是全連接層，最後得到 10 個分類，對應數字 0~9，共有 10 個節點，這 10 個節點分別代表著數字 0~9。判斷的標準是，如果某個節點輸出為 0（或越接近），那麼該節點在本層中的位置就是網路辨識得出的數字。

複習一下，LeNet5 是一個 7 層網路，包括兩層卷積、兩層池化、三層全連接，輸出資料用 softmax 進行處理。LeNet5 網路是這樣預測單幅圖片的：首先，將圖片歸一化下採樣為 28×28，之後進行卷積操作，將一幅 28×28 的圖片卷積成 6 幅 24×24 的圖片，在這一步中，圖片的大小減少了，但深度增加了，直觀理解就是「特徵」更強了；之後進行最大池化，過濾掉相對不重要的像素，得到 6 幅 12×12 的圖片；再進行一遍相似的卷積和池化操作，最終得到 16 幅 4×4 的圖片；將這 16 幅圖片拉成一個向量，進行全連接層操作，得到 $120 \rightarrow 84 \rightarrow 10$ 的向量；再經過 softmax 層進行預測，得到預測結果。我們要訓練的參數是卷積核心，每一層的卷積核心都是 5×5 的，透過對卷積核心的參數值進行學習，最終會獲得一組合適的卷積核心，用它們進行卷積可以讓網路的預測準確值穩定在 98% 左右。

　　LeNet5 雖然是一個只有 7 層的小網路，但卻是當之無愧的創新工作。卷積使得神經網路可以共用權值，一方面減少了參數，另一方面可以學習影像不同位置的局部特徵。

4.3.2 AlexNet

　　AlexNet 在 2012 年被提交給 ImageNet ILSVRC 挑戰賽，分類結果明顯優於第二名。該網路使用更多層數，使用 ReLU 啟動函數和 0.5 機率的 Dropout 來對抗過擬合。由於 AlexNet 相對簡單的網路結構和較小的深度，使其在今天仍然被廣泛使用。

　　AlexNet 是 Hinton 和他的學生 Alex Krizhevsky 設計的，是 2012 年 ImageNet 比賽的冠軍，也是第一個基於卷積神經網路的 ImageNet 冠軍，它的網路比 LeNet5 更深。

　　AlexNet 包含 5 個卷積層和 3 個全連接層，模型示意圖如圖 4-25 所示。

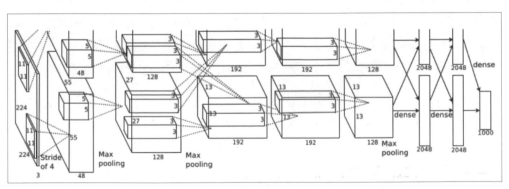

圖 4-25

　　AlexNet 為 8 層結構，其中前 5 層為卷積層，後面 3 層為全連接層。引用 ReLU 啟動函數，成功解決了 Sigmoid 函數在網路較深時的梯度彌散問題。使用最大值池化，避免平均池化的模糊化效果。並且，池化的步進值小於核心尺寸，這樣使得池化層的輸出之間會有重疊和覆蓋，提升了特徵的豐富性。

另外，為提高執行速度和網路執行規模，AlexNet 採用 two-GPU 的設計模式，並且規定 GPU 只能在特定的層進行通訊交流，其實就是每一個 GPU 負責一半的運算處理。實驗資料表示，two-GPU 方案會比只用 one-GPU 執行半個上面大小網路的方案，在準確度上提高了 1.7% 的 top-1 和 1.2% 的 top-5。

4.3.3 VGGNet

ILSVRC 2014 的第二名是 Karen Simonyan 和 Andrew Zisserman 實現的卷積神經網路，現在稱其為 VGGNet。它的主要貢獻是展示出網路的深度是演算法優良性能的關鍵部分。

VGGNet 網路結構如圖 4-26 所示，A、A-LRN、B、C、D、E 這 6 種網路結構相似，都是由 5 層卷積層、3 層全連接層組成，其中區別在於每個卷積層的子層數量不同，從 A 至 E 依次增加（子層數量從 1 到 4），總的網路深度從 11 層到 19 層（增加的層以粗體顯示）。例如圖中的 con3-128，表示使用 3×3 的卷積核心，通道數為 128。網路結構 D 就是著名的 VGG16，網路結構 E 就是著名的 VGG19。VGG16 是一個 16 層的神經網路，不包括最大池化層和 softmax 層，因此被稱為 VGG16。而 VGG19 由 19 個層組成。

這些網路都遵循一種通用的設計，輸入到網路的是一個固定大小的 224×224 的 RGB 影像，所做的唯一前置處理是從每個像素減去基於訓練集的平均 RGB 值。影像透過一系列的卷積層時，全部使用 3×3 大小的卷積核心。每個網路設定都是 5 個最大池化層，最大池化層的視窗大小為 2×2，步進值為 2。卷積層之後是三個完全連接層，前兩層有 4096 個通道，第三層執行的是 1000 路 ILSVRC 分類，因此包含 1000 個通道（每個類一個）。最後一層是 softmax 層。在 A~E 所有網路中，全連接層的設定是相同的。所有的隱藏層都用 ReLU 方法進行校正。

ConvNet Configuration					
A	A-LRN	B	C	D	E
11 weight layers	11 weight layers	13 weight layers	16 weight layers	16 weight layers	19 weight layers
input (224 × 224 RGB image)					
conv3-64	conv3-64	conv3-64	conv3-64	conv3-64	conv3-64
	LRN	**conv3-64**	conv3-64	conv3-64	conv3-64
maxpool					
conv3-128	conv3-128	conv3-128	conv3-128	conv3-128	conv3-128
		conv3-128	conv3-128	conv3-128	conv3-128
maxpool					
conv3-256	conv3-256	conv3-256	conv3-256	conv3-256	conv3-256
conv3-256	conv3-256	conv3-256	conv3-256	conv3-256	conv3-256
			conv1-256	**conv3-256**	conv3-256
					conv3-256
maxpool					
conv3-512	conv3-512	conv3-512	conv3-512	conv3-512	conv3-512
conv3-512	conv3-512	conv3-512	conv3-512	conv3-512	conv3-512
			conv1-512	**conv3-512**	conv3-512
					conv3-512
maxpool					
conv3-512	conv3-512	conv3-512	conv3-512	conv3-512	conv3-512
conv3-512	conv3-512	conv3-512	conv3-512	conv3-512	conv3-512
			conv1-512	**conv3-512**	conv3-512
					conv3-512
maxpool					
FC-4096					
FC-4096					
FC-1000					
soft-max					

圖 4-26

卷積層的寬度（即每一層的通道數）的設定是很小的，從第一層 64 開始，每過一個最大池化層進行加倍，直到達到 512。如 conv3-64 指的是卷積核心大小為 3×3，通道數量為 64。VGGNet 全部使用 3×3 的卷積核心和 2×2 的池化核心，透過不斷加深網路結構來提升性能。網路層數的增長並不會帶來參數量上的爆炸，因為參數量主要集中在最後三個全連接層中。VGGNet 雖然網路更深，但比 AlexNet 收斂更快，缺點是佔用記憶體較大。

VGGNet 論文的主要結論就是深度的增加有益於精度的提升，這個結論堪稱經典。連續 3 個 3×3 的卷積層（步進值 1）能獲得和一個 7×7 的卷積層等效的感受野，而深度的增加在增加網路的非線性時減少了參數（$3×3^2<7^2$）。從 VGGNet 之後，大家都傾向於使用連續多個更小的卷積層，甚至分解卷積核心（Depthwise Convolution）。

但是，VGGNet 只是簡單地堆疊卷積層，而且卷積核心太深（最多達 512），特徵太多，導致其參數暴增，搜索空間過大，正規化困難，因而其精度並不是最高的，在推理時也相當耗時，和 GoogLeNet 相比其 C/P 值明顯不高。

4.3.4 GoogLeNet

GoogLeNet 是 ILSVRC 2014 的冠軍獲得者，是來自 Google 的 Szegedy 等人開發的卷積網路。其主要貢獻是開發了一個 Inception 模組，該模組大大減少了網路中的參數量（4M，與帶有 60M 的 AlexNet 相比不足其十分之一）。另外，這個論文在卷積神經網路的頂部使用平均池化而非完全連接層，從而消除了大量並不重要的參數。GoogLeNet 還有幾個後續版本，最新的是 Inception-v4。

Inception 的結構如圖 4-27 所示。

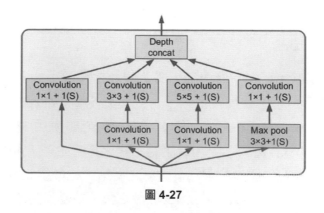

圖 4-27

示意圖說明如下：

- 3×3+1(S) 表示該層使用 3×3 的卷積核心，步進值為 1，使用 same 填充（Padding）。

- 輸入被複製四份，然後分別進行不同的卷積或池化操作。

- 圖中所有的卷積層都使用 ReLU 啟動函數。
- 使用不同大小的卷積核心就是為了能夠在不同尺寸上捕捉特徵模式。
- 由於所有卷積層和池化層都使用了 same 填充和步進值為 1 的操作，因此輸出尺寸與輸入尺寸相等。
- 最終將四個結果在深度方向上進行拼接。
- 使用 1×1 大小的卷積核心是為了增加更多的非線性。

GoogLeNet 架構如圖 4-28 所示。

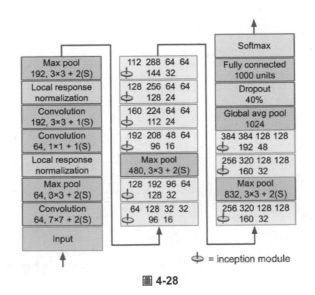

圖 4-28

這個架構説明如下：

- 卷積核心前面的數字是卷積核心或池化核心的個數，也就是輸出特徵圖的個數。
- GoogLeNet 總共包括 9 個 Inception 結構，Inception 結構中的 6 個數字分別代表卷積層的輸出特徵圖個數。
- 所有卷積層都使用 ReLU 啟動函數。
- 全域平均池化層輸出每個特徵圖的平均值。

■ 4.3.5　ResNet ■

深度殘差網路（Deep Residual Network，ResNet）的提出是卷積神經網路史上的一件里程碑事件。ResNet 在 ILSVRC 和 COCO 2015 上取得很好的戰績，獲得了 5 項第一，並又一次刷新了卷積神經網路模型在 ImageNet 上的歷史，如圖 4-29 所示。

```
ResNets @ ILSVRC & COCO 2015 Competitions

• 1st places in all five main tracks
    • ImageNet Classification: "Ultra-deep" 152-layer nets
    • ImageNet Detection: 16% better than 2nd
    • ImageNet Localization: 27% better than 2nd
    • COCO Detection: 11% better than 2nd
    • COCO Segmentation: 12% better than 2nd
```

圖 4-29

那麼 ResNet 為什麼會有如此優異的表現呢？其實 ResNet 解決了深度卷積神經網路模型難訓練的問題，ResNet 多達 152 層，和 VGGNet 在網路深度上完全不是一個量級，所以如果是第一眼看這個圖的話，肯定會覺得 ResNet 是靠深度取勝。事實當然也是如此，但是 ResNet 還有架構上的技巧，這才使得網路的深度發揮出作用，這個技巧就是殘差學習（Residual Learning）。

從經驗來看，網路的深度對模型的性能非常重要，當增加網路層數後，網路可以進行更加複雜的特徵模式的提取，所以當模型更深時理論上可以取得更好的結果。但是更深的網路其性能一定會更好嗎？實驗發現深度網路出現了退化問題（Degradation problem），即網路深度增加時，網路準確度出現飽和，甚至出現下降。

如圖 4-30 所示，深層網路表面竟然還不如淺層網路的好，越深的網路越難以訓練，56 層的網路比 20 層網路效果還要差。這不會是過擬合問題，因為 56 層網路的訓練誤差同樣很高。我們知道深層網路存在著梯度消失或爆炸的問題，這使得深度學習模型很難訓練。

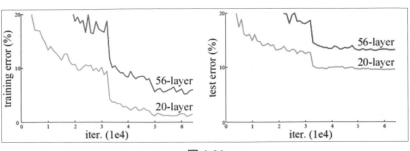

圖 4-30

當網路退化時，淺層網路能夠得到比深層網路更好的訓練效果，這時如果我們把低層的特徵傳遞到高層，那麼效果應該至少不比淺層的網路效果差，或說如果一個 VGG100 網路在第 98 層使用的是和 VGG16 第 14 層一模一樣的特徵，那麼 VGG100 的效果應該會和 VGG16 的效果相同。但是實驗結果表明，VGG100 網路的訓練和測試誤差比 VGG16 網路的更大。我們不得不承認是目前的訓練方法有問題，才使得深層網路很難去找到一個好的參數。

按理來說，深層網路的表現應該比淺層網路的好，一個 56 層的網路，只用前 20 層，後面 36 層不做事，最起碼性能應該達到和一個 20 層網路的同等水準吧。所以，肯定有方法能使得更深層的網路達到或超過淺層網路的效果。ResNet 有如此多的層數，那它是如何解決這個問題的呢？ ResNet 採用了一種「短路」的結構，如圖 4-31 所示。

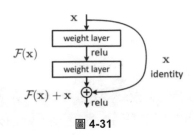

圖 4-31

假設原來的網路結構需要學習得到函數 H(x)，那麼不妨將原始訊號 x 接到輸出部分，並修改需要學習的函數為 F(x)=H(x)–x，便可得到同樣的效果。

透過這樣的方式，原始訊號可以跳過一部分網路層，直接在更深的網路層傳遞。從直覺上來看，深度神經網路之所以難以訓練，就是因為原始訊號 x 在網路層中傳遞時，越來越失真，而「短路」結構使得原始訊號直接傳入神經網路的深層，避免了訊號失真，這樣一來便極大地加快了神經網路訓練時的效率。

34 層的深度殘差網路的結構如圖 4-32 所示。透過「捷徑連接（Shortcut Connections）」的方式，ResNet 相當於將學習目標改變了，不再是學習一個完整的輸出，而是目標值 H(X) 和 x 的差值，也就是所謂的殘差：F(x) = H(x)–x。因此，後面的訓練目標就是要將殘差結果逼近於 0，使得隨著網路加深，準確率不下降。

圖 4-32 中有一些捷徑連接是實線，有一些是虛線，它們有什麼區別呢？因為經過捷徑連接後，H(x)=F(x)+x，如果 F(x) 和 x 的通道相同，則可直接相加，那麼通道不同怎麼相加呢？

圖中的實線、虛線就是為了區分這兩種情況的：

（1）實線的連接部分表示通道相同，如圖 4-32 中從上至下第 2 個矩形和第 4 個矩形，都是 3×3×64 的特徵圖，由於通道相同，所以採用計算方式為 H(x)=F(x)+x。

（2）虛線的連接部分表示通道不同，如圖 4-32 中從上至下第 8 個矩形和第 10 個矩形，分別是 3×3×64 和 3×3×128 的特徵圖，通道不同，採用的計算方式為 H(x)=F(x)+Wx，其中 W 是卷積操作，用來調整 x 的維度。

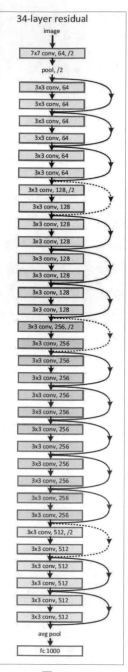

圖 4-32

經檢驗，深度殘差網路的確解決了退化問題，如圖 4-33 所示，左圖為普通網路，誤差率網路層次深的（34 層）比網路層次淺的（18 層）的更高；右圖為殘差網路 ResNet，誤差率網路層次深的（34 層）比網路層次淺的（18 層）更低。對比左、右兩邊 18 層和 34 層的網路效果，可以看到普通的網路出現退化現象，但是 ResNet 極佳地解決了退化問題。

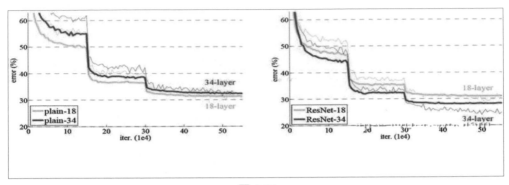

圖 4-33

自從 AlexNet 在 LSVRC2012 分類比賽中取得勝利之後，ResNet 可以説成為過去幾年在電腦視覺、深度學習領域中最具突破性的成果了。ResNet 可以實現高達數百、甚至數千層的訓練，且仍能獲得超讚的性能。這種殘差跳躍式的結構，打破了傳統的神經網路第 n–1 層的輸出只能給第 n 層作為輸入的慣例，使某一層的輸出可以直接跨過幾層作為後面某一層的輸入，其意義在於為疊加多層網路而使得整個學習模型的錯誤率不降反升的難題提供了新的方向。至此，神經網路的層數可以打破之前的限制，達到幾十層、上百層甚至上千層，為高級語義特徵的提取和分類提供了可行性。

第 5 章

深度學習框架TensorFlow入門

　　深度學習已經廣泛應用於各個領域，這裡拋磚引玉，簡單介紹一下時下非常熱門的深度學習開放原始碼框架 TensorFlow。TensorFlow 是 Google 開放原始碼的機器學習工具，在 2015 年 11 月實現正式開放原始碼，開放原始碼協定為 Apache 2.0。TensorFlow 作為 Google 重要的開放原始碼專案，有非常火熱的開放原始碼社區推動其發展。TensorFlow 中的實現程式可能跟通常的 Python 程式有點不一樣，因為 TensorFlow 有它自己的框架和系統，會用它自己更加調配的方式來描述過程。

5.1 第一個 TensorFlow 的「Hello world」

　　TensorFlow 是一個開放原始碼的、基於 Python 的機器學習框架，它由 Google 開發，並在圖形分類、音訊處理、推薦系統和自然語言處理等場景下有著豐富的應用，是目前最熱門的機器學習框架之一。

　　在任何電腦語言中學習的第一個程式是都是 Hello world，我們也將遵循這個慣例，從程式 Hello world 開始，如圖 5-1 所示。

```
import tensorflow as tf
message=tf.constant('Hello, world')
with tf.Session() as sess:
    print(sess.run(message).decode())

Hello, world
```

圖 5-1

對圖 5-1 中的程式分析如下：

（1）首先匯入 TensorFlow，將會匯入 TensorFlow 函數庫，並允許使用其功能。

（2）由於要列印的資訊是一個常數字字串，因此使用 tf.constant。

（3）為了執行計算圖，利用 with 敘述定義 Session 階段，並使用 run 來執行。

（4）最後是列印資訊，這裡的輸出結果是一個字串。

5.2 TensorFlow 程式結構

TensorFlow 與其他程式語言非常不同。TensorFlow 這個單字由兩部分組成：Tensor 代表張量，是資料模型；Flow 代表流，是計算模型。張量表示某種相同資料型態的多維陣列，因此，張量有兩個重要屬性：資料型態（如浮點數、整數、字串）、陣列形狀（各個維度的大小）。

TensorFlow 中所有的輸入和輸出變數都是張量，而非基本的 Int、Double 這樣的類型，即使是一個整數 1，也必須被包裝成一個 0 維的、長度為 1 的張量。一個張量和一個矩陣差不多，可以被看作是一個多維的陣列，從最基本的一維到 n 維都可以。即在 TensorFlow 中所有的資料都是一個 n 維的陣列，只是我們給它起了個名字叫作張量。張量擁有階、形狀和資料型態。其中，形狀可以視為長度，舉例來說，一個形狀為 2 的張量就是一個長度為 2 的一維陣列；而階可以視為維數。

對於任何深度學習框架，我們都要先了解張量的概念，張量可以看作是向量和矩陣的衍生。向量是一維的，矩陣是二維的，而張量可以是任何維度的。

直觀來看 TensorFlow，就是張量的流動，是指保持計算節點（Nodes）不變，讓資料進行流動。所有的 TensorFlow 程式都是先建立「計算圖」，這是張量運算和資料處理的流程。

計算圖就是一個具有 「每一個節點都是計算圖上的節點，而節點之間的邊（Edges）描述了計算之間的依賴關係」性質的有方向圖。節點在圖中表示數學操作，圖中的邊則表示在節點間相互聯繫的多維資料陣列，即張量。

用一個簡單的例子描述程式結構——透過定義並執行計算圖來實現兩個向量相加，使用階段物件來實現計算圖的執行。階段物件封裝了評估張量和操作物件的環境，這裡真正實現了運算操作並將資訊從網路的一層傳遞到另外一層。

具體操作步驟如下：

步驟 ① 假設兩個向量 v_1 和 v_2 將作為輸入提供給 Add 操作，建立的計算圖如圖 5-2 所示。

步驟 ② 定義該圖的對應程式， 如圖 5-3 所示。

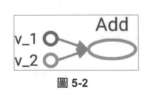

圖 5-2

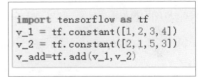

```
import tensorflow as tf
v_1 = tf.constant([1, 2, 3, 4])
v_2 = tf.constant([2, 1, 5, 3])
v_add=tf.add(v_1, v_2)
```

圖 5-3

步驟 ③ 在階段中執行這個圖，如圖 5-4 所示。

圖 5-4 所示的程式與圖 5-5 所示的程式效果相同，而圖 5-4 所示程式的優點是不必顯性寫出關閉階段的命令，每個階段都需要使用 close() 來明確關閉，而 with 格式可以在執行結束時隱式關閉階段。

```
with tf.Session() as sess:
    print(sess.run(v_add))

[3 3 8 7]
```

圖 5-4

```
sess=tf.Session()
print(sess.run(v_add))
sess.close()

[3 3 8 7]
```

圖 5-5

步驟 4 執行結果是顯示兩個向量的和「{3 3 8 7}」。

在本例中，計算圖由三個節點組成，即 v_1、v_2 和 v_add，v_1 和 v_2 表示兩個向量，v_add 是要對這兩個向量執行的操作。接下來，為了使計算圖生效，首先需要使用 tf.Session() 定義一個階段物件 sess，然後使用 Session 類別中定義的 run 方法來執行這個階段物件。複習來說，圖只是定義了應該怎麼做，而階段 Session 才是真正的執行者。

5.3 TensorFlow 常數、變數、預留位置

本節主要介紹在 TensorFlow 中如何表示常數、變數、預留位置。

5.3.1 常數

常數用於儲存一些不變的數值，一經建立就不會被改變。在 Python 中使用常數很簡單，如 a=123、b='python'。TensorFlow 表示常數稍微麻煩一點，需要使用 tf.constant 這個類別，tf.constant 的語法格式如下：

```
tf.constant(value, dtype=None, shape=None, name="Const",
verify_shape=False)
```

其中，value 為常數或串列，dtype 為傳回的張量的類型，shape 為張量形狀，name 為張量名稱、verify_shape 為用於驗證值的形狀，預設為 False。

可以這樣宣告一個常數：

```
a = tf.constant(2, name="a")
b = tf.constant(3, name="b")
x = tf.add(a, b, name="add")
```

這裡設定 name 是為了在 Tensorboard 中查看方便，Tensorboard 就是整個模型的圖表視覺化呈現。

一個形如 [1, 3] 的常數向量可以用以下程式宣告：

```
t_2 = tf.constant([4,3,2])
```

要建立一個所有元素為 0 的張量，可以呼叫 tf.zeros() 函數。該函數可以建立一個形如 [M, N] 的 0 元素矩陣，資料型態可以是 int32、float32 等，如圖 5-6 所示。

```
import tensorflow as tf
zero_t = tf.zeros([2,3],tf.int32)
print(zero_t)
with tf.Session() as sess:
    print(sess.run(zero_t))

Tensor("zeros_2:0", shape=(2, 3), dtype=int32)
[[0 0 0]
 [0 0 0]]
```

圖 5-6

呼叫 tf.ones([M,N],tf,dtype) 函數可以建立一個形如 [M, N]、元素均為 1 的矩陣；而呼叫 tf.linspace(start,stop,num) 函數可以在一定範圍內生成一個從初值到終值等差排列的序列，它的對應值為 (stop–start)/(num–1)；呼叫 tf.range(start,limit,delta) 函數可以從初值（預設值 =0）開始生成一個數字序列，增量為 delta（預設值 =1），直到終值（但不包括終值）；呼叫 Tf.random_normal 函數可以建立一個具有一定平均值（預設值 =0.0）和標準差（預設值 =1.0）、形狀為 [M, N] 的正態分佈隨機矩陣。如圖 5-7 所示。

```
import tensorflow as tf
t_2 = tf.constant([4,3,2])
t2=tf.zeros_like(t_2)
ones_t = tf.ones([2,3],tf.int32)
range_t1 = tf.linspace(2.0,5.0,5)
range_t2 = tf.range(10)
t_random=tf.random_normal([2,3],mean=2.0,stddev=4,seed=12)
print(t2)
print(ones_t)
print(range_t1)
print(range_t2)
print(t_random)
with tf.Session() as sess:
    print(sess.run(t2))
    print(sess.run(ones_t))
    print(sess.run(range_t1))
    print(sess.run(range_t2))
    print(sess.run(t_random))
```

```
Tensor("zeros_like_1:0", shape=(3,), dtype=int32)
Tensor("ones_1:0", shape=(2, 3), dtype=int32)
Tensor("LinSpace_1:0", shape=(5,), dtype=float32)
Tensor("range_1:0", shape=(10,), dtype=int32)
Tensor("random_normal:0", shape=(2, 3), dtype=float32)
[0 0 0]
[[1 1 1]
 [1 1 1]]
[2.   2.75 3.5  4.25 5.  ]
[0 1 2 3 4 5 6 7 8 9]
[[ 0.25347447  5.37991     1.9527606 ]
 [-1.5376031   1.2588985   2.8478067 ]]
```

圖 5-7

5.3.2 變數

　　當一個量在階段中的值需要更新時，使用變數來表示。舉例來説，在神經網路中，權重需要在訓練期間更新，這可以透過將權重宣告為變數來實現。變數在使用前需要被顯示初始化。另外需要注意的是，常數儲存在計算圖的定義中，每次載入圖時都會載入相關變數，換句話說它們是佔用記憶體的。此外，變數可以儲存在磁碟上。

　　範例程式如下：

```
#################tensorflow_variables_demo.py##############
import tensorflow as tf
x = tf.Variable([1, 2])
a = tf.constant([3, 3])
sub = tf.subtract(x, a)             # 增加一個減法 op
add = tf.add(x, sub)                # 增加一個加法 op
```

```
# 注意變數在使用之前要在 sess 中做初始化，但是下邊這種初始化方法不會指定變數的初始化順序
init = tf.global_variables_initializer()        # 全域變數初始化
with tf.Session() as sess:
    sess.run(init)
    print(sess.run(sub))
    print(sess.run(add))
# 建立一個名字為 "counter" 的變數初始化為 0
state = tf.Variable(0, name='counter')
new_value = tf.add(state, 1)                    # 建立一個 op，作用是使 state 加 1
update = tf.assign(state, new_value)            # 給予值 op，不能直接用等號給予值，作用是
state =new_value，借助 tf.assign() 函數實現
init = tf.global_variables_initializer()        # 全域變數初始化
with tf.Session() as sess:
    sess.run(init)
    print(sess.run(state))
    for _ in range(5):                          # 迴圈 5 次
        sess.run(update)
        print(sess.run(state))
#######################################################
```

執行以上程式碼，結果如圖 5-8 所示，所有變數在 session 使用前必須初始化，可以使用全域變數初始化敘述 tf.global_variables_initializer() 在計算圖的定義中透過宣告初始化操作物件來實現，在 session 建立後，也需執行 init 進行初始化操作。當然每個變數也可以在執行圖中單獨使用 tf.Variable. initializer 來進行初始化。

```
[−2 −1]
[−1  1]
0
1
2
3
4
5
```

圖 5-8

在 TensorFlow 中，有專門的函數來定義和初始化變數，並且在階段中呼叫初始化變數的函數以後，變數才能被使用。使某個變數等於另一個變數，不能直接使用等號，而是使用 tf.assign() 函數使其相等。

 變數通常在神經網路中表示權重和偏置。

下面的範例程式中定義了三個變數：權重變數 weights 使用正態分佈隨機初始化，平均值為 0，標準差為 2，權重大小為 100×100；偏置變數 bias 由 100 個元素組成，每個元素初始化為 0，在這裡也使用了可選參數名稱以便給計算圖中定義的變數命名；指定一個變數來初始化另一個變數，用前面定義的權重變數 weights 來初始化變數 weight2。

```
weights=tf.Variable(tf.random_noraml([100,100],stddev=2))
bias=tf.Variable(tf.zeros[100],name='biases')
weigth2=tf.Variable(weights.initialized_value(),name='w2')
```

將訓練好的模型參數保存起來，以便以後進行驗證或測試（這是我們經常要做的事情）。TensorFlow 裡面提供模型保存的是 tf.train.Saver() 模組，程式碼如下：

```
###############tensorflow_save_variables.py###################
import tensorflow as tf
import numpy as np
# Create two variables.
x_data = np.float32([1,2,3,4,5,6,7,8,9,0])
weights = tf.Variable(tf.random_normal([10, 1], stddev=0.35),
name="weights")
biases = tf.Variable(tf.zeros([1]), name="biases")
y = tf.matmul(x_data.reshape((1,-1)), weights)+biases
# Add an op to initialize the variables.
init_op = tf.global_variables_initializer()
saver = tf.train.Saver()
# Later, when launching the model
with tf.Session() as sess:
    #Run the init operation.
    sess.run(init_op)
```

```
    y_ = sess.run(y)
    print(y_)
    save_path = saver.save(sess, "./tmp/model.ckpt")
    print("Model saved in file: ", save_path)
########################################################
```

程式執行結果如下:

```
[[-1.5675972]]
Model saved in file:  ./tmp/model.ckpt
```

模型的恢復呼叫的是 restore() 函數,該函數需要兩個參數 restore(sess, save_path),其中 save_path 指的是保存模型的路徑,程式碼如下:

```
##################tensorflow_restore_variables.py##################
import tensorflow as tf
import numpy as np
import os
# 設定 TensorFlow 日誌輸出等級, 不顯示警告資訊
os.environ["TF_CPP_MIN_LOG_LEVEL"] = "2"
# Create two variables.
x_data = np.float32([1,2,3,4,5,6,7,8,9,0])
weights = tf.Variable(tf.random_normal([10, 1], stddev=0.35),
name="weights")
biases = tf.Variable(tf.zeros([1]), name="biases")
y = tf.matmul(x_data.reshape((1,-1)), weights)+biases
saver = tf.train.Saver()
# Later, when launching the model
with tf.Session() as sess:
    saver.restore(sess, './tmp/model.ckpt')
    y_ = sess.run(y)
    print(y_)
#####################################
```

▋5.3.3 預留位置 ▋

預留位置(Placeholder)用於在階段執行時期動態提供輸入資料。預留位置相當於定義了一個位置,這個位置上的資料在程式執行時期再指定。

在以後的程式設計中，我們可能會遇到這樣的情況：在訓練神經網路時，每次都需要提供一個批次的訓練樣本，如果每次迭代選取的資料要透過常數表示，那麼 TensorFlow 的計算圖會非常大。因為每增加一個常數，TensorFlow 都會在計算圖中增加一個節點，因而擁有幾百萬次迭代的神經網路會擁有極其龐大的計算圖。預留位置機制的出現就是為了解決這個問題，它只會擁有預留位置這一個節點，我們在程式設計的時候只需要把資料透過預留位置傳入 TensorFlow 計算圖即可。

定義兩個陣列相加的範例程式如下：

```
##################################
import tensorflow as tf
import os
# 設定 TensorFlow 日誌輸出等級，不顯示警告資訊
os.environ["TF_CPP_MIN_LOG_LEVEL"] = "2"
c=tf.placeholder(tf.float32,shape=(2),name="c")
d=tf.placeholder(tf.float32,shape=(2),name="d")
# 定義加法運算
output=tf.add(m,n)
# 透過 session 執行加法運算
with tf.Session() as sess:
    print(sess.run(output,feed_dict={c:[7.0,1.0],d:[2.0,3.0]}))
##################################
```

上述程式解析如下：

（1）在定義預留位置時，這個位置上的資料型態需要指定，而且資料型態是不可以改變的，比如有 tf.float16、tf.float32 等。placeholder 中的 shape 參數就是資料維度資訊，對於不確定的維度，可以填入 None。

（2）把 c 和 d 定義為一個預留位置，因此在執行 Session.run() 函數時，我們要呼叫 feed_dict 函數，該函數的用法是提供 c 和 d 的設定值。feed_dict 是一個字典，字典中需要舉出每個用到的預留位置的設定值，如果參與運算的預留位置沒有被指定設定值，那麼程式就會顯示出錯。

　　定義預留位置的目的是為了解決如何在有效的輸入節點上實現高效率地接收大量資料的問題。在上面的例子中，如果把 d 從長度為 2 的一維陣列改為大小為 n×2 的矩陣，矩陣的每一行為一個樣例資料，這樣向量相加之後的結果仍為 n×2 的矩陣，也就是 n 個向量相加的結果，矩陣的每一行就代表一個向量相加的結果。下面我們展示一下 n=3 的例子，程式如下：

```
#############################################
import tensorflow as tf
import os
# 設定 TensorFlow 日誌輸出等級, 不顯示警告資訊
os.environ["TF_CPP_MIN_LOG_LEVEL"] = "2"
c=tf.placeholder(tf.float32,shape=(2),name="c")
d=tf.placeholder(tf.float32,shape=(3,2),name="d")
# 定義加法運算
output=tf.add(c,d)
# 透過 session 執行加法運算
with tf.Session() as sess:
    print(sess.run(output,feed_dict={c:[1.0,3.0],d:[[2.0,1.0],[5.0,2.0],
[6.0,5.0]]}))
#############################################
```

　　tf.add() 的一般用法是單一數字和單一數字的簡單相加，但是它還有一種更重要的用法（很多文章都沒有介紹），即按維度相加。從上面的範例中，我們可以看到 a+b 的輸出就是一個 3×2 的矩陣，最後得到的 c 的大小就是每一個向量相加之後的值。

　　複習來說，預留位置是 TensorFlow 中的 Variable 變數類型，在定義時需要初始化；有些變數定義時並不知道其數值，只有當真正開始執行程式時才由外部輸入，比如訓練資料，這時候需要用到預留位置；預留位置是一種 TensorFlow 用來解決讀取大量訓練資料問題的機制，它允許我們在定義時不用給它給予值，隨著訓練的開始，再把訓練資料傳送給訓練網路進行學習。

5.4 TensorFlow 案例實戰

本節將透過 TensorFlow 的案例實戰來強化對 TensorFlow 的理解和認識。

5.4.1 MNIST 數字辨識問題

我們使用 TensorFlow 建構神經網路來辨識 MNIST 資料集中的手寫數字。MNIST 資料集是 NIST 資料集的子集，它包含了 60000 幅圖片作為訓練資料，10000 幅圖片作為測試資料。如圖 5-9 所示，在 MNIST 資料集中的每一幅圖片都代表了 0~9 中的數字，圖片的大小都為 28×28，且數字都會出現在圖片的正中間。

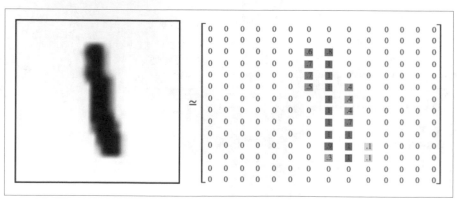

圖 5-9

MNIST 資料集可以從 http://yann.lecun.com/exdb/mnist/ 獲取，它包含了四個部分：Training set images: train-images-idx3-ubyte.gz（9.9MB，解壓後 47MB，包含 60000 個樣本）；Training set labels: train-labels-idx1-ubyte.gz（29KB，解壓後 60KB，包含 60000 個標籤）；Test set images: t10k-images-idx3-ubyte.gz（1.6MB，解壓後 7.8MB，包含 10000 個樣本）；Test set labels: t10k-labels-idx1-ubyte.gz（5KB，解壓後 10KB，包含 10000 個標籤）。

　　雖然這個資料集只提供了訓練和測試資料，但是為了驗證模型訓練的效果，一般會從訓練資料中劃分出一部分資料作為驗證資料。為了方便使用，TensorFlow 提供了一個類別來處理 MNIST 資料。這個類別會自動下載並轉化 MNIST 資料的格式，將資料從原始的資料封包中解析成訓練和測試神經網路時使用的格式。

　　首先，使用 TensorFlow 透過呼叫 input_data.read_data_sets 函數生成的類別自動將 MNIST 資料集劃分成為 train、validation 和 test 三個資料集。處理後的每一幅圖片是一個長度為 784（28×28=784）的一維陣列，這個陣列中的元素對應了圖片像素矩陣中的每一個數字。因為神經網路的輸入是一個特徵向量，所以在此把一幅二維影像的像素矩陣放到一個一維陣列中，方便 TensorFlow 將圖片的像素矩陣提供給神經網路的輸入層。像素矩陣中元素的設定值範圍為 [0,1]，它代表了顏色的深淺。

　　我們可以使用以下程式將 MNIST 中的圖片顯示出來：

```
#####MNIST_ 視覺化 #############################################
import tensorflow as tf
import  numpy as np
import matplotlib.pyplot as plt
import os
from tensorflow.examples.tutorials.mnist import input_data
index=3
# 載入 MNIST 資料集
mnist = input_data.read_data_sets('mnist_data/', one_hot=True)
image=np.reshape(mnist.train.images[index],[28,-1])
print(mnist.train.labels[index])                          # 顯示 label
plt.imshow(image, cmap=plt.get_cmap('gray_r'))            # 畫圖
plt.show()
##################################################################
```

　　第一次執行 input_data.read_data_sets 方法，程式檢查當前執行的目錄中是否有 MNIST_data 目錄以及是否已經有檔案，如果還沒有，就會下載資料，如圖 5-10 所示。

圖中輸出為 [0. 0. 0. 0. 0. 0. 1. 0. 0. 0.]，顯示的是「6」這個數字的圖片，如圖 5-11 所示。

```
Successfully downloaded train-images-idx3-ubyte.gz 9912422 bytes.
Extracting /path/to/MNIST_data\train-images-idx3-ubyte.gz
Successfully downloaded train-labels-idx1-ubyte.gz 28881 bytes.
Extracting /path/to/MNIST_data\train-labels-idx1-ubyte.gz
Successfully downloaded t10k-images-idx3-ubyte.gz 1648877 bytes.
Extracting /path/to/MNIST_data\t10k-images-idx3-ubyte.gz
Successfully downloaded t10k-labels-idx1-ubyte.gz 4542 bytes.
Extracting /path/to/MNIST_data\t10k-labels-idx1-ubyte.gz
[0. 0. 0. 0. 0. 0. 1. 0. 0. 0.]
```

圖 5-10

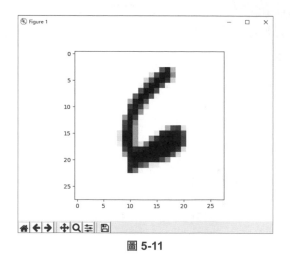

圖 5-11

5.4.2　TensorFlow 多層感知器辨識手寫數字

多層感知器除了具有輸入層和輸出層，它中間還可以有多個隱藏層，最簡單的 MLP 只含一個隱藏層，即只有三層結構。如圖 5-12 所示，假設輸入層用向量 X 表示，則隱藏層的輸出就是 $f(W_1X+b_1)$，其中，W_1 是權重（也叫連接係數），b_1 是偏置，函數 f 可以是常用的 sigmoid 函數或 tanh 函數。

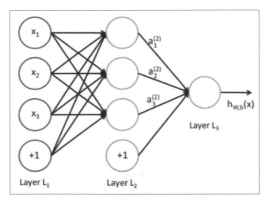

圖 5-12

以下範例建立包含 2 個隱藏層的多層感知器模型，輸入層 x 共有 784 個神經元，隱藏層 h1 共有 1000 個神經元，隱藏層 h2 共有 1000 個神經元，輸出層 y 共有 10 個神經元。用 TensorFlow 建立模型，必須自行定義 layer 函數（處理張量運算），然後使用 layer 函數建構多層感知器模型。使用 TensorFlow 時還必須自行定義損失函數的公式、最佳化器和設定參數，並定義評估模型準確率的公式，而且必須撰寫程式碼來控制訓練的每一個過程。

完整的程式碼如下：

```
##############TensorFlow_mlp_demo1.py#########################
import tensorflow as tf
import tensorflow.examples.tutorials.mnist.input_data as input_data
mnist = input_data.read_data_sets("MNIST_data/", one_hot=True)
# 建立 layer 函數
def layer(output_dim,input_dim,inputs, activation=None):
    W = tf.Variable(tf.random_normal([input_dim, output_dim]))
    b = tf.Variable(tf.random_normal([1, output_dim]))
    XWb = tf.matmul(inputs, W) + b
    if activation is None:
        outputs = XWb
    else:
        outputs = activation(XWb)
    return outputs
# 建立輸入層（x），輸入的數位影像是 784 像素
```

```
x = tf.placeholder("float", [None, 784])
# 建立隱藏層 h1，隱藏層神經元個數 1000，輸入層的神經元個數 784
h1=layer(output_dim=1000,input_dim=784,
          inputs=x ,activation=tf.nn.relu)
# 建立隱藏層 h2，隱藏層神經元個數 1000，這層的輸入是 h1
h2=layer(output_dim=1000,input_dim=1000,
          inputs=h1 ,activation=tf.nn.relu)
# 建立輸出層，輸出層的神經元個數是 10，隱藏層 h2 是它的輸入
y_predict=layer(output_dim=10,input_dim=1000,
                inputs=h2,activation=None)
# 建立訓練資料 label 真實值的 placeholder
y_label = tf.placeholder("float", [None, 10])
# 定義損失函數，使用交叉熵
loss_function = tf.reduce_mean(
                  tf.nn.softmax_cross_entropy_with_logits
                    (logits=y_predict ,
                     labels=y_label))
# 定義最佳化器演算法，使用 AdamOptiomizer 設定 learning_rate=0.001
optimizer = tf.train.AdamOptimizer(learning_rate=0.001) \
                  .minimize(loss_function)
# 定義評估模型準確率的方式
# 計算每一項資料是否預測正確
correct_prediction = tf.equal(tf.argmax(y_label  , 1),
                              tf.argmax(y_predict, 1))
# 計算預測正確結果的平均值
accuracy = tf.reduce_mean(tf.cast(correct_prediction, "float"))
# 執行 15 個訓練週期，每一批次項數為 100
trainEpochs = 15
batchSize = 100
# 每個訓練週期所需要執行批次＝訓練資料項目數 / 每一批次項數
totalBatchs = int(mnist.train.num_examples/batchSize)
epoch_list=[];accuracy_list=[];loss_list=[];
from time import time
startTime=time()
sess = tf.Session()
sess.run(tf.global_variables_initializer())
# 進行訓練
for epoch in range(trainEpochs):
    for i in range(totalBatchs):
```

```
        batch_x, batch_y = mnist.train.next_batch(batchSize)
        sess.run(optimizer, feed_dict={x: batch_x,
                                        y_label: batch_y})
    # 使用驗證資料計算準確率
    loss, acc = sess.run([loss_function, accuracy],
                        feed_dict={x: mnist.validation.images,
                                    y_label: mnist.validation.labels})
    epoch_list.append(epoch)
    loss_list.append(loss);
    accuracy_list.append(acc)
    print("Train Epoch:", '%02d' % (epoch + 1), \
            "Loss=", "{:.9f}".format(loss), " Accuracy=", acc)
duration = time() - startTime
print("Train Finished takes:", duration)
# 畫出準確率的執行結果
import matplotlib.pyplot as plt
plt.plot(epoch_list, accuracy_list,label="accuracy" )
fig = plt.gcf()
fig.set_size_inches(4,2)
plt.ylim(0.8,1)
plt.ylabel('accuracy')
plt.xlabel('epoch')
plt.legend()
plt.show()
# 評估模型準確率
print("Accuracy:", sess.run(accuracy,
                            feed_dict={x: mnist.test.images,
                                        y_label: mnist.test.labels}))

# 進行預測
prediction_result=sess.run(tf.argmax(y_predict,1),
                            feed_dict={x: mnist.test.images })
print(" 查看預測結果的前 10 項資料 ")
print(prediction_result[:10])
print(" 查看預測結果的第 248 項資料 ")
print(prediction_result[247])
print(" 查看測試資料的第 248 項資料 ")
import numpy as np
print(np.argmax(mnist.test.labels[248]))
# 找出預測錯誤的
```

```
print(" 找出預測錯誤的 ")
for i in range(500):
    if prediction_result[i]!=np.argmax(mnist.test.labels[i]):
        print("i="+str(i)+
                "    label=",np.argmax(mnist.test.labels[i]),
                "predict=",prediction_result[i])
# 保存模型
saver = tf.train.Saver()
save_path = saver.save(sess, "saveModel/tensorflow_mlp_model1")
print("Model saved in file: %s" % save_path)
# 關閉階段
sess.close()
#########################################################################
```

訓練執行結果如下：

```
Train Epoch: 01 Loss= 141.138320923  Accuracy= 0.9188
Train Epoch: 02 Loss= 96.662002563  Accuracy= 0.9306
Train Epoch: 03 Loss= 80.353309631  Accuracy= 0.9414
Train Epoch: 04 Loss= 72.770759583  Accuracy= 0.944
Train Epoch: 05 Loss= 64.203056335  Accuracy= 0.9546
Train Epoch: 06 Loss= 63.756851196  Accuracy= 0.9516
Train Epoch: 07 Loss= 61.279323578  Accuracy= 0.9562
Train Epoch: 08 Loss= 61.314449310  Accuracy= 0.9576
Train Epoch: 09 Loss= 55.971244812  Accuracy= 0.961
Train Epoch: 10 Loss= 58.699161530  Accuracy= 0.9604
Train Epoch: 11 Loss= 59.292861938  Accuracy= 0.9644
Train Epoch: 12 Loss= 60.596111298  Accuracy= 0.9588
Train Epoch: 13 Loss= 59.840492249  Accuracy= 0.9632
Train Epoch: 14 Loss= 52.204738617  Accuracy= 0.9672
Train Epoch: 15 Loss= 55.506675720  Accuracy= 0.9654
Train Finished takes: 396.94424772262573
Accuracy: 0.9624
```

從結果中可以看出，隨著訓練的進行，誤差越來越小，準確率越來越高，最終模型準確率為 0.9624。畫出準確率的執行結果，如圖 5-13 所示。

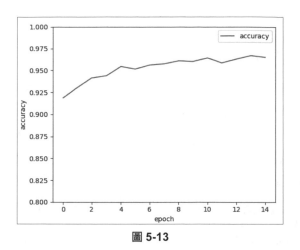

圖 5-13

另外，查看預測結果的前 10 項資料，結果為「[7 2 1 0 4 1 4 9 6 9]」，查看預測結果的第 248 項資料，結果為「2」，查看測試資料的第 248 項資料，結果卻是「4」。

程式輸出找出預測錯誤的結果，如下所示：

```
i=8      label= 5 predict= 6
i=62     label= 9 predict= 5
i=64     label= 7 predict= 3
i=125    label= 9 predict= 4
i=241    label= 9 predict= 8
i=247    label= 4 predict= 2
i=259    label= 6 predict= 0
i=320    label= 9 predict= 7
i=321    label= 2 predict= 8
i=340    label= 5 predict= 3
i=341    label= 6 predict= 8
i=359    label= 9 predict= 4
i=381    label= 3 predict= 7
i=417    label= 9 predict= 7
i=432    label= 4 predict= 5
i=444    label= 2 predict= 8
i=445    label= 6 predict= 0
```

```
i=447    label= 4 predict= 9
i=448    label= 9 predict= 8
i=460    label= 5 predict= 9
```

複習：我們用 TensorFlow 建立了多層感知器模型，辨識 MNIST 資料集中的手寫數字，並且嘗試將模型加深（兩個隱藏層），以提高準確率，準確率大約為 0.96。不過，多層感知器有極限，如果還要進一步提升準確率，就必須使用卷積神經網路。

■ 5.4.3 TensorFlow 卷積神經網路辨識手寫數字 ■

我們使用卷積神經網路來辨識 MNIST 資料集的手寫數字，卷積神經網路架構主要由輸入層、卷積層、池化層、全連接層、輸出層等組成。

- 輸入層：輸入層是整個神經網路的輸入，在處理影像的卷積神經網路中，它一般代表了一幅圖片的像素矩陣。

- 卷積層：卷積層是一個卷積神經網路中最重要的部分。和傳統全連接網路不同，卷積層中每一個節點的輸入只是上一層神經網路的一小塊，卷積層試圖將神經網路中的每一小塊進行更加深入的分析，從而得到抽象程度更高的特徵。

- 池化層：池化層神經網路不會改變三維矩陣的深度，但是它可以縮小矩陣的大小。池化操作可以認為是將一幅解析度較高的圖片轉化為解析度較低的圖片。透過池化層，可以進一步縮小最後全連接層中節點的個數，從而達到減少整個神經網路中參數的目的。

- 全連接層：經過多輪卷積層和池化層的處理之後，在卷積神經網路的最後一般會有全連接層來舉出最後的分類結果。

- 輸出層：輸出層用於將最終的結果輸出，針對不同的問題，輸出層的結構也不相同，例如 MNIST 資料集辨識問題中，MNIST 資料集中數字是 0~9，要求實現多分類，需要使用 softmax 函數，輸出層為有 10 個神經元的向量。

第一次卷積運算，輸入數位影像的大小為 28×28，轉換後會產生 16 幅影像，卷積運算不會改變影像的大小。第一次池化後縮減採樣，將 16 幅 28×28 的影像縮小為 16 幅 14×14 影像。

第二次卷積運算，將原本 16 幅影像轉為 36 幅影像，影像大小仍然是 14×14；第 2 次池化縮減採樣，將 36 幅 14×14 的影像縮小為 36 幅 7×7 的影像。

建立一個平坦層，可以將池化層 2 的 36 幅 7×7 的影像轉為一維的向量，長度是 7×7×36=1764，也就是 1764 個浮點數作為神經元的輸入。

建立一個隱藏層，隱藏層有 128 個神經元，加入 Dropout 避免過擬合。

最後一個 softmax 輸出層，共有 10 個神經元，對應數字 0~9。

在 TensorFlow 中必須自行設計每一層的張量運算，完整程式如下：

```
#####################################################################3
import tensorflow as tf
import tensorflow.examples.tutorials.mnist.input_data as input_data
mnist = input_data.read_data_sets("MNIST_data/", one_hot=True)
# 定義 weight 函數，用於建立權重張量
def weight(shape):
    return tf.Variable(tf.truncated_normal(shape, stddev=0.1),
                        name ='W')
# 定義 bias 函數，用於建立偏置張量
def bias(shape):
    return tf.Variable(tf.constant(0.1, shape=shape)
                        , name = 'b')
# 定義 conv2d 函數，用於進行卷積運算
def conv2d(x, W):
    return tf.nn.conv2d(x, W, strides=[1,1,1,1],
                        padding='SAME')
# 定義 max_pool_2x2 函數，用於建立池化層
def max_pool_2x2(x):
    return tf.nn.max_pool(x, ksize=[1,2,2,1],
                          strides=[1,2,2,1],
                          padding='SAME')
```

```
# 建立輸入層
with tf.name_scope('Input_Layer'):
    x = tf.placeholder("float",shape=[None, 784]
                          ,name="x")
    #x 原本是一維，後續要進行卷積與池化運算，必須轉為四維張量
    x_image = tf.reshape(x, [-1, 28, 28, 1])
# 建立卷積層 1
with tf.name_scope('C1_Conv'):
    W1 = weight([5,5,1,16])
    b1 = bias([16])
    Conv1=conv2d(x_image, W1)+ b1
    C1_Conv = tf.nn.relu(Conv1 )
# 建立池化層 1
with tf.name_scope('C1_Pool'):
    C1_Pool = max_pool_2x2(C1_Conv)
# 建立卷積層 2
with tf.name_scope('C2_Conv'):
    W2 = weight([5,5,16,36])
    b2 = bias([36])
    Conv2=conv2d(C1_Pool, W2)+ b2
    C2_Conv = tf.nn.relu(Conv2)
# 建立池化層 2
with tf.name_scope('C2_Pool'):
    C2_Pool = max_pool_2x2(C2_Conv)
# 建立平坦層
with tf.name_scope('D_Flat'):
    D_Flat = tf.reshape(C2_Pool, [-1, 1764])
# 建立隱藏層，加入 Dropout 避免過擬合
with tf.name_scope('D_Hidden_Layer'):
        W3 = weight([1764, 128])
        b3 = bias([128])
        D_Hidden = tf.nn.relu(
            tf.matmul(D_Flat, W3) + b3)
        D_Hidden_Dropout = tf.nn.dropout(D_Hidden,keep_prob=0.8)
# 建立輸出層
with tf.name_scope('Output_Layer'):
    W4 = weight([128,10])
    b4 = bias([10])
    y_predict= tf.nn.softmax(
```

```
                     tf.matmul(D_Hidden_Dropout,
                              W4)+b4)
# 定義模型訓練方式
with tf.name_scope("optimizer"):
    y_label = tf.placeholder("float", shape=[None, 10],
                              name="y_label")
    loss_function = tf.reduce_mean(
        tf.nn.softmax_cross_entropy_with_logits
        (logits=y_predict,
         labels=y_label))
    optimizer = tf.train.AdamOptimizer(learning_rate=0.0001) \
        .minimize(loss_function)
# 定義評估模型的準確率
with tf.name_scope("evaluate_model"):
    correct_prediction = tf.equal(tf.argmax(y_predict, 1),
                                  tf.argmax(y_label, 1))
    accuracy = tf.reduce_mean(tf.cast(correct_prediction, "float"))
# 定義訓練參數
trainEpochs = 30
batchSize = 100
totalBatchs = int(mnist.train.num_examples/batchSize)
epoch_list=[];accuracy_list=[];loss_list=[];
from time import time
startTime=time()
sess = tf.Session()
sess.run(tf.global_variables_initializer())
# 進行訓練
for epoch in range(trainEpochs):
    for i in range(totalBatchs):
        batch_x, batch_y = mnist.train.next_batch(batchSize)
        sess.run(optimizer, feed_dict={x: batch_x,y_label: batch_y})
    loss, acc = sess.run([loss_function, accuracy],
                         feed_dict={x: mnist.validation.images,
                                    y_label: mnist.validation.labels})
    epoch_list.append(epoch)
    loss_list.append(loss);
    accuracy_list.append(acc)
    print("Train Epoch:", '%02d' % (epoch + 1), \
        "Loss=", "{:.9f}".format(loss), " Accuracy=", acc)
```

```
duration = time() - startTime
print("Train Finished takes:", duration)
# 畫出準確率執行的結果
import matplotlib.pyplot as plt
plt.plot(epoch_list, accuracy_list,label="accuracy" )
fig = plt.gcf()
fig.set_size_inches(4,2)
plt.ylim(0.8,1)
plt.ylabel('accuracy')
plt.xlabel('epoch')
plt.legend()
plt.show()
# 使用 test 測試資料集評估模型的準確率
print("Accuracy:",
      sess.run(accuracy,feed_dict={x: mnist.test.images,
                                       y_label: mnist.test.labels}))
# 進行預測
prediction_result=sess.run(tf.argmax(y_predict,1),
                              feed_dict={x: mnist.test.images ,
                                       y_label: mnist.test.labels})
print(" 查看預測結果的前 10 項資料 ")
print(prediction_result[:10])
print(" 查看預測結果的第 248 項資料 ")
print(prediction_result[247])
print(" 查看測試資料的第 248 項資料 ")
import numpy as np
print(np.argmax(mnist.test.labels[248]))
# 找出預測錯誤的
print(" 找出預測錯誤的 ")
for i in range(500):
    if prediction_result[i]!=np.argmax(mnist.test.labels[i]):
        print("i="+str(i)+
              "    label=",np.argmax(mnist.test.labels[i]),
              "predict=",prediction_result[i])
# 保存模型
saver = tf.train.Saver()
save_path = saver.save(sess, "saveModel/tensorflow_mlp_model1")
print("Model saved in file: %s" % save_path)
# 關閉階段
```

```
sess.close()
#####################################################################
```

訓練結果如下：

```
Train Epoch: 01 Loss= 1.592497230  Accuracy= 0.892
Train Epoch: 02 Loss= 1.542448878  Accuracy= 0.934
Train Epoch: 03 Loss= 1.526387930  Accuracy= 0.9436
Train Epoch: 04 Loss= 1.509701014  Accuracy= 0.9582
Train Epoch: 05 Loss= 1.505123258  Accuracy= 0.9614
Train Epoch: 06 Loss= 1.498368025  Accuracy= 0.966
Train Epoch: 07 Loss= 1.495814085  Accuracy= 0.9692
Train Epoch: 08 Loss= 1.491232157  Accuracy= 0.9734
Train Epoch: 09 Loss= 1.491030812  Accuracy= 0.973
Train Epoch: 10 Loss= 1.489010692  Accuracy= 0.9736
Train Epoch: 11 Loss= 1.486104131  Accuracy= 0.9778
Train Epoch: 12 Loss= 1.486713171  Accuracy= 0.976
Train Epoch: 13 Loss= 1.483739257  Accuracy= 0.9792
Train Epoch: 14 Loss= 1.483375430  Accuracy= 0.9806
Train Epoch: 15 Loss= 1.486829281  Accuracy= 0.9766
Train Epoch: 16 Loss= 1.482304454  Accuracy= 0.9808
Train Epoch: 17 Loss= 1.480912447  Accuracy= 0.9824
Train Epoch: 18 Loss= 1.479902387  Accuracy= 0.9826
Train Epoch: 19 Loss= 1.479429007  Accuracy= 0.9836
Train Epoch: 20 Loss= 1.481233954  Accuracy= 0.9804
Train Epoch: 21 Loss= 1.477774501  Accuracy= 0.9848
Train Epoch: 22 Loss= 1.479194760  Accuracy= 0.9838
Train Epoch: 23 Loss= 1.479267955  Accuracy= 0.9838
Train Epoch: 24 Loss= 1.477198005  Accuracy= 0.9848
Train Epoch: 25 Loss= 1.477845669  Accuracy= 0.9842
Train Epoch: 26 Loss= 1.477758288  Accuracy= 0.9842
Train Epoch: 27 Loss= 1.476124883  Accuracy= 0.9868
Train Epoch: 28 Loss= 1.478283405  Accuracy= 0.983
Train Epoch: 29 Loss= 1.476815462  Accuracy= 0.9856
Train Epoch: 30 Loss= 1.476340413  Accuracy= 0.9864
Train Finished takes: 2933.8104503154755
Accuracy: 0.9856
```

　　從訓練結果可知準確率達到了 0.9856，相比之前的多層感知器模型，準確率得到進一步提高。畫出準確率執行的結果，如圖 5-14 所示。

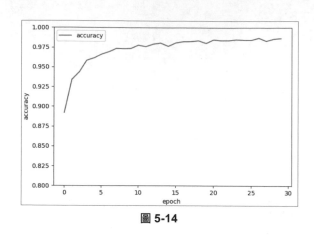

圖 **5-14**

　　查看預測結果的前 10 項資料：

```
[7 2 1 0 4 1 4 9 5 9]
```

　　查看預測結果的第 248 項資料：

```
2
```

　　查看測試資料的第 248 項資料：

```
4
```

　　找出預測錯誤的資料：

```
i=115    label= 4 predict= 9
i=151    label= 9 predict= 8
i=247    label= 4 predict= 2
i=320    label= 9 predict= 8
i=340    label= 5 predict= 3
i=445    label= 6 predict= 0
i=449    label= 3 predict= 5
i=492    label= 2 predict= 3
Model saved in file: saveModel/tensorflow_mlp_model1
```

複習：我們使用卷積神經網路來辨識 MNIST 資料集的手寫數字，其分類精確度接近 0.99。不過，如果使用 CPU 來進行訓練，卷積神經網路訓練需要很多時間；如果使用 GPU 來進行訓練，可以減少訓練所需的時間。

5.5 視覺化工具 **TensorBoard** 的使用

TensorFlow 提供的 TensorBoard 可以讓我們以視覺化的方式來查看所建立的計算圖。

TensorBoard 是一個非常有用的視覺化工具，它對我們分析訓練效果、理解訓練框架和最佳化演算法有很大的幫助。

首先，使用程式碼將要顯示在 TensorBoard 的計算圖寫入 log 檔案，程式如下：

```
merge_summary = tf.summary.merge_all()
writer = tf.summary.FileWriter("logs/", sess.graph)
```

然後，輸入「pip list」命令查看 TensorFlow 和 TensorBoard 版本是否相容。如果我們的 TensorBoard 是 2.1.0 版本，而 TensorFlow 是 1.3.0 版本，肯定不相容。所以必須先輸入「pip uninstall tensorboard」命令移除當前的 TensorBoard 2.1.0 版本，如圖 5-15 所示。

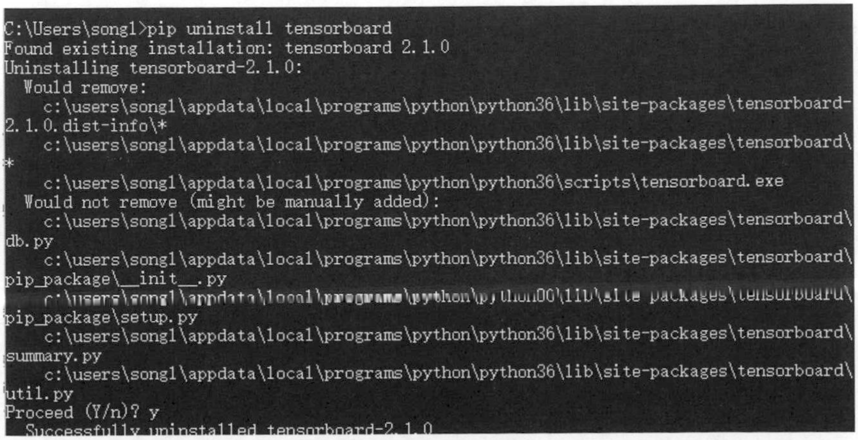

圖 5-15

然後輸入「pip install tensorboard==1.6.0」命令安裝 TensorBoard 1.6.0
版本，如圖 5-16 所示。

```
C:\Users\song1>pip install tensorboard==1.6.0
Collecting tensorboard==1.6.0
  Downloading tensorboard-1.6.0-py3-none-any.whl (3.0 MB)
     |████████████████████████████████| 3.0 MB 3.3 MB/s
Requirement already satisfied: numpy>=1.12.0 in c:\users\song1\appdata\local\programs\python\
python36\lib\site-packages (from tensorboard==1.6.0) (1.18.1)
Requirement already satisfied: html5lib==0.9999999 in c:\users\song1\appdata\local\programs\p
ython\python36\lib\site-packages (from tensorboard==1.6.0) (0.9999999)
Requirement already satisfied: six>=1.10.0 in c:\users\song1\appdata\local\programs\python\py
thon36\lib\site-packages (from tensorboard==1.6.0) (1.14.0)
Requirement already satisfied: wheel>=0.26 in c:\users\song1\appdata\local\programs\python\py
thon36\lib\site-packages (from tensorboard==1.6.0) (0.34.2)
Requirement already satisfied: markdown>=2.6.8 in c:\users\song1\appdata\local\programs\pytho
n\python36\lib\site-packages (from tensorboard==1.6.0) (3.1.1)
Requirement already satisfied: protobuf>=3.4.0 in c:\users\song1\appdata\local\programs\pytho
n\python36\lib\site-packages (from tensorboard==1.6.0) (3.11.2)
Requirement already satisfied: werkzeug>=0.11.10 in c:\users\song1\appdata\local\programs\pyt
hon\python36\lib\site-packages (from tensorboard==1.6.0) (0.16.1)
Requirement already satisfied: bleach==1.5.0 in c:\users\song1\appdata\local\programs\python\
python36\lib\site-packages (from tensorboard==1.6.0) (1.5.0)
Requirement already satisfied: setuptools>=36 in c:\users\song1\appdata\local\programs\python
\python36\lib\site-packages (from markdown>=2.6.8->tensorboard==1.6.0) (59.5.0)
Installing collected packages: tensorboard
Successfully installed tensorboard-1.6.0
```

圖 **5-16**

下面用一個 TensorFlow 回歸的例子來實踐一下，畫出它的流動圖，程
式如下：

```
##############################################################
import tensorflow as tf
import numpy as np
# ① prepare the original data
with tf.name_scope( 'data'):
    x_data = np.random.rand(100).astype(np.float32)
    y_data = 0.3*x_data+0.1
# ② creat parameters
with tf.name_scope( 'parameters'):
    weight = tf.Variable(tf.random_uniform([1],-1.0,1.0))
    bias = tf.Variable(tf.zeros([1]))
# ③ get y_prediction
with tf.name_scope( 'y_prediction'):
    y_prediction = weight*x_data+bias
# ④ compute the loss
with tf.name_scope( 'loss'):
```

```
        loss = tf.reduce_mean(tf.square(y_data-y_prediction))
#⑤ creat optimizer
optimizer = tf.train.GradientDescentOptimizer(0.5)
#⑥ creat train ,minimize the loss
with tf.name_scope('train'):
        train = optimizer.minimize(loss)
#⑦ creat init
with tf.name_scope('init'):
        init = tf.global_variables_initializer()
#⑧ creat a Session
sess = tf.Session()
merge_summary = tf.summary.merge_all()
writer = tf.summary.FileWriter("logs/", sess.graph)
#⑨ sess.run(init)
sess.run(init)
#⑩ Loop
for step  in  range(101):
    sess.run(train)
    if step %10==0 :
        print (step ,'weight:',sess.run(weight),'bias:',sess.run(bias))
##########################################################
```

程式碼解析如下：

（1）第一項是準備資料，使用了 NumPy 的函數，隨機生成 100 個 float32 型的資料，並生成對應的觀測值 y。

（2）第二項是生成訓練參數，由 tf.Variable 函數生成 weight 和 bias，這個函數非常常用，變數都是用它來生成的。

（3）第三項是得到預測值，透過參數 weight、bias 與 x_data 運算得到。

（4）第四項是計算損失，觀測值與預測值差值的平方取平均。

（5）第五項是生成一個最佳化器，使用的是梯度下降最佳化器。

（6）第六項是用最佳化器去最小化損失。

（7）第七項是生成初始化 op，相當於所有變數初始化的開關，在 sess 裡執行則對所有變數進行初始化。

（8）第八項是生成階段。

（9）第九項是初始化所有變數，只要使用 tf.Variable 函數則都要用 sess.run(init) 進行初始化，如果參數沒有進行初始化，則無法迭代更新。

（10）第十項是迴圈訓練，執行 train，它會最小化損失。在這個過程中，參數也在不停地更新，我們用 print 列印出步數和參數值。

執行這個程式，具體輸出如下：

```
0 weight: [0.5888286] bias: [-0.07670003]
10 weight: [0.4391125] bias: [0.0262666]
20 weight: [0.36481026] bias: [0.06564883]
30 weight: [0.33019403] bias: [0.08399636]
40 weight: [0.31406692] bias: [0.09254415]
50 weight: [0.30655354] bias: [0.09652644]
60 weight: [0.3030532] bias: [0.09838173]
70 weight: [0.30142245] bias: [0.09924606]
80 weight: [0.3006627] bias: [0.09964876]
90 weight: [0.30030873] bias: [0.09983636]
100 weight: [0.3001438] bias: [0.09992379]
```

啟動 TensorBoard 的命令需要指定 log 檔案目錄，TensorBoard 會讀取此目錄並顯示在「TensorBoard」介面上。

舉例來說，執行 tensorboard --logdir=C:\Users\song1\PycharmProjects\tensorflow_demo\logs 命令，可以看到在最後一行出現了存取連結（存取通訊埠 6006），如圖 5-17 所示，複製該連結，推薦使用 Google 瀏覽器將其打開。

```
C:\Users\song1\PycharmProjects\tensorflow_demo\logs>tensorboard --logdir=C:\Users\song1\PycharmProjects\tensorflow_demo\logs
W1212 22:11:07.314230 Reloader tf_logging.py:86] Found more than one graph event per run, or there was a metagraph containing
a graph_def, as well as one or more graph events.  Overwriting the graph with the newest event.
W1212 22:11:07.314230 Reloader tf_logging.py:86] Found more than one metagraph event per run. Overwriting the metagraph with
the newest event.
TensorBoard 1.6.0 at http://LIHUANSONG-NB0:6006 (Press CTRL+C to quit)
```

圖 5-17

在瀏覽器顯示的 TensorBoard 介面中可以看到計算圖，如圖 5-18 所示。

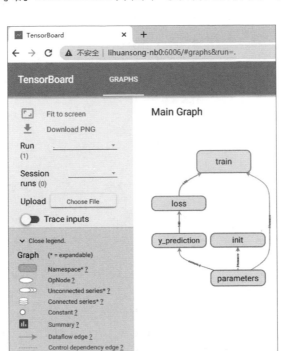

圖 **5-18**

這個就是上面程式的流動圖，先初始化參數，算出預測，計算損失，然後訓練，更新對應的參數。當然這個圖還可以進一步展開，裡面有更詳細的顯示。

第 6 章

深度學習框架Keras入門

    Keras 是一個極簡的、高度模組化的神經網路函數庫，採用 Python 開發，能夠執行在 TensorFlow 平台，旨在完成深度學習的快速開發。Keras 的開發重點是支援快速的實驗，能夠以最小的延遲把我們的想法轉為實驗結果，是做好神經網路研究工作的關鍵。

6.1 Keras 架構簡介

    Keras 最初是作為 ONEIROS 專案（開放式神經電子智慧型機器人作業系統）研究工作的一部分而開發的。Keras 在希臘語中意為號角，是古希臘和拉丁文學中的文學形象，第一次出現於《奧德賽》中，「夢神（Oneiroi，singular Oneiros）從這兩類人中分離出來：那些用虛幻的景象欺騙人類、透過象牙之門抵達地球之人，以及那些宣告未來即將到來、透過號角之門抵達地球之人」。

    Keras 是一款使用純 Python 語言撰寫的神經網路 API，使用 Keras 能夠快速實現我們的深度學習方案，所以 Keras 有著「為快速試驗而生」的美稱。Keras 以 TensorFlow、Theano、CNTK 為後端，即 Keras 的底層計算都是以這些框架為基礎，這使得 Keras 能夠專注於快速架設神經網路模型。

    眾所皆知，機器學習的三大要素是模型、策略、演算法，如圖 6-1 所示。模型是事先定義好的神經網路架構，深度學習的模型中一般有著上百萬個權重，這些權重決定了輸入資料 X 後模型會輸出什麼樣的預測結果 Y，而所謂的「學習」就是尋找合適的權重，使得預測結果和真實目標盡可能接近。而說到接近就涉及了如何度量兩個值的接近程度，這就是策略要做的事情，其實就是定義合適的目標函數（損失函數）。目標函數以真實目標 Y 和預測結果 Y 作為輸入，輸出一個損失值作為回饋訊號來更新權重以減少這個損失值，而具體實現這一步驟的就是演算法，即圖中的最佳化器，最佳化器的典型例子就是梯度下降及其各種變種。

圖 6-1 清晰地描繪了神經網路的整個訓練過程，開始時權重被初始化為一些隨機值，所以其預測結果和真實目標 Y 相差較大，對應的損失值也會很大。隨著最佳化器不斷地更新權重，使得損失值也越來越小，最後當損失值不再減少時，我們就獲得了一個訓練好的神經網路。

Keras 的設計基本上也是按照這個想法，先定義整個網路，具體表現為增加各種各樣的層，再指定對應的損失函數和最佳化器，之後就可以開始訓練了。可以把層想像成深度學習的樂高積木。

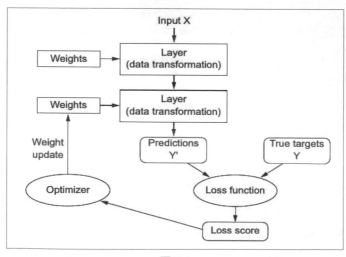

圖 6-1

Keras 的設計原則如下：

（1）模組性：模型可以視為一個獨立的序列或圖，使用完全可設定的模組以最少的代價自由地組合在一起。具體而言，網路層、損失函數、最佳化器、初始化策略、啟動函數、正規化方法等都是獨立的模組，我們可以使用它們來建構自己的模型。

（2）極簡主義：每個模組都應該儘量簡潔。每一段程式在初次閱讀時都應該顯得直觀易懂，不能過於深奧難懂，否而它將給迭代和創新帶來麻煩。

（3）易擴充性：增加新模組是一個超級簡單和容易的操作，只需要仿照現有的模組撰寫新的類別或函數即可。由於 keras 在建立新模組方面的便利性使其更適合於研究工作。

Keras 優先考慮開發人員的經驗：

- Keras 是為人類而非機器設計的 API。Keras 遵循減少認知困難這一準則，提供一致且簡單的 API。

- Keras 將常見案例所需的使用者運算元量降至最低，並且在使用者出現錯誤時提供清晰和可操作的回饋，這使 Keras 易於學習和使用。作為 Keras 使用者，工作效率會更高，能夠比競爭對手更快地嘗試更多創意。

- Keras 的好用性並不以降低靈活性為代價。因為 Keras 與底層深度學習語言（特別是 TensorFlow）整合在一起，可以讓我們實現任何可以用基礎語言撰寫的東西。特別是 tf.keras 作為 Keras API 可以與 TensorFlow 工作流無縫整合。

6.2 **Keras 常用概念**

　　Keras 的核心資料結構是模型，也就是一種組織網路層的方式。在 Keras 中有兩類主要的模型：Sequential（序貫或序列）模型和使用函數式 API 的 Model 類別模型。最主要的是 Sequential 模型，建立好一個模型後就可以呼叫 add() 方法向模型裡面增加層。層就像是深度學習的樂高積木塊，將相互相容的、相同或不同類型的多個層拼接在一起，建立起各種神經網路模型。模型架設完畢後，需要使用 complie() 方法來編譯模型，之後就可以開始訓練和預測了。Sequential 的第一層需要接收一個關於輸入資料 shape 的參數，而後面的各個層可以自動推導出中間資料的 shape，這個參數可以由 input_shape()、input_dim() 等方法傳遞。

　　神經網路的基本資料結構就是層，常見的層簡要說明如下：

- Dense 層：全連接層，全連接表示上一層的每一個神經元都和下一層的每一個神經元是相互連接的。卷積層和池化層的輸出代表了輸入影像的高級特徵，全連接層的目的就是用這些特徵將訓練集進行分類。

- Activatiion 層：啟動層，對一個層的輸出使用啟動函數。

- Dropout 層：對輸入資料使用 Dropout。Dropout 將在訓練過程的每次參數更新時按一定機率隨機斷開輸入神經元。Dropout 層用於防止過擬合。

- Conv2D 層：卷積層，它的很多參數使用與 Dense 類似。kernel_size 參數表示卷積核心在高度和寬度上的大小，strides 參數表示卷積核心在影像上移動的步進值，padding 參數定義當篩檢程式落在邊界外時，如何做邊界填充。

- Flatten 層：用來將輸入「壓平」，即把多維的輸入一維化，常用在從卷積層到全連接層的過渡。

- Reshape 層：用來將輸入 shape 轉為特定的 shape。
- MaxPooling2D 層：最大池化層，表示最大池化操作。
- GlobalAveragePooling2D 層：全域平均池化層。

在深度學習中，輸入資料一般都比較大，所以在訓練模型時，一般採用批次資料而非全部資料。深度學習的最佳化演算法一般是梯度下降，通常需要把資料分為若干批，按批來更新參數，一個批中的一組資料共同決定本次梯度下降的方向，下降起來就不容易跑偏。Keras 中的 batch 參數指的就是這個批，每個 batch 對應網路的一次更新。epochs 參數指的就是所有批次的單次訓練迭代，也就是總資料的訓練次數，每個 epoch 對應網路的一輪更新。

構造好的模型需要進行編譯，並且指定一些模型參數。compile() 方法用於編譯模型，它接收三個參數：

- 最佳化器：已預先定義的最佳化器名或一個 Optimizer 類別物件，表示模型採用的最佳化方式。
- 損失函數：已預先定義的損失函數名稱或一個損失函數，表示模型試圖最小化的目標函數。
- 評估指標（Metrics）：已預先定義指標的名字或使用者訂製的函數，用於評估模型性能。

fit() 方法用於訓練模型，需要傳入 NumPy 陣列形式的輸入資料和標籤，可以指定 epochs（訓練的輪數）和 batch_size（每個批包含的樣本數）等參數。

6.3 Keras 建立神經網路基本流程

利用 Keras 建立神經網路模型是非常快速和高效的，其模型實現的核心流程可以用五個步驟來概括，如圖 6-2 所示。

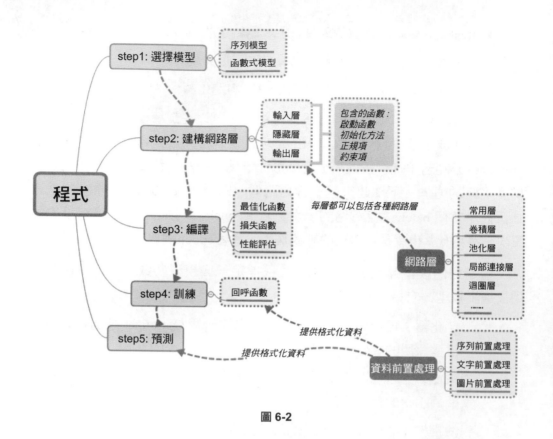

圖 6-2

假設我們建立一個神經網路模型，輸入層有 784 個神經元，隱藏層有 256 個神經元，輸出層有 10 個神經元，建立這樣的模型很簡單，只需將神經網路層一層一層地加上去即可。

1. 第一步：選擇模型

Keras 的核心資料結構是模型，一種組織網路層的方式。最簡單的模型是 Sequential 模型，由多個網路層線性堆疊。對於更複雜的結構，我們應該使用 Keras 函數式 API，它允許建構任意的神經網路圖。

匯入所需的模組，建立一個線性堆疊模型，即 Sequential 模型，程式如下：

```
from keras import models
from keras import layers
model = models.Sequential()
```

後續只需要使用 model.add() 方法將各個神經網路層加入模型即可。

2. 第二步：建構網路層

其實就是設計我們的網路結構，呼叫 Keras 神經網路的各個模組來組裝我們的模型架構，透過 add 方法來疊加。這一步是最需要仔細考慮的地方，關乎我們神經網路的複雜性和高效與否。Keras 已經內建各種神經網路層（例如 Dense 層、Conv2d 層），這裡使用 model.add 方法加入 Dense 層。

以下程式，定義隱藏層神經元個數為 256，設定輸入層神經元個數為 784：

```
model.add(layers.Dense(units=256,activation='relu',
                       input_dim=784,kernel_initializer='normal'))
```

加入輸出層，該層有 10 個神經元，使用啟動函數 softmax：

```
model.add(layers.Dense(units=10,kernel_initializer='normal',
                       activation='softmax'))
```

3. 第三步：編譯模型

將設計好模型進行編譯，即使用 compile 方法對訓練模型進行設定。compile 方法需要設定以下三個基本參數：

- 最佳化器：用於找到使損失函數最小的權重。Keras 實現了梯度下降的最佳化演算法，稱為隨機梯度下降（SGD），此外還有兩種更高級的最佳化演算法，RMSprop 和 Adam，三種演算法中一般選用 Adam。最佳化器就是模型訓練的指導教練，告訴模型該怎麼調整權值，調整多大量，最終目標是將模型權值調整到最佳。

- 損失函數：使用 cross_entropy（交叉熵，一種用於計算多分類問題誤差的函數）作為損失函數。
- 評估指標：用於設定評估模型的方式，最為常用的分類評估指標是 accuracy（準確率），準確率就是正確的預測佔全部資料的比重。

編譯模型的程式如下：

```
model.compile(optimizer='adam',
              loss='categorical_crossentropy',
              metrics=['accuracy'])
```

4. 第四步：訓練模型

使用 model.fit 方法對訓練資料進行擬合訓練，程式如下：

```
model.fit(X_train,Y_train,
          epochs=5,
          batch_size=200,
          validation_split=0.2,
          verbose=2)
```

其中：

- X_train,Y_train：表示用於訓練的輸入資料。
- epochs：表示訓練的輪次。
- batch_size：用於指定資料批次，也就是每一次梯度下降更新參數時，所同時訓練的樣本數量。
- validation_split：表示訓練資料和驗證資料的比例，設定為 0.2 表示 80% 作為訓練資料，20% 作為驗證資料。
- verbose=2：表示顯示訓練過程。

5. 第五步：預測

對訓練好的模型進行評估，使用 model.evaluate 評估模型的準確率，model.predict 是模型實際預測準確率，model.save 可以保存模型、權重、設定資訊在一個 HDF5 檔案中，models.load_model 可以重新實例化模型。

6.4 **Keras 建立神經網路進行鐵達尼號生還預測**

本節用鐵達尼號生還預測的實際案例來介紹如何用 Keras 建立神經網路。

■ **6.4.1 案例專案背景和資料集介紹**▍

鐵達尼號的沉沒是當時人類和平時期航海史上最大的災難之一。1912 年 4 月 15 日，在其第一次航行期間，鐵達尼號撞上冰山後沉沒，2224 名乘客和機組人員中有 1502 人遇難。這場悲劇舉世震驚，並促使各國制定出更好的船舶安全條例。海難導致生命損失的原因之一是沒有足夠的救生艇給乘客和機組人員。雖然倖存下來有一些運氣的因素，但一些人比其他人更有可能獲得生存機會，比如婦女、兒童和上層階級。在本案例中，我們要完成對哪些人可能生存的分析，特別是要運用機器學習的工具來預測哪些乘客能倖免於難。

圖 6-3 所示為本案例提供的訓練資料集，主要包含 11 個欄位，分別是：

- pclass：表示乘客所持票類（代表艙位等級），有三種值（1、2、3）。
- survived：表示是否存活，0 代表死亡，1 代表存活。
- name：表示乘客姓名。
- sex：表示乘客性別。
- age：表示乘客年齡（有缺失）。
- sibsp：表示乘客兄弟姐妹 / 配偶的個數（整數值）。

- parch：表示乘客父母 / 孩子的個數（整數值）。

- ticket：表示票號（字串）。

- fare：表示乘客所持船票的價格（浮點數，範圍為 0~500）。

- cabin：表示乘客所在船艙（有缺失）。

- embarked：表示乘客登船港口 S、C、Q（有缺失）。

A	B	C	D	E	F	G	H	I	J	K
pclass	survived	name	sex	age	sibsp	parch	ticket	fare	cabin	embarked
1	1	Allen, Miss. Elisabeth Walton	female	29	0	0	24160	211.3375	B5	S
1	1	Allison, Master. Hudson Trevc	male	0.9167	1	2	113781	151.5500	C22 C26	S
1	0	Allison, Miss. Helen Loraine	female	2	1	2	113781	151.5500	C22 C26	S
1	0	Allison, Mr. Hudson Joshua C	male	30	1	2	113781	151.5500	C22 C26	S
1	0	Allison, Mrs. Hudson J C (Bes	female	25	1	2	113781	151.5500	C22 C26	S
1	1	Anderson, Mr. Harry	male	48	0	0	19952	26.5500	E12	S

圖 6-3

撰寫程式匯入資料集，結果如圖 6-4 所示。

由結果可知，Age 欄位有 1046 人有記錄，Cabin 欄位有 295 人有記錄，embarked 欄位有少量缺失。

我們對資料集做探索性分析，程式如圖 6-5 所示。

```
In [1]:  import pandas as pd  #數據分析
         import numpy as np  #科學計算
         from pandas import Series,DataFrame
         data_train = pd.read_csv(r'titanic3.csv')  #根據數據位置自行修改
         data_train.info()

         <class 'pandas.core.frame.DataFrame'>
         RangeIndex: 1310 entries, 0 to 1309
         Data columns (total 14 columns):
          #   Column     Non-Null Count   Dtype
         ---  ------     --------------   -----
          0   pclass     1309 non-null    float64
          1   survived   1309 non-null    float64
          2   name       1309 non-null    object
          3   sex        1309 non-null    object
          4   age        1046 non-null    float64
          5   sibsp      1309 non-null    float64
          6   parch      1309 non-null    float64
          7   ticket     1309 non-null    object
          8   fare       1308 non-null    float64
          9   cabin      295 non-null     object
          10  embarked   1307 non-null    object
          11  boat       486 non-null     object
          12  body       121 non-null     float64
          13  home.dest  745 non-null     object
         dtypes: float64(7), object(7)
         memory usage: 143.4+ KB
```

圖 6-4

　　分析結果如圖 6-6 所示，從圖中我們可以形象地了解到乘客的資訊，包括獲救人數少於未獲救人數、船上三等乘客人數最多、各等級的乘客的年齡分佈、在 S 口岸上船的乘客最多，等等。

```
In [2]: import matplotlib.pyplot as plt
        plt.rcParams['font.sans-serif'] = ['SimHei']  # 用来正常显示中文标签
        plt.rcParams['font.family']='sans-serif'
        plt.rcParams['axes.unicode_minus'] = False  # 用来正常显示负号
        fig = plt.figure()
        fig.set(alpha=0.2)  # 设定图表颜色alpha参数

        plt.subplot2grid((2,5),(0,0))  # 在一张大图里分列几个小图
        data_train.survived.value_counts().plot(kind='bar')  # 柱状图
        plt.title(u"获救情况 (1为获救)")  # 标题
        plt.ylabel(u"人数")  # Y轴标签
        plt.subplot2grid((2,5),(0,3))
        data_train.pclass.value_counts().plot(kind="bar")  # 柱状图显示
        plt.ylabel(u"人数")
        plt.title(u"乘客等级分布")

        plt.subplot2grid((2,5),(1,0), colspan=3)
        data_train.age[data_train.pclass == 1].plot(kind='kde')  # 密度图
        data_train.age[data_train.pclass == 2].plot(kind='kde')
        data_train.age[data_train.pclass == 3].plot(kind='kde')
        plt.xlabel(u"年龄")  # plots an axis lable
        plt.ylabel(u"密度")
        plt.title(u"各等级的乘客年龄分布")
        plt.legend((u'头等舱', u'2等舱',u'3等舱'),loc='best')  # sets our legend for our graph.

        plt.subplot2grid((2,5),(1,4))
        data_train.embarked.value_counts().plot(kind='bar')
        plt.title(u"各登船口岸上船人数")
        plt.ylabel(u"人数")
        plt.show()
```

圖 6-5

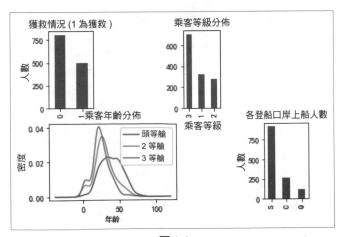

圖 6-6

我們還要將乘客的各屬性與其是否獲救聯繫起來，比如，獲救情況和乘客的艙位等級是否有關？獲救情況和乘客性別、年齡是否有關？（允許婦女、小孩和老人優先搭乘救生艇）登船口岸是否是獲救因素呢？（雖然感覺關係不大，但是也要考慮全面。）

不同艙位等級的乘客的獲救情況如圖 6-7 所示，從圖中可以清楚看到艙位等級為 1 級的乘客獲救人數多於未獲救人數，而其他兩個等級的乘客的獲救人數則少於未獲救人數。所以，乘客的艙位等級與獲救情況有連結。

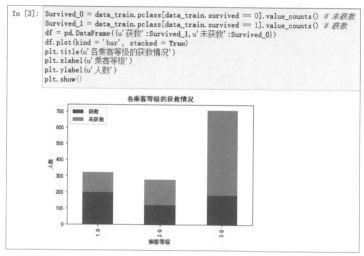

圖 6-7

男性和女性的獲救情況如圖 6-8 所示，明顯能夠看出，未獲救人員中男性乘客比例較大，獲救人員中女性乘客比例較大。由此可以確定性別也是能否獲救的重要因素。

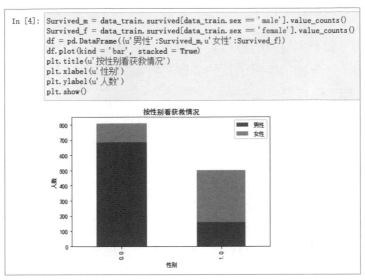

In [4]:
```
Survived_m = data_train.survived[data_train.sex == 'male'].value_counts()
Survived_f = data_train.survived[data_train.sex == 'female'].value_counts()
df = pd.DataFrame({u'男性':Survived_m, u'女性':Survived_f})
df.plot(kind = 'bar', stacked = True)
plt.title(u'按性別看获救情況')
plt.xlabel(u'性別')
plt.ylabel(u'人數')
plt.show()
```

圖 6-8

獲救情況與登船口岸的關係如圖 6-9 所示，從圖中可以看出兩者的相關性並不強，不能把登船口岸作為能否獲救的因素。

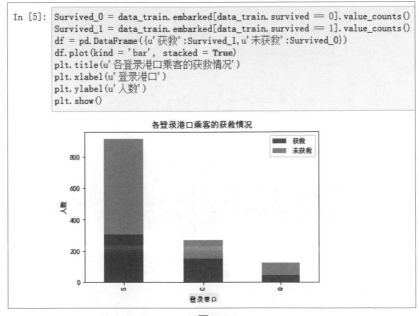

In [5]:
```
Survived_0 = data_train.embarked[data_train.survived == 0].value_counts()
Survived_1 = data_train.embarked[data_train.survived == 1].value_counts()
df = pd.DataFrame({u'获救':Survived_1, u'未获救':Survived_0})
df.plot(kind = 'bar', stacked = True)
plt.title(u'各登录港口乘客的获救情況')
plt.xlabel(u'登录港口')
plt.ylabel(u'人數')
plt.show()
```

圖 6-9

　　乘客的兄弟姐妹、孩子、父母的人數，對是否獲救的影響並不明顯。

　　本案例是個不太複雜的資料處理題目，預測結果只有兩種，但是題目所給因素較多，需要進行無關因素的排除，排除後再將資料進行前置處理。前置處理時，需要先補全遺漏值。

6.4.2 資料前置處理

　　在使用多層感知器模型進行訓練和預測之前，必須完成資料前置處理的工作。如圖 6-10 所示，我們將之前資料前置處理的命令全部收集在 PreprocessData 函數中，用這個函數對訓練資料和測試資料進行前置處理。其中，「numpy.random.seed(10)」只是用來設定隨機生成器的種子，如果使用相同的 seed() 值，則每次生成的隨機數都相同；如果不設定這個值，則每次生成的隨機數會因時間的差異而有所不同。

```
In [1]:  import numpy;import pandas as pd
         from sklearn import preprocessing
         numpy.random.seed(10)

In [2]:  all_df = pd.read_excel("titanic3.xls")
         cols=['survived','name','pclass' ,'sex', 'age', 'sibsp',
               'parch', 'fare', 'embarked']
         all_df=all_df[cols]

In [3]:  msk = numpy.random.rand(len(all_df)) < 0.8
         train_df = all_df[msk];test_df = all_df[~msk]

In [4]:  def PreprocessData(raw_df):
             df=raw_df.drop(['name'], axis=1)
             age_mean = df['age'].mean()
             df['age'] = df['age'].fillna(age_mean)
             fare_mean = df['fare'].mean()
             df['fare'] = df['fare'].fillna(fare_mean)
             df['sex']= df['sex'].map({'female':0, 'male': 1}).astype(int)
             x_OneHot_df = pd.get_dummies(data=df,columns=["embarked" ])
             ndarray = x_OneHot_df.values
             Features = ndarray[:,1:]
             Label = ndarray[:,0]
             minmax_scale = preprocessing.MinMaxScaler(feature_range=(0, 1))
             scaledFeatures=minmax_scale.fit_transform(Features)
             return scaledFeatures,Label

In [5]:  train_Features, train_Label=PreprocessData(train_df)
         test_Features, test_Label=PreprocessData(test_df)
```

圖 6-10

在進行資料前置處理時，name 欄位在訓練的時候不需要，因此先將其刪除；age 和 fare 欄位，如果其值是 null 則改為平均值；sex 欄位是字串，必須轉為 0 與 1；embarked 欄位有 3 個分類，使用獨熱編碼（one-hot encoding）進行轉換。另外，由於數值辨識符號段的單位不同，例如年齡 29 歲、運費 211 元等，沒有一個共同標準，需要使用標準化讓所有數值都在 0 與 1 之間，使數值辨識符號段具有共同標準。使用標準化可以提高模型的準確率。

6.4.3 建立模型

匯入所需模組，建立 Keras Sequential 模型，後續只需要將各個神經網路層加入模型即可。這裡使用 model.add 方法加入全連接層，建立多層感知器模型，採用經典的「輸入層→中間層（隱藏層）→輸出層」結構，如圖 6-11 所示。輸入層有 9 個神經元（因為資料前置處理後有 9 個辨識符號段）。隱藏層 1 有 80 個神經元，隱藏層 2 有 60 個神經元，隱藏層的啟動函數用 ReLU 函數。輸出層只有 1 個神經元，啟動函數選擇 sigmoid 函數，sigmoid 函數特別適用於需要預測機率作為輸出的模型，我們後續要預測乘客是否存活，機率只存在於 0 到 1 之間，因此 sigmoid 函數是最適合我們這個模型選擇。

```
In [6]: from keras.models import Sequential
        from keras.layers import Dense,Dropout
        model = Sequential()
        model.add(Dense(units=80, input_dim=9,
                        kernel_initializer='uniform',
                        activation='relu'))
        model.add(Dense(units=60,
                        kernel_initializer='uniform',
                        activation='relu'))
        model.add(Dense(units=1,
                        kernel_initializer='uniform',
                        activation='sigmoid'))
        print(model.summary())

        Using TensorFlow backend.
```

Layer (type)	Output Shape	Param #
dense_1 (Dense)	(None, 80)	800
dense_2 (Dense)	(None, 60)	4860
dense_3 (Dense)	(None, 1)	61

```
Total params: 5,721
Trainable params: 5,721
Non-trainable params: 0

None
```

圖 6-11

6.4.4 編譯模型並進行訓練

當我們建立好深度學習模型後，就可以使用反向傳播演算法進行訓練。在訓練模型之前，我們必須使用 compile 方法對模型進行參數設定，透過訓練使近似分佈逼近真實分佈。如圖 6-12 所示，設定 loss 為 binary_crossentropy（二元交叉熵函數，對二分類問題來說，基本上固定選擇 binary_crossentropy 作為損失函數），設定 optimizer 為 adam（adam 最佳化器可以讓訓練更快收斂），設定 metrics 為 accuracy。

使用 model.fit 方法對神經網路進行訓練，訓練過程會儲存在 train_history 變數中。如圖 6-12 所示，在 model.fit() 中輸入訓練資料參數，設定 validation_split 為 0.1、epoch 為 30、batch_size 為 30，顯示訓練過程。

```
In [7]:  model.compile(loss='binary_crossentropy',
                       optimizer='adam', metrics=['accuracy'])

In [8]:  train_history =model.fit(x=train_Features,
                                  y=train_Label,
                                  validation_split=0.1,
                                  epochs=30,
                                  batch_size=30, verbose=2)
```

圖 6-12

一共執行 30 個訓練週期，每個週期完成後，計算本次訓練週期後的誤差與準確率，部分結果如圖 6-13 所示。

```
Train on 930 samples, validate on 104 samples
Epoch 1/30
 - 0s - loss: 0.6812 - acc: 0.5882 - val_loss: 0.6160 - val_acc: 0.7885
Epoch 2/30
 - 0s - loss: 0.6159 - acc: 0.6602 - val_loss: 0.4893 - val_acc: 0.8077
Epoch 3/30
 - 0s - loss: 0.5342 - acc: 0.7667 - val_loss: 0.4607 - val_acc: 0.7788
Epoch 4/30
 - 0s - loss: 0.5026 - acc: 0.7484 - val_loss: 0.4611 - val_acc: 0.7885
Epoch 5/30
 - 0s - loss: 0.4862 - acc: 0.7656 - val_loss: 0.4534 - val_acc: 0.7885
Epoch 6/30
 - 0s - loss: 0.4799 - acc: 0.7688 - val_loss: 0.4382 - val_acc: 0.7981
Epoch 28/30
 - 0s - loss: 0.4525 - acc: 0.7839 - val_loss: 0.4195 - val_acc: 0.7981
Epoch 29/30
 - 0s - loss: 0.4454 - acc: 0.7957 - val_loss: 0.4216 - val_acc: 0.8173
Epoch 30/30
 - 0s - loss: 0.4555 - acc: 0.7935 - val_loss: 0.4254 - val_acc: 0.8173
```

圖 6-13

■ 6.4.5 模型評估 ▋

之前的訓練步驟會將每一個訓練週期的準確率與誤差記錄在 train_history 變數中，定義函數 show_train_history 讀取 train_history 以圖表顯示訓練過程。畫出準確率評估的執行結果，可以發現無論是訓練還是驗證，準確率都越來越高，如圖 6-14 所示。

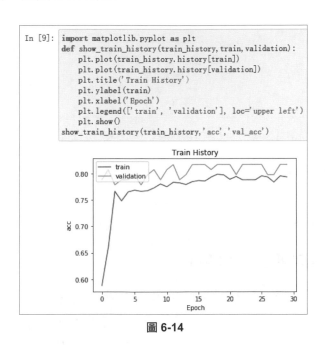

圖 6-14

畫出誤差的執行結果，如圖 6-15 所示，一共執行 30 個訓練週期，可以發現，無論是訓練還是驗證，誤差都越來越小。

訓練完模型，現在要使用測試資料集來評估模型的準確率。使用 model.evaluate 評估模型的準確率，從執行結果可知準確率是 0.80，如圖 6-16 所示。

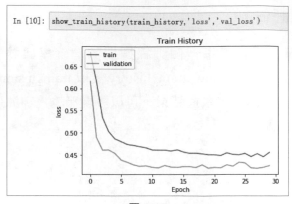

圖 **6-15**

```
In [11]:    scores = model.evaluate(x=test_Features,
                                    y=test_Label)
            print(scores[1])

            275/275 [==============================] - 0s 43us/step
            0.803636364069852
```

圖 **6-16**

6.4.6 預測和模型的保存

　　我們已經完成了模型的訓練，該模型預測的準確率在我們的接受範圍內，接下來將使用這個模型進行預測。增加兩個虛擬人物 Jack（三等艙，男性，票價 5 元，年齡 23）和 Rose（一等艙，女性，票價 100 元，年齡 20），如圖 6-17 所示。

```
In [13]:   #加入Jack & Rose數據,进行預測
           Jack = pd.Series([0 ,'Jack',3, 'male'  , 23, 1, 0,  5.0000,'S'])
           Rose = pd.Series([1 ,'Rose',1, 'female', 20, 1, 0, 100.0000,'S'])
```

```
In [14]:   JR_df = pd.DataFrame([list(Jack),list(Rose)],
                       columns=['survived', 'name','pclass', 'sex',
                         'age', 'sibsp','parch', 'fare','embarked'])
```

```
In [15]:   all_df=pd.concat([all_df,JR_df])
```

```
In [16]:   all_df[-2:]
```

Out[16]:

	survived	name	pclass	sex	age	sibsp	parch	fare	embarked
0	0	Jack	3	male	23.0	1	0	5.0	S
1	1	Rose	1	female	20.0	1	0	100.0	S

圖 6-17

我們希望能用這個模型預測下他們的生存機率。由於 Jack 和 Rose 的資料是後面才加入的,所以必須再次執行資料前置處理,使用 model.predict 傳入參數 all_Features(辨識符號段)執行預測,如圖 6-18 所示,傳回預測結果 all_probability。

```
In [17]:   all_Features, Label=PreprocessData(all_df)
```

```
In [18]:   all_probability=model.predict(all_Features)
```

```
In [19]:   all_probability[:10]
```

```
Out[19]:   array([[0.9742587 ],
                  [0.6693111 ],
                  [0.9744076 ],
                  [0.39783973],
                  [0.9712522 ],
                  [0.26663923],
                  [0.94501126],
                  [0.3471673 ],
                  [0.9478666 ],
                  [0.25435448]], dtype=float32)
```

圖 6-18

我們將 all_df(姓名與所有辨識符號段)與 all_probability(預測結果)整合,查看讀取最後兩列資料,該資料就是 Jack 與 Rose 的生存機率結果,

如圖 6-19 所示，Jack 的生存機率只有 0.15，Rose 的生存機率高達 0.96，符合電影《鐵達尼號》的結局。

```
In [20]: pd=all_df
         pd.insert(len(all_df.columns),
                   'probability',all_probability)
         #查看Jack & Rose数据的生存几率
         pd[-2:]

Out[20]:
```

	survived	name	pclass	sex	age	sibsp	parch	fare	embarked	probability
0	0	Jack	3	male	23.0	1	0	5.0	S	0.153419
1	1	Rose	1	female	20.0	1	0	100.0	S	0.968450

圖 6-19

最後保存模型，程式及其結果如圖 6-20 所示。模型保存成功，以後可以直接載入模型，不用再定義網路和編譯模型。

```
In [22]: try:
             model.save('titanic_mlp_model.h5')
             print('模型保存成功！，以后可以直接载入模型，不用再定义网络和编译模型！')
         except:
             print('模型保存失败！')

         模型保存成功！，以后可以直接载入模型，不用再定义网络和编译模型！
```

圖 6-20

在這個案例裡，我們對資料做探索分析，進行資料前置處理，建立多層感知器模型，訓練模型，使用訓練完成的模型來預測乘客的生存機率，最後探究資料背後的真相。

6.5 Keras 建立神經網路預測銀行客戶流失率

本節用銀行客戶流失率預測這樣一個實際案例來介紹如何用 Keras 建立神經網路。

■ 6.5.1 案例專案背景和資料集介紹 ▌

客戶流失表示客戶終止了和銀行的各項業務。毫無疑問,一定量的客戶流失會給銀行帶來巨大損失。考慮到避免一位客戶流失的成本很可能遠低於挖掘一位新客戶,因此對客戶流失情況的分析預測非常重要。

圖 6-21 所示為本案例提供的資料集,分析了某銀行的客戶資訊,主要包含 12 個欄位,分別是:

Name	Gender	Age	City	Tenure	ProductsNo	HasCard	ActiveMember	Credit	AccountBal	Salary	Exited
Kan Jian	Female	40	Beijing	9	2	0	1	516	6360.66	0	0
Xue Baoch	Male	69	Beijing	6	2	0	1	682	28605	0	0
Mao Xi	Female	32	Beijing	9	1	1	1	803	10378.09	236311.1	1
Zheng Ner	Female	37	Tianjin	0	2	1	1	778	25564.01	129909.8	1
Zhi Fen	Male	55	Tianjin	4	3	1	0	547	3235.61	136976.2	1

圖 6-21

- Name:客戶姓名。
- Gender:性別。
- Age:年齡。
- City:城市。
- Tenure:已經成為客戶的年頭。
- ProductsNo:擁有的產品數量。
- HasCard:是否有信用卡。
- ActiveMember:是否為活躍使用者。
- Credit:信用評級。
- AccountBal:銀行存款餘額。
- Salary:薪水。
- Exited:客戶是否會流失。

接下來,我們將從這些資料中探索客戶流失的特徵和原因,推測目前在客戶管理、業務等方面可能存在的問題,建立預測模型來預警客戶流失情況,為制定挽留策略提供依據。

首先讀取檔案,輸出前 5 行資料,如圖 6-22 所示。

```
import numpy as np #导入NumPy数学工具箱
import pandas as pd #导入Pandas数据处理工具箱
df_bank = pd.read_csv(r'BankCustomer.csv') # 根据实际位置修改,读取文件
df_bank.head() # 显示文件前5行
```

	Name	Gender	Age	City	Tenure	ProductsNo	HasCard	ActiveMember	Credit	AccountBal	Salary	Exited
0	Kan Jian	Female	40	Beijing	9	2	0	1	516	6360.66	0.0000	0
1	Xue Baochai	Male	69	Beijing	6	2	0	1	682	28605.00	0.0000	0
2	Mao Xi	Female	32	Beijing	9	1	1	1	803	10378.09	236311.0932	1
3	Zheng Nengliang	Female	37	Tianjin	0	2	1	1	778	25564.01	129909.8079	1
4	Zhi Fen	Male	55	Tianjin	4	3	1	0	547	3235.61	136976.1948	1

圖 6-22

接下來顯示資料的分佈情況,這裡使用 Matplotlib 畫圖工具套件,程式如圖 6-23 所示。

```
import matplotlib.pyplot as plt #导入matplotlib画图工具箱
import seaborn as sns #导入seaborn画图工具箱
# 显示不同特征的分布情况
features=['City', 'Gender','Age','Tenure',
          'ProductsNo', 'HasCard', 'ActiveMember', 'Exited']
fig=plt.subplots(figsize=(15,15))
for i, j in enumerate(features):
    plt.subplot(4, 2, i+1)
    plt.subplots_adjust(hspace = 1.0)
    sns.countplot(x=j,data = df_bank)
    plt.title("No. of costumers")
```

圖 6-23

輸出的資料的分佈情況如圖 6-24 所示,從圖中可以看出北京的客戶最多,客戶男女比例相差不太,年齡和客戶數量呈現正態分佈,等等。

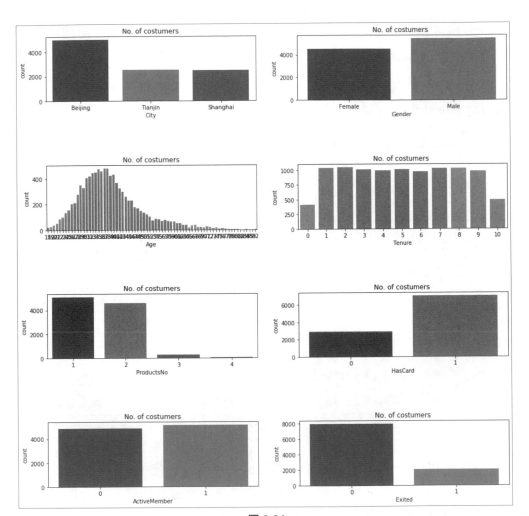

圖 6-24

6.5.2 資料前置處理

在建立模型之前必須做資料前置處理，主要從以下三個方面進行資料清洗工作：

（1）性別：這是一個二母類別別的特徵，需要轉為 0/1 程式格式進行讀取處理。

（2）城市：這是一個多母類別別的特徵，需要轉為多個二母類別別的虛擬變數（Dummy Variable，又稱虛擬變數、名義變數）。

（3）姓名：這個欄位對於客戶流失與否的預測應該是完全不相關的，可以在進一步處理之前將其忽略。

輸出清洗之後的資料集的前五筆資料，如圖 6-25 所示。

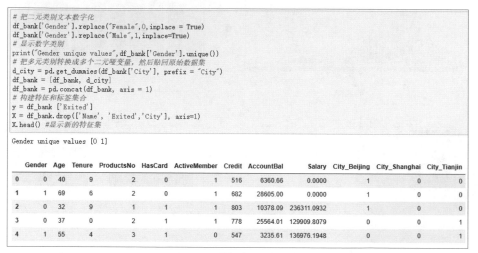

圖 6-25

　　資料集拆分之後，下一步要做的就是特徵縮放。神經網路不喜歡大的設定值範圍，需要將輸入神經網路的資料標準化，把資料約束在較小的區間，這就是特徵縮放。對資料進行標準化，其步驟是：對於輸入資料的每個特徵，減去特徵平均值，再除以標準差，之後得到的特徵平均值為 0，標準差為 1。這裡可以直接呼叫 StandardScaler() 函數，如圖 6-26 所示，它位於 sklearn 套件下，StandardScaler 類別是處理資料歸一化和標準化的利器。

```
from sklearn.model_selection import train_test_split #拆分数据集
X_train, X_test, y_train, y_test = train_test_split(X, y,
                                          test_size=0.2, random_state=0)
from sklearn.preprocessing import StandardScaler # 导入特征缩放器
sc = StandardScaler() # 特征缩放器
X_train = sc.fit_transform(X_train) # 拟合并应用于训练集
X_test = sc.transform (X_test) # 训练集结果应用于测试集
```

圖 6-26

! 注意 對於神經網路而言，特徵縮放極為重要，特徵縮放將大幅地提高梯度下降的效率。

6.5.3 建立模型

匯入所需模組，建立 Keras Sequential 模型，後續只需要將各個神經網路層加入模型中，這裡使用 model.add 方法加入全連接層。Keras 建構出來的神經網路透過模組組裝在一起，各個深度學習元件都是 Keras 模組，比如神經網路層、損失函數、最佳化器、參數初始化、啟動函數、模型正規化等，都是可以組合起來建構新模型的模組。

全連接層是最常用的深度網路層的類型，即當前層和其下一層的所有神經元之間都有連接。這個網路只有 3 層，如圖 6-27 所示。參數 Input_dim 是輸入維度，輸入維度必須與特徵維度相同；參數 unit 是輸出維度；參數 activation 是啟動函數，這是每一層都需要設定的參數，中間層常用 ReLU 函數。輸出層，也是全連接層，指定的輸出維度為 1，因為對於二分類問題，輸出維度必須是 1；而對於多分類問題，有多少類別，維度就是多少。對於二分類問題的輸出層，啟動函數固定選擇 sigmoid 函數。如果是神經網路多分類輸出，啟動函數是 softmax 函數，它是 sigmoid 的擴充版。

```
import keras # 导入Keras库
from keras.models import Sequential # 导入Keras序贯模型
from keras.layers import Dense # 导入Keras密集连接层
ann = Sequential() # 创建一个序贯ANN(Artifical Neural Network)模型
ann.add(Dense(units=12, input_dim=12, activation = 'relu')) # 添加输入层
ann.add(Dense(units=24, activation = 'relu')) # 添加隐层
ann.add(Dense(units=1, activation = 'sigmoid')) # 添加输出层
ann.summary() # 显示网络模型(这个语句不是必须的)

Using TensorFlow backend.


Layer (type)                    Output Shape              Param #

dense_1 (Dense)                 (None, 12)                156

dense_2 (Dense)                 (None, 24)                312

dense_3 (Dense)                 (None, 1)                 25

Total params: 493
Trainable params: 493
Non-trainable params: 0
```

圖 6-27

6.5.4 編譯模型並進行訓練

如圖 6-28 所示，用 Sequential 模型的 compile 方法對整個網路進行編譯時，設定 loss 為 binary_crossentropy，optimizer 為 adam，metrics 為 accuracy。

```
# 编译神经网络, 指定优化器, 损失函数, 以及评估标准
ann.compile(optimizer = 'adam',              #优化器
            loss = 'binary_crossentropy',    #损失函数
            metrics = ['acc'])               #评估指标
```

圖 6-28

訓練神經網路也是透過 fit 方法實現，這裡透過 history 變數把訓練過程中的資訊保存下來留待以後分析，如圖 6-29 所示。這裡的主要參數包括 epoch、batch_size 和 validation_data（用於指定驗證集）。

```
history = ann.fit(X_train, y_train,  # 指定训练集
                  epochs=30,          # 指定训练的轮次
                  batch_size=64,      # 指定数据批量
                  validation_data=(X_test, y_test)) #指定验证集,这里为了简化模型,直接用测试集数据进行验证
```

圖 6-29

部分輸出結果如圖 6-30 所示，從圖中可以看到預測準確率達到 86%。

```
Epoch 27/30
8000/8000 [==============================] - 0s 24us/step - loss: 0.3259 - acc: 0.8664 - val_loss: 0.3466 - val_acc: 0.8605
Epoch 28/30
8000/8000 [==============================] - 0s 23us/step - loss: 0.3259 - acc: 0.8648 - val_loss: 0.3474 - val_acc: 0.8575
Epoch 29/30
8000/8000 [==============================] - 0s 23us/step - loss: 0.3253 - acc: 0.8653 - val_loss: 0.3469 - val_acc: 0.8565
Epoch 30/30
8000/8000 [==============================] - 0s 27us/step - loss: 0.3250 - acc: 0.8666 - val_loss: 0.3465 - val_acc: 0.8600
```

圖 6-30

6.5.5 模型評估

之前的訓練步驟會將每一個訓練週期的準確率與誤差記錄在 history 變數中，定義函數 show_history 讀取 history 以圖表顯示訓練過程，程式如圖 6-31 所示。

```
def show_history(history):  # 显示训练过程中的学习曲线
    loss = history.history['loss']
    val_loss = history.history['val_loss']
    epochs = range(1, len(loss) + 1)
    plt.figure(figsize=(12,4))
    plt.subplot(1, 2, 1)
    plt.plot(epochs, loss, 'bo', label='Training loss')
    plt.plot(epochs, val_loss, 'b', label='Validation loss')
    plt.title('Training and validation loss')
    plt.xlabel('Epochs')
    plt.ylabel('Loss')
    plt.legend()
    acc = history.history['acc']
    val_acc = history.history['val_acc']
    plt.subplot(1, 2, 2)
    plt.plot(epochs, acc, 'bo', label='Training acc')
    plt.plot(epochs, val_acc, 'b', label='Validation acc')
    plt.title('Training and validation accuracy')
    plt.xlabel('Epochs')
    plt.ylabel('Accuracy')
    plt.legend()
    plt.show()
show_history(history)  # 调用这个函数,并将神经网络训练历史数据作为参数输入
```

圖 6-31

查看損失曲線和準確率曲線，曲線比較平滑，如圖 6-32 所示。

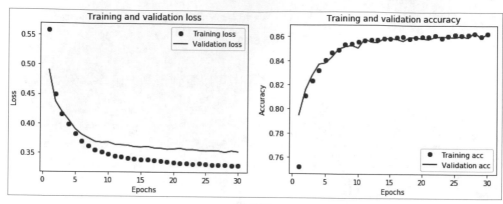

圖 6-32

用神經網路模型的 predict 方法預測測試集的分類標籤，然後把真實值和預測值做比較，利用 sklearn 中的分類報告功能（Classification Report）來計算 precision（精準率）、recall（召回率）和 F1-score（精準率和召回率的調和平均值），如圖 6-33 所示。

```
y_pred = ann.predict(X_test,batch_size=10) # 预测测试集的标签
y_pred = np.round(y_pred) # 四舍五入，将分类概率值转换成0/1整数值
from sklearn.metrics import classification_report # 导入分类报告
def show_report(X_test, y_test, y_pred): # 定义一个函数显示分类报告
    if y_test.shape != (2000,1):
        y_test = y_test.values # 把Panda series转换成Numpy array
        y_test = y_test.reshape((len(y_test),1)) # 转换成与y_pred相同的形状
    print(classification_report(y_test,y_pred,labels=[0, 1])) #调用分类报告
```

```
show_report(X_test, y_test, y_pred)
```

	precision	recall	f1-score	support
0	0.88	0.96	0.92	1583
1	0.75	0.49	0.59	417
avg / total	0.85	0.86	0.85	2000

圖 6-33

我們關注陽性正樣本類別（標籤為 1），所對應的 F1-score 分數達到 0.59。

■ 6.5.6 模型最佳化——使用深度神經網路輔以 Dropout 正規化 ▌

上文建構的單隱層神經網路模型還有提高的空間，比如從單隱層神經網路提高到深度神經網路。另外，在加深神經網路的同時輔以 Dropout 正規化策略，這會比用單隱層神經網路更好。

建構多層深度神經網路，並增加 Dropout 層（實現網路正規化，避免過擬合，隨機刪除一部分神經元），程式如圖 6-34 所示。

```python
import keras # 导入Keras库
from keras.models import Sequential # 导入Keras序贯模型
from keras.layers import Dense # 导入Keras密集连接层
from keras.layers import Dropout # 导入Dropout
ann = Sequential() # 创建一个序贯ANN模型
ann.add(Dense(units=12, input_dim=12, activation = 'relu')) # 添加输入层
ann.add(Dense(units=24, activation = 'relu')) # 添加隐层
ann.add(Dropout(0.5)) # 添加Dropout
ann.add(Dense(units=48, activation = 'relu')) # 添加隐层
ann.add(Dropout(0.5)) # 添加Dropout
ann.add(Dense(units=96, activation = 'relu')) # 添加隐层
ann.add(Dropout(0.5)) # 添加Dropout
ann.add(Dense(units=192, activation = 'relu')) # 添加隐层
ann.add(Dropout(0.5)) # 添加Dropout
ann.add(Dense(units=1, activation = 'sigmoid')) # 添加输出层
print(ann.summary())
```

圖 6-34

建構多層深度神經網路，輸出模型如圖 6-35 所示。

```
Layer (type)                  Output Shape              Param #

dense_10 (Dense)              (None, 12)                156

dense_11 (Dense)              (None, 24)                312

dropout_5 (Dropout)          (None, 24)                0

dense_12 (Dense)             (None, 48)                 1200

dropout_6 (Dropout)          (None, 48)                 0

dense_13 (Dense)             (None, 96)                 4704

dropout_7 (Dropout)          (None, 96)                 0

dense_14 (Dense)             (None, 192)                18624

dropout_8 (Dropout)          (None, 192)                0

dense_15 (Dense)             (None, 1)                  193

Total params: 25,189
Trainable params: 25,189
Non-trainable params: 0

None
```

圖 6-35

模型編譯訓練，程式如圖 6-36 所示，這裡使用 adam 最佳化器演算法。

```
ann.compile(optimizer = 'adam',  # 优化器
            loss = 'binary_crossentropy',  #損失函数
            metrics = ['acc'])  # 评估指标
history = ann.fit(X_train, y_train, epochs=30, batch_size=64, validation_data=(X_test, y_test))
```

圖 6-36

增加 Dropout 層，過擬合現象被抑制，針對客戶流失樣本的 F1-score 達到 0.61，如圖 6-37 所示。

```
y_pred = ann.predict(X_test,batch_size=10) # 預測測試集的标签
y_pred = np.round(y_pred) # 四舍五入, 将分类概率值转换成0/1整数值
from sklearn.metrics import classification_report # 导入分类报告
def show_report(X_test, y_test, y_pred): # 定义一个函数显示分类报告
    if y_test.shape != (2000,1):
        y_test = y_test.values # 把Panda series转换成Numpy array
        y_test = y_test.reshape((len(y_test),1)) # 转换成与y_pred相同的形状
    print(classification_report(y_test,y_pred,labels=[0, 1])) #调用分类报告
show_report(X_test, y_test, y_pred)
```

	precision	recall	f1-score	support
0	0.89	0.94	0.91	1583
1	0.69	0.54	0.61	417
avg / total	0.84	0.85	0.85	2000

圖 6-37

這印證了在加深神經網路的同時輔以 Dropout 正規化的策略，比只用單隱層神經網路的結果更好。

第 7 章

資料前置處理和模型評估指標

　　資料前置處理是進行資料分析的第一步，獲取乾淨的資料是得到良好分析效果的前提。如果我們想要自己的模型獲得更好的預測，就必須對資料做前置處理。模型評估是指對訓練好的模型性能進行評估，用於評價模型的好壞。當然使用不同的性能指標對模型進行評估時往往會有不同的結果，也就是說模型的好壞是相對的，不僅取決於演算法和資料，還取決於任務需求。因此，選取一個合適的模型評價指標是非常有必要的。

7.1 資料前置處理的重要性和原則

　　不專業的人工智慧開發者，往往在獲得資料後就直接想使用一個演算法模型，當他迫不及待地把資料登錄模型，信心滿滿地執行模型後，結果看到一行一行的紅色字型，表示這些資料無效，這時候心態就崩了。資料科學家把他們的 50%～80% 的時間花費在收集和準備不規則資料的平凡任務中，然後才能把剩餘的時間用來探索資料的有用價值。

　　在真實資料中，我們拿到的資料可能包含大量的遺漏值，可能包含大量的噪音，也可能因為人工輸入錯誤導致有異數存在，這些都對我們挖掘有效資訊造成了一定的困擾，所以我們需要透過一些方法來儘量提高資料的品質。較好的資料經過不同的模型訓練後，其預測結果差距不是太大。在人工智慧學習中，資料的品質關乎著學習任務的成敗，直接影響著預測的結果。

　　對於資料的前置處理，常用的處理原則和方法如下：

（1）針對資料缺失的問題，我們雖然可以將存在缺失的行直接刪除，但這不是一個好辦法，很容易引發問題，因此需要一個更好的解決方案。最常用的方法是，用其所在列的平均值來填充缺失。

（2）不屬於同一量綱即資料的規格不一樣的資料，不能夠放在一起比較。

（3）對於某些定量資料，其包含的有效資訊為區間劃分，例如學業成績，假如只關心「及格」或「不及格」，那麼需要將定量的考分轉換成「1」和「0」來表示及格和不及格。二值化可以解決這一問題。

（4）大部分人工智慧學習演算法要求輸入的資料必須是數字，不能是字串，因為大部分演算法無法直接處理描述變數，因此需要將描述變數轉化為數字型變數。

（5）某些演算法對資料歸一化敏感，標準化可大大提高模型的精度。標準化即將樣本縮放到指定的範圍，標準化可消除樣本間不同量級帶來的影響（大數量級的特徵佔據主導地位；量級的差異將導致迭代收斂速度減慢；所有依賴於樣本距離的演算法對資料的量級都非常敏感）。

（6）在資料集中，樣本往往會有很多特徵，並不是所有特徵都有用，只有一些關鍵的特徵對預測結果起決定性作用。

7.2 資料前置處理方法介紹

當我們對一批原始的資料進行前置處理時，具體步驟如下：

步驟 ① 首先要明確有多少特徵，哪些是連續的，哪些是類別的。

步驟 ② 檢查有沒有遺漏值，對缺失的特徵選擇恰當方式進行填補，使資料完整。

步驟 ③ 對連續的數值型特徵進行標準化，使得平均值為 0，方差為 1。

步驟 ④ 對類別型的特徵進行獨熱編碼。

步驟 ⑤ 將需要轉換成類別型態資料的連續型態資料進行二值化。

步驟 ⑥ 為防止過擬合或其他原因，選擇是否要將資料進行正規化。

　　資料前置處理的工具有許多，比較常用的主要有兩種：Pandas 函數庫的資料前置處理和 sklearn 函數庫中的 sklearn.preprocessing 資料前置處理。本章主要介紹使用 sklearn.preprocessing 套件進行資料前置處理。

7.2.1 資料前置處理案例——標準化、歸一化、二值化

　　在人工智慧學習演算法實踐中，我們往往有著將不同規格的資料轉換到同一規格，或不同分佈的資料轉換到某個特定分佈的需求，這種需求統稱為將資料「無量綱化」。無量綱化的目的是為了消除各評價指標間量綱和數量級的差異，以保證結果的可靠性，這就需要對各指標的原始資料進行特徵縮放（特徵縮放即資料標準化、資料歸一化的籠統説法）。

　　如圖 7-1 所示，對於房屋面積 x_1，其數值明顯很大，若 x_1 不做處理，那麼當 x_1=2104 和 x_2=3 時，x_2 就沒意義了（x_2 的值太小），因此要做特徵縮放。

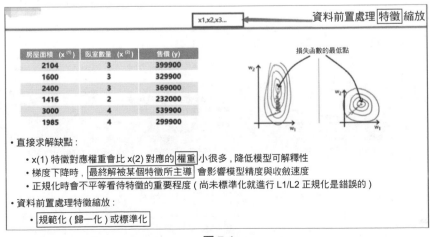

圖 7-1

標準化是將資料按照比例縮放，使之放到一個特定區間中，標準化後的資料的平均值為 0，標準差為 1。這裡解釋一下平均值和標準差的概念。平均值的概念很簡單：所有資料之和除以資料點的個數，以此表示資料集的平均大小；其數學定義如圖 7-2 所示。

說到標準差這個概念，我們先要了解一下方差的概念，方差的目的是為了表示資料集中資料點的離散程度，其數學定義如圖 7-3 所示。

標準差與方差一樣，表示的也是資料點的離散程度，其在數學上定義為方差的平方根，如圖 7-4 所示。

$$\overline{x} = \frac{x_1 + x_2 + \cdots + x_n}{n} \qquad s_N^2 = \frac{1}{N}\sum_{i=1}^{N}(x_i - \overline{x})^2 \qquad s_N = \sqrt{\frac{1}{N}\sum_{i=1}^{N}(x_i - \overline{x})^2}$$

圖 7-2 　　　　　　　　　圖 7-3 　　　　　　　　　圖 7-4

我們想要的是標準差，方差只是中間計算過程，方差單位和資料單位不一致，沒法使用。標準差和衡量的資料單位一致，使用起來會很方便。

標準化的資料可正可負，只不過歸一化將資料映射到了 [0,1] 這個區間中，如圖 7-5 所示。

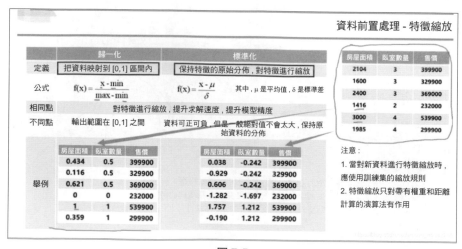

圖 7-5

把資料縮放到給定的範圍內，通常在 0 和 1 之間，或使用每個特徵的最大絕對值按比例縮放到單位大小。標準化後的資料是類似標準正態分佈！標準化比歸一化更加常用，因為歸一化後資料會為 0。

在大多數演算法中，會選擇 sklearn.preprocessing.StandardScaler 函數來進行特徵縮放，因為 MinMaxScaler 函數對異常值非常敏感。在聚類、邏輯回歸、神經網路這些演算法中，StandardScaler 往往是最好的選擇。MinMaxScaler 在不涉及距離度量、梯度、協方差計算以及資料需要被壓縮到特定區間時使用廣泛，比如數位影像處理中量化像素強度時，都會使用 MinMaxScaler 將資料壓縮在 [0,1] 區間中。

範例程式如下：

```
#######################################
import numpy as np
data = np.array([[3,-1.7,3.5,-6],
                 [0,4,-0.3,2.5],
                 [1,3.5,-1.8,-4.5]])
print(' 原始資料: ')
print(data)
from sklearn.preprocessing import StandardScaler
data_standardscaler=StandardScaler().fit_transform(data)
print(' 原始資料使用 StandardScaler 進行資料標準化處理後 :')
print(data_standardscaler)
from sklearn.preprocessing import MinMaxScaler
data_minmaxscaler=MinMaxScaler(feature_range=(0,1)).fit_transform(data)
print(' 原始資料使用 MinMaxScaler 進行歸一化處理（範圍縮放到 [0-1]）後 :')
print(data_minmaxscaler)
from sklearn.preprocessing import Binarizer
data_binarizer=Binarizer().fit_transform(data)
print(' 原始資料使用 binarizer 進行二值化處理後 :')
print(data_binarizer)
#############################################################
```

執行程式，結果如圖 7-6 所示。

```
原始数据:
[[ 3.   -1.7   3.5  -6. ]
 [ 0.    4.   -0.3   2.5]
 [ 1.    3.5  -1.8  -4.5]]
原始数据使用StandardScaler进行数据标准化处理后:
[[ 1.33630621 -1.4097709   1.35987612 -0.89984254]
 [-1.06904497  0.80188804 -0.34370495  1.39475594]
 [-0.26726124  0.60788287 -1.01617117 -0.4949134 ]
原始数据使用MinMaxScaler进行归一化处理(范围缩放到[0-1]后:
[[1.         0.          1.          0.        ]
 [0.         1.          0.28301887  1.        ]
 [0.33333333 0.9122807  0.          0.17647059]]
原始数据使用binarizer进行二值化处理后:
[[1. 0. 1. 0.]
 [0. 1. 0. 1.]
 [1. 1. 0. 0.]]
```

圖 7-6

StandardScaler 標準化的原理是將特徵資料的分佈調整成標準正態分佈（也叫高斯分佈），也就是使得資料的平均值為 0，方差為 1，這樣就可以確保資料的「大小」都是一致的，更有利於模型的訓練。而 MinMaxScaler 把所有的資料縮放到 0 和 1 之間。除了對資料進行縮放之外，我們還可以使用 Binarizer 對資料進行二值化處理，將不同的資料全部處理為 0 或 1 這兩個數值。歸一化其實就是標準化的一種方式，只不過歸一化是將資料映射到了 [0,1] 這個區間中。

■ 7.2.2　資料前置處理案例——遺漏值補全、標籤化 ▮

很多情況下，真實的資料集中會存在遺漏值，此時需要對遺漏值進行處理。一種方法是將存在遺漏值的整筆記錄直接刪除，但是這樣做可能會遺失一部分有價值的資訊。另一種也是更好的一種方法是推定缺失資料，例如根據已知資料推算缺失的資料。SKImputer 類別能夠提供一些處理遺漏值的基本方法，例如使用遺漏值所處的一行或一列的平均值、中位數或出現頻率最高的值作為缺失資料的設定值。

Label Encoder 就是把標籤進行編碼。比如標籤是一串地名，無法直接輸入到 sklearn 的分類模型裡作為訓練標籤，所以需要先把地名轉換成數字。LabelEncoder 方法就是幫我們處理這個問題的。

範例程式如下：

```
##################################
import numpy as np
from sklearn.preprocessing import Imputer
print("########### 遺漏值補全 ##############")
imp = Imputer(missing_values='NaN', strategy='mean', axis=0)
# 訓練模型，擬合出作為替換值的平均值
imp.fit([[1, 2], [np.nan, 3], [7, 6]])
x = [[np.nan, 2], [6, np.nan], [7, 6]]
print(x)
# 處理需要補全的資料
print(imp.transform(x))
print("##LabelEncoder_ 標準化標籤，將標籤值統一轉換成 range( 標籤值個數 -1) 範圍內 #")
from sklearn import preprocessing
data=["Japan", "china", "Japan", "Korea","china"]
print(data)
le = preprocessing.LabelEncoder()
le.fit(data)
print(' 標籤個數 :%s' % le.classes_)
print(' 標籤值標準化 :%s' % le.transform(data))
data2=["Japan", "china", "china", "Korea", "Korea"]
print(data2)
print(' 標籤值標準化 :%s' % le.transform(data2))
###########################################
```

執行程式，結果如圖 7-7 所示。

```
###########缺失值补全##############
[[nan, 2], [6, nan], [7, 6]]
[[4.          2.          ]
 [6.          3.66666667]
 [7.          6.          ]]
###LabelEncoder_标准化标签，将标签值统一转换成range(标签值个数-1)范围内#
['Japan', 'china', 'Japan', 'Korea', 'china']
标签个数:['Japan' 'Korea' 'china']
标签值标准化:[0 2 0 1 2]
['Japan', 'china', 'china', 'Korea', 'Korea']
标签值标准化:[0 2 2 1 1]
```

圖 7-7

上述程式中使用了 sklearn.preprocessing 函數庫中的 Imputer 類別，Imputer 中的參數解釋如下：

- missing_values：遺漏值，可以為整數或 NaN，預設為 NaN。
- strategy：替換策略，預設用平均值「mean」替換，還可以選擇中位數「median」或眾數
- 「most_frequent」。
- axis：指定軸數，預設 axis=0 代表列，axis=1 代表行。

7.2.3 資料前置處理案例——獨熱編碼

在人工智慧學習演算法中，經常會遇到分類特徵，舉例來説，人的性別有男女，國家有中國、美國、法國等。這些特徵值並不是連續的，而是離散的，無序的，通常需要對其進行特徵數位化處理。其中一種可能的解決方法是採用獨熱編碼。獨熱編碼即 one-hot 編碼，又稱一位有效編碼，其方法是使用 N 位狀態暫存器來對 N 個狀態進行編碼，每個狀態都有它獨立的暫存器位，並且在任意時候，其中只有一位有效。可以這樣理解，對於每一個特徵，如果它有 m 個可能值，那麼經過獨熱編碼後，就變成了 m 個二元特徵（如成績這個特徵有好、中、差，變成獨熱編碼就是 100、010、001）。並且，這些特徵互斥，每次只有一個被啟動，因此，資料會變稀疏。

範例如下：

```
性別特徵：[" 男 "，" 女 "]
國家特徵：[" 中國 "，" 美國 "，" 法國 "]
體育運動特徵：[" 足球 "，" 籃球 "，" 羽毛球 "，" 乒乓球 "]
```

假如某個樣本（某個人），她的特徵是 [" 女 "," 中國 "," 羽毛球 "]，如何對這個樣本進行特徵數位化呢？即轉化為數字表示後，樣本要能直接用在分類器中，而分類器往往預設資料資料是連續的，並且是有序的。

用獨熱編碼解決上述問題，做法如下：

　　按照 N 位狀態暫存器來對 N 個狀態進行編碼的原理進行處理後轉為，性別特徵：[" 男 "," 女 "]（這裡只有兩個特徵，所以 N=2）：

```
男　=>　10
女　=>　01
```

　　國家特徵：[" 中國 "," 美國 "," 法國 "]（N=3）轉為：

```
中國　=>　100
美國　=>　010
法國　=>　001
```

　　運動特徵：[" 足球 "," 籃球 "," 羽毛球 "," 乒乓球 "]（N=4）轉為：

```
足球　=>　1000
籃球　=>　0100
羽毛球　=>　0010
乒乓球　=>　0001
```

　　所以，當一個樣本為 [" 女 "," 中國 "," 羽毛球 "] 的時候，其完整的特徵數位化的結果為：

```
[0, 1, 1, 0, 0, 0, 0, 1, 0]
程式碼如下：
###################################
from sklearn import preprocessing
enc = preprocessing.OneHotEncoder()
data=[[0, 0, 3], [1, 1, 0], [0, 2, 1], [1, 0, 2]]
print(' 資料矩陣是 4*3，即 4 個資料，3 個特徵維度 :')
print(data)
enc.fit(data)      # 使用 fit 來學習編碼
x=[[0, 1, 3]]
print(' 再來看要進行編碼的參數 :')
print(x)
print('onehot 編碼的結果 :')
print(enc.transform(x).toarray())
####################################
```

執行程式，結果如圖 7-8 所示。資料矩陣是 4×3，即 4 個資料，3 個特徵維度。觀察資料矩陣，第一列為第一個特徵維度，有兩種設定值 0\1，所以對應的編碼方式為 10、01。同理，第二列為第二個特徵維度，有三種設定值 0\1\2，所以對應編碼方式為 100、010、001。同理，第三列為第三個特徵維度，有四種設定值 0\1\2\3，所以對應編碼方式為 1000、0100、0010、0001。再來看要進行編碼的參數 [0, 1, 3]，0 作為第一個特徵編碼為 10，1 作為第二個特徵編碼為 010，3 作為第三個特徵編碼為 0001，故此編碼結果為 [1 0 0 1 0 0 0 0 1]。

```
數據矩陣是4*3，即4個數據，3個特征維度：
[[0, 0, 3], [1, 1, 0], [0, 2, 1], [1, 0, 2]]
再來看要進行編碼的參數：
[[0, 1, 3]]
onehot編碼的結果：
[[1. 0. 0. 1. 0. 0. 0. 0. 1.]]
```

圖 7-8

獨熱編碼解決了分類器不好處理屬性資料的問題，在一定程度上也有著擴充特徵的作用。它的值只有 0 和 1，不同的類型儲存在垂直的空間。其缺點是當類別的數量很多時，特徵空間會變得非常大。

獨熱編碼用來解決類別型態資料的離散值問題。將離散型特徵進行獨熱編碼是為了讓距離計算更合理。但如果特徵是離散的，並且不用獨熱編碼就可以很合理地計算出距離，那麼就沒必要進行獨熱編碼。舉例來說，有些基於樹的演算法在處理變數時並不是基於向量空間度量，數值只是個類別符號，即沒有偏序關係，所以不用進行獨熱編碼。

■ 7.2.4 透過資料前置處理提高模型準確率 ▎

資料前置處理的意義究竟有多大？我們使用紅酒的資料集來測試一下，這裡使用多層神經網路模型（使用基於 Python 的 sklearn 機器學習演算法函數庫來建構多層神經網路模型），透過範例給讀者一個資料前置處理對模型的準確率的影響究竟有多大的理性認識。

程式碼和詳細註釋如下：

```
##################################################
# 匯入紅酒資料集
from sklearn.datasets import load_wine
# 匯入 MLP 多層神經網路
from sklearn.neural_network import MLPClassifier
# 匯入資料集拆分工具
from sklearn.model_selection import train_test_split
# 紅酒資料集
wine = load_wine()
# 把資料集拆分為訓練集和資料集
X_train, X_test, y_train, y_test = train_test_split(wine.data,
                                                    wine.target,
                                                    random_state=62)
print(X_train.shape, X_test.shape)
# 設定神經網路的參數
# MLP 的隱藏層為 2 個，每層有 100 個節點，最大迭代數為 400
# 指定 random_state 的數值為 62，為了重複使用模型，其訓練的結果都是一致的
mlp = MLPClassifier(hidden_layer_sizes=[100,100],max_iter=400,
                    random_state=62)
# 擬合資料訓練模型
mlp.fit(X_train, y_train)
# 輸出模型得分
print('資料沒有經過前置處理模型得分 :{:.2f}'.format(mlp.score(X_test, y_test)))
from sklearn.preprocessing import MinMaxScaler
scaler = MinMaxScaler()
scaler.fit(X_train)
X_train_pp = scaler.transform(X_train)
X_test_pp = scaler.transform(X_test)
mlp.fit(X_train_pp, y_train)
print('資料前置處理後的模型得分 :{:.2f}'.format(mlp.score(X_test_pp,y_test)))
MinMaxScaler(feature_range=(0, 1), copy=True)
MaxAbsScaler(copy=True)
##################################################
```

　　執行程式，結果如圖 7-9 所示，訓練集樣本數目為 133，而測試集中樣本數量為 45。我們用訓練資料集來訓練一個 MLP 多層神經網路（後面章

節會詳細介紹神經網路），在沒有經過前置處理的情況下，模型的得分只有 0.24。當對資料集進行前置處理後，模型的得分大幅提高，直接提升到了 1.00。

```
(133, 13) (45, 13)
数据没有经过预处理模型得分:0.24
数据预处理后的模型得分:1.00
```

圖 7-9

7.3 常用的模型評估指標

「沒有測量，就沒有科學。」這是科學家門捷列夫的名言。在電腦科學中，特別是在機器學習領域，對模型的測量和評估同樣非常重要。只有選擇與問題相匹配的評估方法，才能夠快速發現在模型選擇和訓練過程中可能出現的問題，迭代地對模型進行最佳化。本節將複習機器學習、深度學習中最常見的模型評估指標，其中包括：

- Confusion Matrix（混淆矩陣）。
- Precision。
- Recall。
- F1-score。
- PRC（Precision Recall Curve，精準率召回率曲線）。
- ROC（Receiver Operating Characteristic，受試者工作特徵）和 AUC（Area Under Curve，曲線下方面積）。
- IoU（Intersection over Union，交並比）。

1. 混淆矩陣

看一看下面這個例子：假設水果批發商拉來一車蘋果，我們用訓練好的模型對這些蘋果進行判別，顯然可以使用錯誤率來衡量有多少比例的蘋果被判別錯誤。但如果我們關心的是「挑出的蘋果中有多少比例是優質的蘋果」，或「所有優質的蘋果中有多少比例被挑出來了」，那麼錯誤率顯然就不夠用了，這時我們需要引入新的評估指標，比如「精準率」「召回率」等更適合此類需求的性能度量。

在引入召回率和精準率之前，必須先理解什麼是混淆矩陣，初學者很容易被這個矩陣搞得暈頭轉向。如圖 7-10 所示，圖（a）Conufusion Matrix 就是有名的混淆矩陣，而圖（b）Definitions of metrics 則是由混淆矩陣推出的一些有名的評估指標。

	actual positive	actual negative
predicted positive	TP	FP
predicted negative	FN	TN

(a) Confusion Matrix

$$Recall = \frac{TP}{TP+FN}$$

$$Precision = \frac{TP}{TP+FP}$$

$$True\ Positive\ Rate = \frac{TP}{TP+FN}$$

$$False\ Positive\ Rate = \frac{FP}{FP+TN}$$

(b) Definitions of metrics

圖 7-10

首先解讀一下混淆矩陣裡的一些名詞及其含義。根據混淆矩陣我們可以得到 TP、FN、FP、TN 四個值，顯然 TP+FP+TN+FN= 樣本總數。這四個值中都帶兩個字母，單純記憶這四種情況是很難記得牢的，我們可以這樣理解：第一個字母表示本次預測的正確性，T 就是正確，F 就是錯誤；第二個字母則表示由分類器預測的類別，P 代表預測為正例，N 代表預測為反例。比如，TP 可以視為分類器預測為正例（P），而且這次預測是對的（T）；FN 可以視為分類器的預測是反例（N），而且這次預測是錯誤的（F），正確結果是正例，即一個正樣本被錯誤預測為負樣本。我們使用以上的理解方式來記住 TP、FP、TN、FN 的意思，應該就不再困難了。對混淆矩陣的四個值複習如下：

- True Positive（TP，真正）：被模型預測為正的正樣本。
- True Negative（TN，真負）：被模型預測為負的負樣本。
- False Positive（FP，假正）：被模型預測為正的負樣本。
- False Negative（FN，假負）：被模型預測為負的正樣本。

2. Precision、Recall、PRC、F1-score

Precision 即為精準率（或查準率），Recall 即為召回率（或查全率）。精準率 P 和召回率 R 的定義如圖 7-11 所示。

具體含義如下：

- 精準率：是指在所有系統判定的「真」的樣本中，確實是真的佔比。
- 召回率：是指在所有確實為真的樣本中，被判定為「真」的佔比。

而 Accuracy（準確率）的公式如圖 7-12 所示。

$$P = \frac{TP}{TP + FP}$$

$$R = \frac{TP}{TP + FN}$$

圖 7-11

$$accuracy = \frac{TP + TN}{TP + FP + FN + TN}$$

圖 7-12

精準率和準確率是不一樣的。準確率針對所有樣本；精準率針對部分樣本，即正確的預測 / 總的正反例。

精準率和召回率是一對矛盾的度量。一般而言，精準率高時，召回率往往偏低；而召回率高時，精準率往往偏低。從直觀理解確實如此：我們如果希望優質的蘋果盡可能多地被選出來，則可以透過增加選蘋果的數量來實現；如果將所有蘋果都選上了，那麼所有優質蘋果也必然被選上，但是這樣精準率就會降低；若希望選出的蘋果中優質的蘋果的比例盡可能高，則只選最有把握的蘋果，但這樣難免會漏掉不少優質的蘋果，導致召回率較低。通常只有在一些簡單任務中，才可能使召回率和精準率都很高。

再來看 PRC，它是以精準率為 Y 軸、召回率為 X 軸作的曲線圖，是綜合評價整體結果的評估指標。哪種類型（正或負）樣本多，權重就大，也就是通常説的「對樣本不均衡敏感」「容易被多的樣品帶走」。

如圖 7-13 所示就是一幅 PrecisionRecall 表示圖（簡稱 P-R 圖），它能直觀地顯示出學習器在樣本整體上的召回率和精準率，顯然它是一條整體趨勢遞減的曲線。在進行比較時，若一個學習器的 PR 曲線被另一個學習器的 PR 曲線完全包住，則可斷言後者的性能優於前者，比如圖 7-13 中曲線 A 優於 C。但是 B 和 A 誰更好呢？因為 A、B 兩條曲線交叉了，所以很難比較，這時比較合理的判據就是比較 PR 曲線下的面積，該指標在一定程度上表徵了學習器在精準率和召回率上取得相對「雙高」的比例。因為這個值不容易估算，所以人們引入「平衡點」（BEP）來度量，它表示「精準率＝召回率」時的設定值，值越大表明分類器性能越好，以此來比較我們一下子就能判斷出 A 較 B 好。

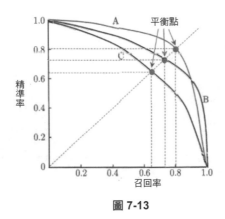

圖 7-13

以 BEP 來度量有點過於簡單了，更常用的是 F1-score 度量，其公式如圖 7-14 所示。F1-score 是一個綜合考慮 Precision 和 Recall 的指標，比 BEP 更為常用。

$$F1 = \frac{1}{\frac{1}{P} + \frac{1}{R}} = \frac{2 \times P \times R}{P + R}$$

圖 7-14

3. ROC 與 AUC

ROC 全稱是 Receiver Operating Characteristic（受試者工作特徵）曲線，ROC 曲線以真正例率（True Positive Rate，TPR）為 Y 軸，以假正例率（False Positive Rate，FPR）為 X 軸，對角線對應於隨機猜測模型，而 (0, 1) 則對應理想模型，ROC 形式如圖 7-15 所示。

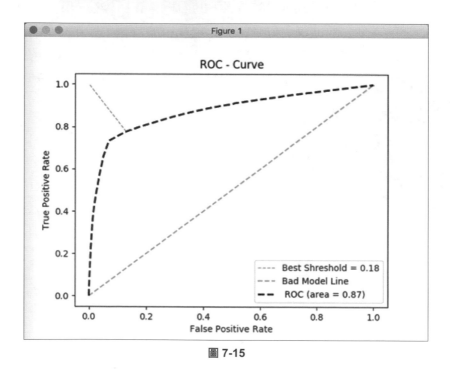

圖 7-15

TPR 和 FPR 的定義如圖 7-16 所示。

$$TPR = \frac{TP}{TP + FN}$$
$$FPR = \frac{FP}{TN + FP}$$

圖 7-16

從形式上看，TPR 就是之前提到的召回率 Recall，而 FPR 的含義就是所有確實為「假」的樣本中被誤判「真」的樣本的比例。

進行學習器比較時，ROC 與 P-R 圖相似，若一個學習器的 ROC 曲線被另一個學習器的 ROC 曲線包住，那麼我們可以斷言後者性能優於前者；若兩個學習器的 ROC 曲線發生交叉，則可以比較 ROC 曲線下的面積，即 AUC，面積大的曲線對應的分類器性能更好。

AUC 表示 ROC 曲線下方的面積，其值越接近 1 表示分類器越好，若分類器的性能極好，則 AUC 為 1。但現實生活中尤其是工業界不會有如此完美的模型，一般 AUC 的設定值範圍為 0.5 ~ 1。AUC 越高，模型的區分能力越好。

圖 7-17 展現了三種 AUC 的值。

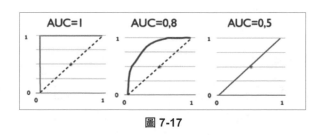

圖 7-17

- AUC = 1，是完美分類器，採用這個預測模型時，不管設定什麼設定值都能得出完美預測。絕大多數預測的場合，不存在完美分類器。
- 0.5 < AUC < 1，優於隨機猜測。這個分類器（模型）妥善設定設定值的話，具有預測價值。
- AUC = 0.5，跟隨機猜測一樣（例：丟銅板），模型沒有預測價值。
- AUC < 0.5，比隨機猜測還差，但只要總是反預測而行，就能優於隨機猜測，因此不存在 AUC < 0.5 的情況。

AUC 對每一個做機器學習的人來說一定不陌生，它是衡量二分類模型優劣的一種評價指標，表示正例排在負例前面的機率。之前我們說過評估指標有精確率、召回率，而 AUC 比這兩者更為常用。因為一般在分類模型中，預測結果都是以機率的形式表現，如果要計算準確率，通常都會手動設定一個設定值來將對應的機率轉化成類別，這個設定值在很大程度上影響了模型計算的準確率。

不妨舉一個極端的例子：一個二類分類問題一共 10 個樣本，其中 9 個樣本為正例，1 個樣本為負例，在全部判正的情況下精確率將高達 90%，而這並不是我們希望的結果，尤其是在這個負例樣本得分還是最高的情況下，模型的性能本應極差，從精確率上看卻截然相反。AUC 能很好描述模型整體性能的高低，這種情況下，模型的 AUC 值將等於 0（當然，透過反轉可以解決小於 50% 的情況，不過這就是另一回事了）。

怎麼選擇評估指標？

當然是具體問題具體分析，單純地回答誰好誰壞沒有意義，我們需要結合實際場景作出合適的選擇。

例如以下兩個場景：

（1）**地震的預測**。對於地震的預測，我們希望的是召回率非常高，也就是說每次地震我們都希望預測出來。這個時候可以犧牲精確率，情願發出 1000 次警示，把 10 次地震都預測正確了，也不要預測 100 次對了 8 次漏了 2 次。所以我們可以設定在合理的精確率下，最高的召回率作為最佳點，找到這個對應的設定值。

（2）**嫌犯定罪**。基於不錯怪一個好人的原則，對於嫌犯的定罪我們希望非常準確，沒有證據就不能給嫌犯定罪（召回率低）。

ROC 和 PRC 在模型性能評估上效果都差不多，但需要注意的是，在正負樣本分佈得極不均勻（Highly Skewed Datasets）的情況下，PRC 比 ROC 能更有效地反映分類器的好壞。在資料極度不平衡的情況下，譬如說 1 萬封郵件中只有 1 封垃圾郵件，那麼如果我們挑出 10 封、50 封、100 封……垃圾郵件（假設我們每次挑出的 N 封郵件中都包含真正的那封垃圾郵件），召回率都是 100%，FPR 分別是 9/9999、49/9999、99/9999（FPR 越低越好），而精確率卻只有 1/10、1/50、1/100（精確率越高越好）。所以在資料非常不均衡的情況下，根據 ROC 的 AUC 可能判定不出好壞，而 PRC 就要敏感得多。

4. IoU

IoU 是物件辨識任務中常用的評價指標。舉例如圖 7-18 所示，淺色框（偏上方）是真實感興趣區域，深色框（偏下方）是預測區域。有時候預測區域並不能準確預測物體位置，因為預測區域總是試圖覆蓋目標物體而非正好預測出物體位置，雖然二者的交集確實是最大的。這時如果我們能除以一個聯集的大小，就可以避開這種問題。這就是 IoU 要解決的問題了。

IoU 的具體意義如圖 7-19 所示，即預測框與標注框的交集與聯集之比，數值越大表示該檢測器的性能越好。

圖 7-18

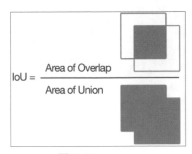

圖 7-19

使用 IoU 評價指標，我們需要控制聯集，不要讓聯集太大，這對準確預測是有益的，因為這樣做有效抑制了一味地追求交集最大的情況發生。如圖 7-20 所示的第 2 個和第 3 個小圖就是物件辨識效果比較好的情況。

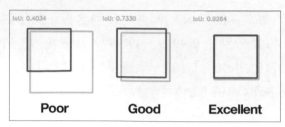

圖 7-20

　　複習來說，IoU 值可以視為系統預測出來的框與原來圖片中標記的框的重合程度。它的計算方法也很簡單，檢測結果（Detection Result）與標注資料（Ground Truth）的交集比上它們的聯集，即為檢測的準確率。

第 8 章

影像分類辨識

深度學習在電腦影像辨識領域上的應用非常成功。特別是卷積神經網路，它是專門為電腦視覺領域設計的架構，適合處理諸如影像分類、影像辨識之類的任務，在歷年 ImageNet 比賽中大多數獲勝團隊都使用這一架構。如今，最先進的卷積神經網路演算法在進行影像辨識時，其準確率甚至可以超過人類肉眼辨識的準確率。在機器視覺和其他很多問題上，卷積神經網路都獲得了當前最好的效果，因此其被廣泛運用於各個領域。

8.1 影像辨識的基礎知識

人類是怎麼辨識影像的？當我們看到一個東西，大腦會迅速判斷是不是見過這個東西或與之類似的東西。這個過程有點像搜索，我們把看到的東西和記憶中相同或相類的東西進行匹配，從而辨識它。機器的影像辨識過程也是這樣的，透過分類並提取重要特徵並且排除多餘的資訊來辨識影像，這就是影像辨識的原理。

8.1.1 電腦是如何表示影像

比如影像中有一隻貓，但是電腦可以真正看到貓嗎？答案是否定的，電腦看到的是數字矩陣。一般來說，我們可以將影像分類為灰階影像或彩色影像。先討論灰階影像，電腦將灰階影像看作 2D 矩陣。日常生活中我們說一幅畫的大小是 1800×700 或 1300×700，這個大小表示的是畫的寬度和高度。

換句話說，如果影像的大小為 1300×700，則表示水平方向為 1300 像素，垂直方向為 700 像素，總共有 910000（1300×700）像素，矩陣的維數將為（1300, 700）。矩陣中的每個元素表示該像素中的亮度強度，設定值範圍為 0～255，0 表示黑色，255 表示白色，數字越小，越接近黑色（數字大小決定黑色的強弱程度）。

舉例來說，一幅大小為 18×18 的影像，對於其上的每一個像素，都可以用一個數字來描述它的灰階（或亮度），通常灰階會用 0~255 中的數字來表示，這樣一幅影像就可以轉化為一個矩陣，如圖 8-1 所示。

```
[[  9   1  29  70 114  76   0   8   4   5   5   0 111 162   9   8  62  62]
 [  3   0  33  61 102 106  34   0   0   0   0  49 182 150   1  12  65  62]
 [  1   0  40  54 123  90  72  77  52  51  49 121 205  98   0  15  67  59]
 [  3   1  41  57  74  54  96 181 220 170  90 149 208  56   0  16  69  59]
 [  6   1  32  36  47  81  85  90 176 206 140 171 186  22   3  15  72  63]
 [  4   1  31  39  66  71  71  97 147 214 203 190 198  22   6  17  73  65]
 [  2   3  15  30  52  57  68 123 161 197 207 200 179   8   8  18  73  66]
 [  2   2  17  37  34  40  78 103 148 187 205 225 165   1   8  19  76  68]
 [  2   3  20  44  37  34  35  26  78 156 214 145 200  38   2  21  78  69]
 [  2   2  20  34  21  43  70  21  43 139 205  93 211  70   0  23  78  72]
 [  3   4  16  24  14  21 102 175 120 130 226 212 236  75   0  25  78  72]
 [  6   5  13  21  28  28  97 216 184  90 196 255 255  88   4  24  79  74]
 [  6   5  15  25  30  39  63 105 140  66 113 252 251  74   4  28  79  75]
 [  5   5  16  32  38  57  69  85  93 120 128 251 255 154  19  26  80  76]
 [  6   5  20  42  55  62  66  76  86 104 148 242 254 241  83  26  80  77]
 [  2   3  20  38  55  64  69  80  78 109 195 247 252 255 172  40  78  77]
 [ 10   8  23  34  44  64  88 104 119 173 234 247 253 254 227  66  74  74]
 [ 32   6  24  37  45  63  85 114 154 196 226 245 251 252 250 112  66  71]]
```

圖 8-1

在灰階影像中，每個像素僅表示一種顏色的強度，換句話說，它只有 1 個通道。而在彩色影像中，有 3 個通道，即 RGB（紅，綠，藍）通道。標準數位相機都有 3 通道（RGB），即彩色影像由紅色、綠色和藍色 3 個通道組成。那麼電腦如何看待彩色影像呢？同樣，它們看到的是矩陣。那麼我們要如何在矩陣中表示這個影像呢？彩色影像有 3 個通道，與只有 1 個通道的灰階影像不同，在這種情況下，我們利用 3D 矩陣來表示彩色影像。一個通道就是一個矩陣，我們將三個矩陣堆疊在一起，例如 700×700 大小的彩色影像的矩陣維數將為（700, 700, 3）。一般來說彩色影像中的每個像素具有與其相連結的 3 個數字（0 ~ 255），這些數字表示該特定像素中的紅色、綠色和藍色的強度。至於為什麼是紅、綠、藍這三色，因為它們是色光三原色，其他顏色都可以透過三原色按照不同的比例混合而產生。

影像的儲存方式涉及一個專業術語——張量。張量是一種更廣義的概念，如果我們希望排列方式不僅有行和列，還有更多的維度，就需要用到張量。一個向量其實就是一組數字，它實際上就是一階張量。矩陣也是一組數字，它由行和列組成，矩陣就是二階張量。一幅彩色影像通常由一個三階張量表示，即除了行和列的維度之外，另外一個維度就是通道。我們可以在深度為 3 的 3D 矩陣中表示彩色影像。

我們人看到的是影像，電腦看到的是一個數字矩陣，所謂「影像辨識」，就是從一大堆數字中找出規律。

8.1.2 卷積神經網路為什麼能稱霸電腦影像辨識領域

電腦辨識影像的過程與人的判斷過程非常類似，透過與已有標籤的影像做比較，來對新的影像作出判斷。與人的判斷過程不同的是，電腦科學家會設計演算法來捕捉與影像形狀、顏色相關的各種特徵，透過這些特徵來判斷影像的相似度。這個捕捉特徵來判斷相似程度的演算法的效果，能夠很大程度地決定影像辨識的效果。舉例來說，利用影像矩陣之間的歐式距離表達影像的相似度，對於複雜的影像，比如歪扭、不規整的影像，效果就會大打折扣。所以真正解決電腦影像辨識的技術還是卷積神經網路。

人的大腦在辨識圖片的過程中，並不是一下子整幅圖同時辨識，而是首先局部感知圖片中的每一個特徵，然後在更高層次對局部進行綜合處理，從而得到全域資訊。比如，人首先理解的是顏色和亮度，然後是邊緣、角點、直線等局部細節特徵，接下來是紋理、幾何形狀等更複雜的資訊和結構，最後形成整個物體的概念。卷積神經網路透過卷積和池化操作，自動學習影像在各個層次上的特徵，這符合我們理解的影像辨識。

視覺神經科學（Visual Neuroscience）對於視覺機制的研究驗證了這一結論，即動物大腦的視覺皮層具有分層結構。眼睛將看到的景象成像在視網膜上，視網膜把光學訊號轉換成電訊號，傳遞到大腦的視覺皮層（Visual Cortex），視覺皮層是大腦中負責處理視覺訊號的部分。1959 年，David 和 Wiesel 進行了一次實驗，他們在貓的大腦初級視覺皮層內插入電極，在貓的眼前展示各種形狀、空間位置、角度的光帶，然後測量貓大腦神經元放出的電訊號。實驗發現，不同的神經元對各種空間位置和方向偏好不同。這一研究成果讓他們獲得了諾貝爾獎。

視覺皮層的層次結構如圖 8-2 所示。從視網膜傳來的訊號首先到達初級視覺皮層（Primary Visual Cortex），即 V1 皮層。V1 皮層的神經元對一些細節、特定方向的影像訊號敏感。經 V1 皮層處理之後，將訊號傳遞到 V2 皮層。V2 皮層將邊緣和輪廓資訊表示成簡單形狀，然後由 V4 皮層中的神經元進行處理，該皮層的神經元對顏色資訊敏感。最終複雜物體在 IT 皮層（Inferior Temporal Cortex）被表示出來。

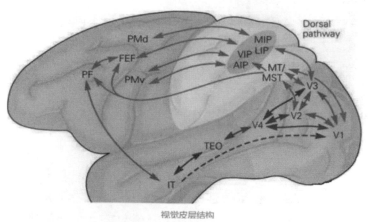

視覺皮層結構

圖 8-2

卷積神經網路的靈感來自視覺皮層，可以看成是對視覺機制的簡單模仿。每當我們看到某些東西時，一系列神經元被啟動，每一層都會檢測到一組特徵，如線條、邊緣，而高層次的層將檢測更複雜的特徵，以便辨識我們所看到的內容。

卷積神經網路的概念最早出自 19 世紀 60 年代科學家提出的感受野。當時，科學家透過對貓的視覺皮層細胞的研究發現，每一個視覺神經元只會處理一小塊區域的視覺影像，即感受野。到了 20 世紀 80 年代，日本科學家提出神經認知機的概念，可以算作是卷積網路最初的實現原型。神經認知機中包含兩類神經元，用來取出特徵的 S-cells 和用來抗形變的 C-cells，其中 S-cells 對應現在主流卷積神經網路中的卷積核心濾波操作，而 C-cells 則對應啟動函數、最大池化等操作。

卷積神經網路由多個卷積層組成，每個卷積層包含多個卷積核心，用這些卷積核心從左向右、從上往下依次掃描整個影像，得到稱為特徵圖的輸出資料。第一個卷積層會直接接收影像像素級的輸入，每一個卷積操作只處理一小塊影像，進行卷積變化後再傳到後面的網路，每一層卷積（也可以說是濾波器）都會提取資料中最有效的特徵。這種方法可以提取到影像中最基礎的特徵，比如不同方向的邊或拐角，而後再進行組合和抽象形成更高階的特徵。網路前面的卷積層捕捉影像局部、細節資訊，後面的卷積層的感受野逐層加大，用於捕捉影像更複雜、更抽象的資訊。經過多個卷積層的運算，最後得到影像在各個尺度的抽象表示。

在影像處理領域，卷積也是一種常用的運算，不僅可用於影像去噪、增強、邊緣檢測等問題，還可以提取影像的特徵。卷積運算用一個卷積核心矩陣從上往下、自左向右地在影像上滑動，將卷積核心矩陣的各個元素與它在影像上覆蓋的對應位置的元素相乘，然後求和，得到輸出像素值。

透過卷積核心作用於輸入影像的所有位置，我們可以得到影像的邊緣圖。邊緣圖在邊緣位置有更大的值，在非邊緣處的值接近於 0。如圖 8-3 所示為對影像卷積的結果，左邊為輸入影像，右邊為卷積後的結果。

圖 8-3

　　從圖 8-3 中可以看到，透過卷積操作將影像的邊緣資訊凸顯出來了。在影像處理中，這些卷積核心矩陣的數值是人工設計的。而在機器學習中，我們可以透過某種方法來自動生成這些卷積核心，從而描述各種不同類型的特徵。卷積神經網路就是透過這種自動學習的手段來得到各種有用的卷積核心。

　　2012 年，在有電腦視覺界「世界盃」之稱的 ImageNet 影像分類競賽中，Geoffrey E. Hinton 等人憑藉卷積神經網路 Alex-Net，力挫日本東京大學、英國牛津大學 VGG 組等勁旅，且以超過第二名近 12% 的準確率一舉奪得該競賽冠軍，霎時間在學界、業界引起極大的轟動，自此便揭開了卷積神經網路在電腦視覺領域逐漸稱霸的序幕，此後每年 ImageNet 競賽的冠軍非深度卷積神經網路莫屬。到了 2015 年，在改進了卷積神經網路中的啟動函數後，卷積神經網路在 ImageNet 資料集上的預測錯誤率（4.94%）第一次低於了人類預測錯誤率（5.1%）。近年來，隨著神經網路特別是卷積神經網路相關領域研究人員的增多、技術的日新月異，卷積神經網路也變得愈寬愈深愈加複雜。在各種深度神經網路結構中，卷積神經網路是應用最廣泛的一種。卷積神經網路在 1998 年就被成功應用於手寫字元影像辨識。到了 2012 年，更深層次的 AlexNet 網路取得成功之後，卷積神經網路更是蓬勃發展，被廣泛用於各個領域，在很多問題上都獲得了當前最好的性能。

8.2 實例一：手寫數字辨識

本節透過手寫數字辨識這一案例來介紹卷積神經網路。

8.2.1 MNIST 手寫數字辨識資料集介紹

MNIST 資料集來自美國國家標準與技術研究所（National Institute of Standards and Technology，NIST）。該資料集中包含的訓練集來自 250 個不同人手寫的數字，其中 50% 來自高中學生，50% 來自人口普查局（Census Bureau）的工作人員。資料集是大量手寫的從 0 到 9 的黑白數位影像，尺寸為 28×28（784）像素。

下面我們利用程式對 MNIST 資料集進行視覺化。

首先匯入一些必需的函數庫，如 NumPy 支援陣列與矩陣運算，Matplotlib 是一個 Python 的 2D 繪圖函數庫，其中的 pyplot 套件封裝了很多畫圖的函數，Keras 的 mnist 模組可以幫我們下載並讀取 MNIST 資料庫，程式如圖 8-4 所示。

```
import numpy as np
from matplotlib import pyplot as plt
from keras.datasets import mnist

Using TensorFlow backend.
```

圖 8-4

下載 MNIST 後獲取資料就很方便，只需保持網際網路暢通即可。使用 Keras 的 mnist 模組下載 MNIST 資料集，呼叫 mnist.load_data() 方法，就可在第一次呼叫時自動下載 MNIST 資料集至使用者的 ~/.keras/datasets 資料夾下，檔案名稱是 mnist.npz，如圖 8-5 所示。

```
(X_train, y_train), (X_test, y_test) = mnist.load_data()

Downloading data from https://s3.amazonaws.com/img-datasets/mnist.npz
11493376/11490434 [==============================] – 4s 0us/step
```

圖 8-5

　　下載的 MNIST 資料集已經被分為訓練資料與測試資料，分別包含了輸入 x（image 是單色的數位影像）和輸出 y（labels 是數位影像的真實值數字）。訓練資料和測試資料如圖 8-6 所示，訓練資料中包含 60000 個資料點，其中輸入 x 是 60000 幅用 28×28=784 像素組成的影像，由於是灰階圖，所以每個像素僅由一個數字表示；輸出 y 是 60000 個數字，代表了每一幅影像對應的數字。而測試資料則包含 1000 個資料點。

　　我們將訓練資料中的前 10 幅影像畫出來，程式如圖 8-7 所示。

```
print('X_train:', X_train.shape)
print('y_train:', y_train.shape)
print ('X_test:', X_test.shape)
print ('y_test:', y_test.shape)

X_train: (60000, 28, 28)
y_train: (60000,)
X_test: (10000, 28, 28)
y_test: (10000,)
```

圖 8-6

```
fig, axes = plt.subplots(10, 5, figsize=(8,8)) #新建一个包含50张子图的10行5列的画布
for i in range(10): #对于每一个数字
    indice = np.where(y_train==i)[0] # 找到标签为数字i的图像下标
    for j in range(5): #输出前5张图像
        axes[i][j].imshow(X_train[indice[j]], cmap='gray_r')
        #将x_train_image的第i张图画在第i个子图上，这里用反灰度图，数字越大颜色越黑
        axes[i][j].set_xticks([]) #移除图像的x轴刻度
        axes[i][j].set_yticks([]) #移除图像的y轴刻度
plt.tight_layout() # 采用更紧凑美观的布局方式
plt.show() #显示图像
```

圖 8-7

　　執行結果如圖 8-8 所示，可以看到 MNIST 資料集中包含了書寫筆劃各異的數字影像。

```
# 将数据reshape, CNN的输入是4维的张量（可看做多维的向量）
#第一维是样本规模，第二维和第三维是长度和宽度。第四维是像素通道
X_train = X_train.reshape(X_train.shape[0], 28, 28, 1).astype('float32')
X_test = X_test.reshape(X_test.shape[0], 28, 28, 1).astype('float32')
print('X_train:', X_train.shape)
print('X_test:', X_test.shape)

X_train: (60000, 28, 28, 1)
X_test: (10000, 28, 28, 1)
```

圖 8-8

8.2.2 資料前置處理

我們必須先做一些資料前置處理，才能使用卷積神經網路模型進行訓練和預測。

首先，由於 MNIST 資料集是灰階圖，影像是 28×28 矩陣，而 CNN 的輸入是四維的張量，所以需要做形狀變換。如圖 8-9 所示，將數位影像特徵值轉為 $6000 \times 28 \times 28 \times 1$ 的四維矩陣。

```
# 將數據reshape，CNN的輸入是4維的张量（可看做多維的向量）
#第一維是样本規模，第二维和第三维是長度和寬度。第四维是像素通道
X_train = X_train.reshape(X_train.shape[0], 28, 28,1).astype('float32')
X_test = X_test.reshape(X_test.shape[0], 28, 28,1).astype('float32')
print('X_train:',X_train.shape)
print('X_test:',X_test.shape)

X_train: (60000, 28, 28, 1)
X_test: (10000, 28, 28, 1)
```

圖 8-9

然後還要將數位影像特徵值做標準化處理，因為原本影像中每個像素的設定值是一個 0~255 的整數，當圖片輸入卷積神經網路模型，一般要轉化為 0~1 的數。因此，將輸入資料統一除以 255，如圖 8-10 所示。

```
# 將數據reshape，CNN的輸入是4維的张量（可看做多維的向量）
#第一維是样本規模，第二维和第三维是長度和寬度。第四维是像素通道
X_train = X_train.reshape(X_train.shape[0], 28, 28,1).astype('float32')
X_test = X_test.reshape(X_test.shape[0], 28, 28,1).astype('float32')
print('X_train:',X_train.shape)
print('X_test:',X_test.shape)

X_train: (60000, 28, 28, 1)
X_test: (10000, 28, 28, 1)
```

圖 8-10

另外對於輸出資料，不再簡單地用一個數字來表示，而是採用獨熱編碼作為輸出，即對於訓練資料與測試資料的標籤進行獨熱編碼轉換，這裡可以

使用 Keras 提供的函數 np_tuils.to_categorical 來完成。如圖 8-11 所示,查看訓練資料標籤欄位前 5 項訓練資料,我們可以看到是 0~9 的數字,使用 np_utils.to_categorical 分別傳入參數 y_train_label(訓練資料標籤)和 y_test_label(測試資料標籤),進行獨熱編碼轉換後,再查看訓練資料標籤欄位的前 5 項資料,全部轉為了由 0 和 1 組成的矩陣,例如第 1 項資料,原來的真實值是 5,經過獨熱編碼轉換後是 000010000,即只有第 5 個數字是 1,其餘都是 0。

```
#將輸入轉換到0~1範圍的數
X_train = X_train / 255
X_test = X_test / 255
```

圖 8-11

8.2.3 建立模型

處理完資料以後,開始架設卷積神經網路模型,使用 Keras 中 Sequential 模型架設一個基礎的卷積神經網路。該網路的架構如下:

- 卷積層 1:16 個 5×5 的卷積核心,輸入影像形狀為 28×28 的單色影像,使用 ReLU 作為啟動函數。

- 池化層 1:2×2 大小的池化核心,對影像縮減採樣,但不會改變影像的數量。

- 卷積層 2:執行第 2 次卷積運算,36 個 5×5 的卷積核心,使用 ReLU 作為啟動函數。

- 池化層 2:2×2 大小的池化核心,再次對影像縮減採樣。

- 加入 Dropout 層避免過擬合,每次訓練過程,會隨機放棄一定數量神經元。

- 平坦層:將資料形狀轉為向量。

- 全連接層（隱藏層）：維度為 128，即 128 個神經元，使用 ReLU 作為啟動函數。

- 加入 Dropout 層避免過擬合，每次訓練過程，會隨機放棄一定數量神經元。

- 全連接層（輸出層）：維度為 10（共有 10 個神經元，對應 0~9 共 10 個數字），使用 softmax 作為啟動函數，輸出每個分類的機率。對於分類問題，最後一層往往會使用一個維度與類別數量相同、啟動函數為 softmax 的層作為全連接層。

程式碼如圖 8-12 所示，Keras 提供了非常方便的架設卷積神經網路的方法，建立一個 Sequential 線性堆疊模型，後續只需要使用 model.add() 方法將各個神經網路層加入模型即可。

查看這個卷積神經網路模型摘要，顯示結果如圖 8-13 所示。這個卷積神經網路封包含了輸入層、卷積層 1、池化層 1、卷積層 2、池化層 2、平坦層、全連接層（隱藏層）、全連接層（輸出層），並且加入 Dropout 層來避免過擬合。

```python
from keras.models import Sequential
from keras.layers import Dense
from keras.layers import Dropout
from keras.layers import Flatten
from keras.layers.convolutional import Conv2D
from keras.layers.convolutional import MaxPooling2D
def baseline_model():
    model = Sequential()
    model.add(Conv2D(filters=16,kernel_size=(5, 5), input_shape=(28, 28,1), padding='same',activation='relu'))
    model.add(MaxPooling2D(pool_size=(2, 2)))
    model.add(Conv2D(filters=36,kernel_size=(5, 5), padding='same', activation='relu'))
    model.add(MaxPooling2D(pool_size=(2, 2)))
    model.add(Dropout(0.25))
    model.add(Flatten())
    model.add(Dense(128, activation='relu'))
    model.add(Dropout(0.5))
    model.add(Dense(10, activation='softmax'))
    return model
# 建立模型
model = baseline_model()
print(model.summary())#查看模型摘要
```

圖 8-12

```
Layer (type)                    Output Shape            Param #

conv2d_1 (Conv2D)               (None, 28, 28, 16)      416

max_pooling2d_1 (MaxPooling2    (None, 14, 14, 16)      0

conv2d_2 (Conv2D)               (None, 14, 14, 36)      14436

max_pooling2d_2 (MaxPooling2    (None, 7, 7, 36)        0

dropout_1 (Dropout)             (None, 7, 7, 36)        0

flatten_1 (Flatten)             (None, 1764)            0

dense_1 (Dense)                 (None, 128)             225920

dropout_2 (Dropout)             (None, 128)             0

dense_2 (Dense)                 (None, 10)              1290

Total params: 242,062
Trainable params: 242,062
Non-trainable params: 0

None
```

圖 8-13

範例模型說明如下：

輸入層輸入二維的影像，一個 28×28 的矩陣。

- 在卷積層 1，採用 16 個由篩檢程式隨機產生的 5×5 的零一矩陣和輸入層的 28×28 的矩陣相乘後相加，變成 16 個 28×28 的矩陣影像。卷積層的作用就是提取輸入影像的特徵，如邊緣、線條和角。

- 在池化層 1，將卷積層 1 輸出的 16 個矩陣影像進行最大池化縮減採樣，每 4 個單元選出最大值進行縮減，變成 14×14 的矩陣影像，共 16 個。縮減採樣可以減少所需處理的資料點，讓影像位置差異變小，參數的數量和計算量下降。

- 在卷積層 2，將池化層 1 輸入的 16 個 14×14 矩陣影像與採用 36 個由篩檢程式隨機生成的 5×5 的零一矩陣相乘後相加，產生 36 個 14×14 的矩陣影像。

- 在池化層 2，將卷積層 2 產生的 36 個矩陣影像進行最大池化縮減採樣，每 4 個單元選出最大值進行縮減，變成 7×7 的矩陣影像，共 36 個。
- 在平坦層，作為神經網路的輸入部分，有 36×7×7=1764 個神經元。
- 隱藏層有 128 個神經元。
- 輸出層有 10 個神經元。

8.2.4 進行訓練

架設完卷積神經網路模型，就可以使用反向傳播法進行訓練，神經網路的目的就是透過訓練使近似分佈逼近真實分佈。在訓練模型之前，我們需要用 compile 方法對訓練模型進行設定。如圖 8-14 所示，設定 loss 為 crossentropy，設定 optimizer 為 adam，設定 metrics 為 accuracy。

```
# 对训练模型进行设置
#使用adam优化器，使用交叉熵做为损失函数
model.compile(loss='categorical_crossentropy', optimizer='adam', metrics=['accuracy'])
```

圖 8-14

Keras 提供 fit 函數用於訓練卷積神經網路，如圖 8-15 所示，將訓練的輸入與輸出傳給 fit 函數，設定訓練資料與驗證資料比例 validatio_split（Keras 會自動按比例將資料分成訓練資料和驗證資料），指定批次大小 batch_size 為 300，訓練輪數 epochs 為 10，verbose=2 表示顯示訓練過程，訓練過程儲存在 train_history 變數中。

```
train_history=model.fit(x=X_train, y=y_train_onehot,validation_split=0.2, epochs=10, batch_size=300, verbose=2)
```

圖 8-15

程式執行結果如圖 8-16 所示。使用 60000×（1–0.2）=48000 項訓練資料進行訓練，每一批次為 300 項，所以共分為 48000/300=160 個批次進行訓

練，共執行 10 個訓練週期。訓練完成後，計算每一個訓練週期的準確率與誤差，可以發現無論是使用訓練資料還是驗證資料，結果都是誤差越來越小，準確率越來越高。

```
Train on 48000 samples, validate on 12000 samples
Epoch 1/10
 - 68s - loss: 0.5045 - acc: 0.8419 - val_loss: 0.1015 - val_acc: 0.9687
Epoch 2/10
 - 67s - loss: 0.1399 - acc: 0.9590 - val_loss: 0.0645 - val_acc: 0.9807
Epoch 3/10
 - 71s - loss: 0.1010 - acc: 0.9690 - val_loss: 0.0529 - val_acc: 0.9848
Epoch 4/10
 - 77s - loss: 0.0796 - acc: 0.9764 - val_loss: 0.0423 - val_acc: 0.9874
Epoch 5/10
 - 67s - loss: 0.0657 - acc: 0.9799 - val_loss: 0.0385 - val_acc: 0.9881
Epoch 6/10
 - 66s - loss: 0.0595 - acc: 0.9827 - val_loss: 0.0401 - val_acc: 0.9874
Epoch 7/10
 - 66s - loss: 0.0528 - acc: 0.9846 - val_loss: 0.0350 - val_acc: 0.9909
Epoch 8/10
 - 67s - loss: 0.0489 - acc: 0.9859 - val_loss: 0.0332 - val_acc: 0.9902
Epoch 9/10
 - 68s - loss: 0.0420 - acc: 0.9869 - val_loss: 0.0323 - val_acc: 0.9912
Epoch 10/10
 - 69s - loss: 0.0402 - acc: 0.9874 - val_loss: 0.0346 - val_acc: 0.9899
```

圖 8-16

8.2.5 模型保存和評估

完成訓練後保存模型，程式如圖 8-17 所示。

現在使用測試資料集來評估模型的準確度，如圖 8-18 所示。

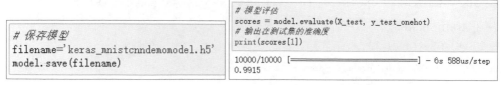

```
# 保存模型
filename='keras_mnistcnndemomodel.h5'
model.save(filename)
```

圖 8-17

```
# 模型評估
scores = model.evaluate(X_test, y_test_onehot)
# 輸出在測試集的準確度
print(scores[1])

10000/10000 [==============================] - 6s 588us/step
0.9915
```

圖 8-18

8.2.6 進行預測

至此我們建立了模型，完成了模型的訓練，接下來將使用該模型進行預測。如圖 8-19 所示，使用 model.predict_classes 輸入參數（已標準化測試資料的數位影像）進行預測。

為了顯示混淆矩陣，我們匯入 Pandas 模組，執行程式結果如圖 8-20 所示。觀察此混淆矩陣，對角線是預測正確的數字，我們發現：真實值是 1，被正確預測為 1 的項數最高，為 1134 項；非對角線的數字，真實值是 9 的數字被預測為 4 的項數為 13，最容易混淆。

```
prediction=model.predict_classes(X_test)
print('測試數据前10項的真實值:',y_test[:10])
print('測試數据前10項的預測值:',prediction[:10])
print('測試數据第340項的真實值:',y_test[340])
print('測試數据第340項的預測值:',prediction[340])
print('測試數据第341項的真實值:',y_test[341])
print('測試數据第341項的預測值:',prediction[341])
print('測試數据第342項的真實值:',y_test[342])
print('測試數据第342項的預測值:',prediction[342])

測試數据前10項的真实值: [7 2 1 0 4 1 4 9 5 9]
測試數据前10項的預測值: [7 2 1 0 4 1 4 9 5 9]
測試數据第340項的真实值: 5
測試數据第340項的預測值: 5
測試數据第341項的真实值: 6
測試數据第341項的預測值: 6
測試數据第342項的真实值: 1
測試數据第342項的預測值: 1
```

圖 8-19

```
import pandas as pd
pd.crosstab(y_test,prediction,rownames=['label'],colnames=['predict'])
```

predict label	0	1	2	3	4	5	6	7	8	9
0	975	1	0	0	0	0	3	1	0	0
1	0	1134	1	0	0	0	0	0	0	0
2	1	1	1027	0	0	0	0	3	0	0
3	0	0	1	1005	0	1	0	1	2	0
4	0	0	0	0	980	0	0	0	0	2
5	2	0	0	5	0	880	4	0	0	1
6	3	3	0	0	1	0	950	0	1	0
7	0	3	4	1	0	0	0	1018	1	1
8	3	0	1	0	0	0	0	2	965	3
9	1	4	0	1	13	2	0	6	1	981

圖 8-20

8.3 實例二：CIFAR-10 影像辨識

我們還是使用 Keras 建立卷積神經網路模型，並且訓練模型，然後用訓練完成的模型來辨識 CIFAR-10 圖像資料集，並且會進行更多次的卷積和池化來提高辨識準確率。

8.3.1 CIFAR-10 圖像資料集介紹

CIFAR-10 資料集是 60000 個 32×32 的彩色影像，分為 10 類，分別是 airplane、automobile、bird、cat、deer、dog、frog、horse、boat、ship、truck，如圖 8-21 所示。其中 50000 幅用作訓練影像，10000 幅用作測試影像。

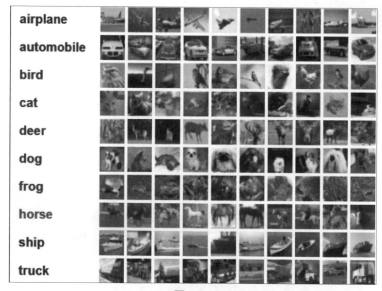

圖 8-21

Keras 提供了 cifar10.load_data() 方法，用於下載並讀取 CIFAR-10 資料，如圖 8-22 所示。第一次呼叫 cifar10.load_data() 方法，程式會檢查是否存在 cifar-10-batches-py.tar.gz 檔案，如果沒有，就會下載該檔案，並且解壓縮下載的檔案。

```
from keras.datasets import cifar10
import numpy as np
(x_img_train,y_label_train),(x_img_test,y_label_test)=cifar10.load_data()
```
```
Downloading data from https://www.cs.toronto.edu/~kriz/cifar-10-python.tar.gz
```

圖 8-22

下載的 CIFAR-10 資料檔案如圖 8-23 所示。

此电脑 › Windows (C:) › 用户 › songl › .keras › datasets ›		
名稱	修改日期	类型
cifar-10-batches-py	2021/2/19 17:12	文件夹
cifar-10-batches-py.tar.gz	2020/3/11 23:37	WinRAR 压缩文件
mnist.npz	2021/2/19 13:21	NPZ 文件

圖 8-23

如圖 8-24 所示，可以看到訓練集中有 50000 個大小為 32×32 的三原色圖，而測試集有 10000 個大小為 32×32 的三原色圖，數字 3 代表影像是一個 RGB 三原色圖。

```
print("train data:",'images:',x_img_train.shape,
      "labels:",y_label_train.shape)
print("test  data:",'images:',x_img_test.shape ,
      "labels:",y_label_test.shape)
```
```
train data: images: (50000, 32, 32, 3)  labels: (50000, 1)
test  data: images: (10000, 32, 32, 3)  labels: (10000, 1)
```

圖 8-24

8.3.2 資料前置處理

我們必須先做些資料前置處理，才能使用卷積神經網路模型進行訓練和預測。

首先，將影像的數字進行標準化，因為原本影像中每個像素的設定值是一個 0~255 的整數，當圖片輸入卷積神經網路模型時，一般要轉化為 0~1 的數，因此將輸入資料統一除以 255，如圖 8-25 所示。

```
x_img_train_normalize = x_img_train.astype('float32') / 255.0
x_img_test_normalize = x_img_test.astype('float32') / 255.0
```

圖 8-25

另外，對 CIFAR-10 資料集，我們希望預測影像的類型，可以將影像的標籤以一位有效編碼進行轉換，即轉為 10 個由 0 和 1 組成的組合，分別代表 10 個不同的分類。舉例來說，0000000000 代表 airplay，0100000000 代表 automobile，等等。10 個數字正好對應輸出層的 10 個神經元。進行獨熱編碼轉換的程式如圖 8-26 所示。

```
from keras.utils import np_utils
y_label_train_OneHot = np_utils.to_categorical(y_label_train)
y_label_test_OneHot = np_utils.to_categorical(y_label_test)
```

圖 8-26

查看轉換後的結果，如圖 8-27 所示，第 1 項資料原來的真實值是 6，執行獨熱編碼轉換後變成 000001000。

```
print(y_label_train_OneHot.shape)
print(y_label_train_OneHot[:5])

(50000, 10)
[[0. 0. 0. 0. 0. 0. 1. 0. 0. 0.]
 [0. 0. 0. 0. 0. 0. 0. 0. 0. 1.]
 [0. 0. 0. 0. 0. 0. 0. 0. 0. 1.]
 [0. 0. 0. 1. 0. 0. 0. 0. 0. 0.]
 [0. 1. 0. 0. 0. 0. 0. 0. 0. 0.]]
```

圖 8-27

8.3.3 建立模型

處理完資料以後，開始架設卷積神經網路模型。在模型中我們交替增加兩個卷積層、兩個池化層，進行兩次卷積運算，然後再增加全連接層（包括一個平坦層、兩個隱藏層和一個輸出層），並且在每個卷積層和池化層之間、兩個隱藏層之間都增加一個 Dropout 層，其目的是選擇性地放棄一些神經元，防止模型過擬合。

建立卷積神經網路的程式如圖 8-28 所示。

```
from keras.models import Sequential
from keras.layers import Dense, Dropout, Activation, Flatten
from keras.layers import Conv2D, MaxPooling2D, ZeroPadding2D
model = Sequential()
#建立卷積層1, 輸入圖像大小32*32
model.add(Conv2D(filters=32,kernel_size=(3,3),input_shape=(32, 32,3),
                 activation='relu',padding='same'))
#加入Dropout
model.add(Dropout(rate=0.25))
#建立池化層1
model.add(MaxPooling2D(pool_size=(2, 2)))
#建立卷積層2
model.add(Conv2D(filters=64, kernel_size=(3, 3), activation='relu', padding='same'))
#加入Dropout
model.add(Dropout(0.25))
#建立池化層2
model.add(MaxPooling2D(pool_size=(2, 2)))
#建立平坦層
model.add(Flatten())
#加入Dropout
model.add(Dropout(rate=0.25))
#建立隱藏層
model.add(Dense(1024, activation='relu'))
#加入Dropout
model.add(Dropout(rate=0.25))
#建立輸出層
model.add(Dense(10, activation='softmax'))
```

圖 8-28

Keras 提供了非常方便架設卷積神經網路的方法，建立一個 Sequential 線性堆疊模型，後續只需要使用 model.add() 方法將各個神經網路層加入模型即可。透過 print(model.summary()) 查看這個卷積神經網路模型摘要，結果如圖 8-29 所示，這個卷積神經網路封包含了輸入層、卷積層 1、池化層 1、卷積層 2、池化層 2、平坦層、隱藏層、隱藏層（輸出層），並且把 Dropout 層加入了模型。Dropout(0.25) 表示每次訓練迭代時，會隨機地在神經網路中放棄 25% 的神經元，避免過擬合。

Layer (type)	Output Shape	Param #
conv2d_1 (Conv2D)	(None, 32, 32, 32)	896
dropout_1 (Dropout)	(None, 32, 32, 32)	0
max_pooling2d_1 (MaxPooling2	(None, 16, 16, 32)	0
conv2d_2 (Conv2D)	(None, 16, 16, 64)	18496
dropout_2 (Dropout)	(None, 16, 16, 64)	0
max_pooling2d_2 (MaxPooling2	(None, 8, 8, 64)	0
flatten_1 (Flatten)	(None, 4096)	0
dropout_3 (Dropout)	(None, 4096)	0
dense_1 (Dense)	(None, 1024)	4195328
dropout_4 (Dropout)	(None, 1024)	0
dense_2 (Dense)	(None, 10)	10250

```
Total params: 4,224,970
Trainable params: 4,224,970
Non-trainable params: 0

None
```

圖 8-29

8.3.4 進行訓練

架設完卷積神經網路模型，就可以使用反向傳播法進行訓練了。在訓練模型之前，我們需要用 compile 方法對訓練模型進行設定，如圖 8-30 所示。

```
# 对训练模型进行设置
#使用adam优化器，使用交叉熵做为损失函数
model.compile(loss='categorical_crossentropy', optimizer='adam', metrics=['accuracy'])
```

圖 8-30

Keras 提供 fit 函數用於訓練卷積神經網路，如圖 8-31 所示，將訓練的輸入與輸出傳給 fit 函數，設定訓練與驗證資料比例 validatio_split，指定批次大小 batch_size 為 128，訓練輪數 epochs 為 10，訓練過程儲存在 train_history 變數中。

```
train_history=model.fit(x_img_train_normalize, y_label_train_OneHot,
                        validation_split=0.2,
                        epochs=10, batch_size=128, verbose=1)
```

圖 8-31

程式執行結果如圖 8-32 所示。使用 5000×（1–0.2）=4000 項訓練資料進行訓練，每一批次為 128 項，共分為 40000/128=313 個批次進行訓練，共執行 10 個訓練週期。訓練完成後，計算每一個訓練週期的準確率與誤差。

```
train_history=model.fit(x_img_train_normalize, y_label_train_OneHot,
                        validation_split=0.2,
                        epochs=10, batch_size=128, verbose=1)

Train on 40000 samples, validate on 10000 samples
Epoch 1/10
40000/40000 [==============================] - 221s 6ms/step - loss: 1.5936 - acc: 0.4280 - val_loss: 1.3579 - val_acc: 0.5429
Epoch 2/10
40000/40000 [==============================] - 208s 5ms/step - loss: 1.1990 - acc: 0.5767 - val_loss: 1.1924 - val_acc: 0.5960
Epoch 3/10
40000/40000 [==============================] - 213s 5ms/step - loss: 1.0538 - acc: 0.6270 - val_loss: 1.0416 - val_acc: 0.6686
Epoch 4/10
40000/40000 [==============================] - 210s 5ms/step - loss: 0.9395 - acc: 0.6669 - val_loss: 0.9944 - val_acc: 0.6869
Epoch 5/10
40000/40000 [==============================] - 210s 5ms/step - loss: 0.8509 - acc: 0.7020 - val_loss: 0.9693 - val_acc: 0.6788
Epoch 6/10
40000/40000 [==============================] - 227s 6ms/step - loss: 0.7640 - acc: 0.7309 - val_loss: 0.8799 - val_acc: 0.7174
Epoch 7/10
40000/40000 [==============================] - 183s 5ms/step - loss: 0.6901 - acc: 0.7579 - val_loss: 0.8488 - val_acc: 0.7192
Epoch 8/10
40000/40000 [==============================] - 191s 5ms/step - loss: 0.6184 - acc: 0.7821 - val_loss: 0.8215 - val_acc: 0.7263
Epoch 9/10
40000/40000 [==============================] - 198s 5ms/step - loss: 0.5427 - acc: 0.8103 - val_loss: 0.8005 - val_acc: 0.7247
Epoch 10/10
40000/40000 [==============================] - 206s 5ms/step - loss: 0.4784 - acc: 0.8318 - val_loss: 0.7651 - val_acc: 0.7418
```

圖 8-32

每一個訓練週期的準確率與誤差記錄在 train_history 變數中，可以使用如圖 8-33 所示的程式碼讀取 train_history，以圖表顯示訓練過程。

如圖 8-34 所示，繪製出準確率執行的結果和誤差的執行結果。

在 Epoch 訓練後期，「loss 訓練的誤差」比「val_loss 驗證的誤差」小，如圖 8-35 所示。

```
import matplotlib.pyplot as plt
def show_train_history(train_acc, test_acc):
    plt.plot(train_history.history[train_acc])
    plt.plot(train_history.history[test_acc])
    plt.title('Train History')
    plt.ylabel('Accuracy')
    plt.xlabel('Epoch')
    plt.legend(['train', 'test'], loc='upper left')
    plt.show()
```

圖 8-33

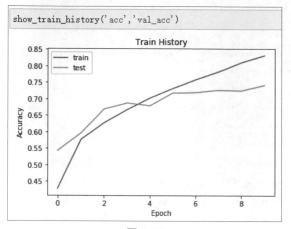

圖 8-34

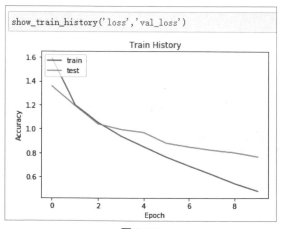

圖 8-35

8.3.5 模型評估

完成了模型的訓練，現在使用測試資料集來評估模型的準確度，如圖 8-36 所示。

```
scores = model.evaluate(x_img_test_normalize,
                        y_label_test_OneHot, verbose=0)
scores[1]

0.7352
```

圖 8-36

可以看到訓練的準確率不是很高，想要提高準確率可能要增加卷積核心的數目，或是卷積層的數目，等等。

8.3.6 進行預測

使用模型進行預測，可以使用 model.predict_classes 函數，輸入測試資料的影像來進行預測。查看預測結果的前 10 項資料，可以看到第 1 項預測的結果是 3，第 2 項是 8，等等，如圖 8-37 所示。

```
prediction=model.predict_classes(x_img_test_normalize)

prediction[:10]

array([3, 8, 8, 0, 6, 6, 1, 6, 3, 1], dtype=int64)
```

圖 8-37

要進行預測，首先以 Python 字典 dict 定義每一個數字所代表的影像類別的名稱，定義 plot_images_labels_prediction 函數顯示前 10 項預測結果，傳入測試資料影像、label（真實值）及 prediction（預測結果），程式如圖 8-38 所示。

其次，定義 show_Predicted_Probability 函數，顯示預測每一種類別的機率，顯示真實值與預測結果，顯示影像，顯示預測機率，如圖 8-39 所示。

如圖 8-40 所示，查看第 0 項資料預測的機率，可從知道預測為 cat 的機率最高，所以最後預測結果是 cat，預測正確。

如圖 8-41 所示，查看第 20 項資料預測機率，可以知道預測為 deer 的機率最高，所以預測結果是 deer，但真實值是 horse，此項預測是錯誤的。

```python
label_dict={0:"airplane",1:"automobile",2:"bird",3:"cat",4:"deer",
            5:"dog",6:"frog",7:"horse",8:"ship",9:"truck"}
```

```python
import matplotlib.pyplot as plt
def plot_images_labels_prediction(images,labels,prediction,
                                  idx,num=10):
    fig = plt.gcf()
    fig.set_size_inches(12, 14)
    if num>25: num=25
    for i in range(0, num):
        ax=plt.subplot(5,5, 1+i)
        ax.imshow(images[idx],cmap='binary')

        title=str(i)+','+label_dict[labels[i][0]]
        if len(prediction)>0:
            title+='=>'+label_dict[prediction[i]]

        ax.set_title(title,fontsize=10)
        ax.set_xticks([]);ax.set_yticks([])
        idx+=1
    plt.show()
```

圖 8-38

```python
Predicted_Probability=model.predict(x_img_test_normalize)
```

```python
def show_Predicted_Probability(y,prediction,
                               x_img,Predicted_Probability,i):
    print('label:',label_dict[y[i][0]],
          'predict:',label_dict[prediction[i]])
    plt.figure(figsize=(2, 2))
    plt.imshow(np.reshape(x_img_test[i],(32, 32,3)))
    plt.show()
    for j in range(10):
        print(label_dict[j]+
              ' Probability:%1.9f'%(Predicted_Probability[i][j]))
```

圖 8-39

圖 8-40

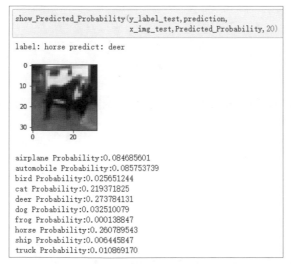

圖 8-41

　　我們想要進一步知道所建立的模型中哪些影像類別的預測準確率最高，哪些影像類別最容易混淆。但是 pd.crosstab 的輸入都必須是一維陣列，預測結果也是一維陣列，而 y_label_test 真實值的形狀是二維陣列，所以要使用 reshape(−1) 將 y_label_test 轉為一維陣列，如圖 8-42 所示。

```
print(prediction.shape)
```
(10000,)

```
print(y_label_test.shape)
```
(10000, 1)

```
print(y_label_test)
```
[[3]
 [8]
 [8]
 ...
 [5]
 [1]
 [7]]

```
print(y_label_test.reshape(-1))
```
[3 8 8 ... 5 1 7]

圖 8-42

顯示輸出類別字典以方便對照，如圖 8-43 所示。

```
print(label_dict)
```
{0: 'airplane', 1: 'automobile', 2: 'bird', 3: 'cat', 4: 'deer', 5: 'dog', 6: 'frog', 7: 'horse', 8: 'ship', 9: 'truck'}

圖 8-43

匯入 Pandas 模組，執行程式建立混淆矩陣，結果如圖 8-44 所示。

```
import pandas as pd
pd.crosstab(y_label_test.reshape(-1),prediction,
            rownames=['label'],colnames=['predict'])
```

predict	0	1	2	3	4	5	6	7	8	9
label										
0	775	16	31	14	27	16	9	11	67	34
1	15	826	4	10	5	11	10	4	24	91
2	63	4	584	59	142	64	37	27	14	6
3	17	12	44	547	111	171	53	28	7	10
4	14	2	38	41	794	31	26	43	9	2
5	11	2	35	161	72	640	21	48	5	5
6	4	5	46	65	61	23	786	4	5	1
7	11	0	19	33	81	60	7	781	4	4
8	58	36	11	15	19	10	5	2	824	20
9	33	69	8	22	4	17	8	22	22	795

圖 8-44

觀察混淆矩陣的結果，對角線是預測正確的數字，我們發現：真實值是6「frog」，被正確預測的項數為786，不容易混淆。非對角線的數字，真實值是3「cat」，但被預測是5「dog」，項數為171，貓和狗最容易混淆。

8.4 實例三：貓狗辨識

要說到深度學習影像分類的經典案例之一，那就是貓狗辨識大戰了。貓和狗在外觀上的差別還是挺明顯的，無論是體型、四肢、臉龐和毛髮等，都是能透過肉眼很容易進行區分的。那麼如何讓機器來辨識貓和狗呢？這就需要用到卷積神經網路，具體實現可以使用 Keras 框架。

8.4.1 貓狗資料集介紹

下載貓狗訓練集與驗證集的壓縮檔，提取到專案目錄下。這個資料夾裡面包含訓練資料和驗證資料集的子目錄，而且每個子目錄都包含貓和狗的子目錄。訓練集資料夾 training_set，包含了成千幅貓和狗的圖片，每幅圖片都含有標籤，這個標籤是作為檔案名稱的一部分。我們將用這個資料夾來訓練和評估模型。

測試集資料夾中每幅圖片都以數字來命名。對資料集中的每幅圖片來說，我們的模型都要預測這幅圖片上是狗還是貓（1= 狗，0= 貓）。

貓狗資料視覺化的程式碼如下：

```
import os
base_dir = 'cat-and-dog'
# 構造路徑儲存訓練資料，驗證資料以及測試資料
train_dir = os.path.join(base_dir, 'training_set')
validation_dir = os.path.join(base_dir, 'validation_set')
train_cats_dir = os.path.join(train_dir, 'cats')
train_dogs_dir = os.path.join(train_dir, 'dogs')
validation_cats_dir = os.path.join(validation_dir, 'cats')
validation_dogs_dir = os.path.join(validation_dir, 'dogs')
train_cat_fnames = os.listdir(train_cats_dir)
train_dog_fnames = os.listdir(train_dogs_dir)
```

```
import matplotlib.pyplot as plt
import matplotlib.image as mpimg
# 輸出圖表的參數，將以 4×4 的設定輸出貓狗資料集的部分圖片
nrows = 4
ncols = 4
# 迭代影像的當前索引
pic_index = 0
# 設定 matplotlib（Python 的 2D 繪圖函數庫）圖，並將其設定為適合 4×4 圖片大小
fig = plt.gcf()
fig.set_size_inches(ncols * 4, nrows * 4)
pic_index += 8
next_cat_pix = [os.path.join(train_cats_dir, fname)
                for fname in train_cat_fnames[pic_index-8:pic_index]]
next_dog_pix = [os.path.join(train_dogs_dir, fname)
                for fname in train_dog_fnames[pic_index-8:pic_index]]
for i, img_path in enumerate(next_cat_pix+next_dog_pix):
    # 設定子圖，子圖的索引從 1 開始
    sp = plt.subplot(nrows, ncols, i + 1)
    # 不顯示軸（格線）
    sp.axis('Off')
    img = mpimg.imread(img_path)
    plt.imshow(img)
plt.show()
```

輸出的實際效果如圖 8-45 所示，每次重新執行都會查看到新的一批圖片。

圖 8-45

　　觀察這些圖片，可以發現圖片種類各異，解析度也各不相同。圖片中的貓和狗的形狀、所處位置、體表顏色各不一樣；它們的姿態不同，有的坐著有的站著；它們的情緒可能是開心的也可能是傷心的；貓可能在睡覺，而狗可能在汪汪叫著；照片可能以任一焦距從任意角度拍下。這些圖片有著無限種可能，對我們人類來說，在一系列不同種類的照片中辨識出一個場景中的寵物自然是毫不費力的事情，然而這對一台機器來說這可不是一件小事。實際上，如果要機器實現自動分類，那麼我們需要知道如何強有力地描繪出貓和狗的特徵，也就是說為什麼我們認為這幅圖片中的是貓，而那幅圖片中的卻是狗。這需要描繪每個動物的內在特徵。深度神經網路在影像分類任務上效果很好的原因是，它們有著能夠自動學習多重抽象層的能力，這些抽象層在替定一個分類任務後，又可以對每個類別舉出更簡單的特徵表示。

　　使用很少的資料來訓練一個影像分類模型，這是很常見的情況。貓狗資料集中包含 4000 幅貓和狗的影像（2000 幅貓的影像，2000 幅狗的影像）。我們將 3000 幅影像用於訓練（貓 1500 幅，狗 1500 幅），1000 幅影像（貓和狗各 500 幅）用於驗證，程式執行結果如圖 8-46 所示。

```
In [1]:  import os
         base_dir = 'cat-and-dog'
         #构造路径存储训练数据，校验数据以及测试数据
         train_dir = os.path.join(base_dir, 'training_set')
         os.makedirs(train_dir, exist_ok = True)
         validation_dir = os.path.join(base_dir, 'validation_set')
         os.makedirs(validation_dir, exist_ok = True)
         train_cats_dir = os.path.join(train_dir, 'cats')
         train_dogs_dir = os.path.join(train_dir, 'dogs')
         validation_cats_dir = os.path.join(validation_dir, 'cats')
         validation_dogs_dir = os.path.join(validation_dir, 'dogs')
         #我们来检查一下，看看每个分组（训练／验证）中分别包含多少张图像
         print('total trainning cat images: ', len(os.listdir(train_cats_dir)))
         print('total trainning dog images: ', len(os.listdir(train_dogs_dir)))
         print('total validation cat images: ', len(os.listdir(validation_cats_dir)))
         print('total validation dog images: ', len(os.listdir(validation_dogs_dir)))

         total trainning cat images:   1500
         total trainning dog images:   1500
         total validation cat images:   500
         total validation dog images:   500
```

圖 8-46

8.4.2 建立模型

我們基於 Keras 深度學習框架建立卷積神經網路模型來辨識貓和狗。在以前 MNIST 手寫數字辨識範例中，我們建立了一個小型卷積神經網路，現在將重複使用相同的整體結構，即卷積神經網路由卷積層（使用 ReLU 啟動函數）和最大池化層交替堆疊組成。

但由於這裡要處理的是更大的影像和更複雜的問題，因此需要對應地增大網路，即再增加一個卷積層＋卷積層最大池化層的組合。這樣既可以增大網路容量，也可以進一步減小特徵圖的尺寸，使其在連接平坦層時尺寸不會太大。本例中初始輸入的尺寸為 150×150，最後在平坦層之前的特徵圖大小為 7×7。

透過 Sequential 物件建立卷積神經網路模型的程式碼如圖 8-47 所示。

```
from keras import layers
from keras import models
model = models.Sequential()
#輸入圖片大小是150*150  3表示圖片像素用(R, G, B)表示
model.add(layers.Conv2D(32, (3,3), activation='relu', input_shape=(150 , 150, 3)))
model.add(layers.MaxPooling2D((2,2)))

model.add(layers.Conv2D(64, (3,3), activation='relu'))
model.add(layers.MaxPooling2D((2,2)))

model.add(layers.Conv2D(128, (3,3), activation='relu'))
model.add(layers.MaxPooling2D((2,2)))

model.add(layers.Conv2D(128, (3,3), activation='relu'))
model.add(layers.MaxPooling2D((2,2)))

model.add(layers.Flatten())
model.add(layers.Dense(512, activation='relu'))
model.add(layers.Dense(1, activation='sigmoid'))

Using TensorFlow backend.
```

圖 8-47

透過 print(model.summary()) 輸出我們建立的整個卷積神經網路模型的框架，如圖 8-48 所示，網路中特徵圖的深度在逐漸增大（從 32 增大到 128），而特徵圖的尺寸在逐漸減小（從 148×148 減小到 7×7），這幾乎

是所有卷積神經網路的模式。因為面對的是一個二分類問題，所以網路最後一層是使用 sigmoid 啟動的單一單元（大小為 1 的連結層）。這個單元將對某個類別的機率進行編碼。

```
print(model.summary())

Layer (type)                    Output Shape         Param #

conv2d_1 (Conv2D)               (None, 148, 148, 32)  896

max_pooling2d_1 (MaxPooling2    (None, 74, 74, 32)    0

conv2d_2 (Conv2D)               (None, 72, 72, 64)    18496

max_pooling2d_2 (MaxPooling2    (None, 36, 36, 64)    0

conv2d_3 (Conv2D)               (None, 34, 34, 128)   73856

max_pooling2d_3 (MaxPooling2    (None, 17, 17, 128)   0

conv2d_4 (Conv2D)               (None, 15, 15, 128)   147584

max_pooling2d_4 (MaxPooling2    (None, 7, 7, 128)     0

flatten_1 (Flatten)             (None, 6272)          0

dense_1 (Dense)                 (None, 512)           3211776

dense_2 (Dense)                 (None, 1)             513

Total params: 3,453,121
Trainable params: 3,453,121
Non-trainable params: 0

None
```

圖 8-48

8.4.3 資料前置處理

圖片不能直接放入神經網路中進行學習，學習之前應該把資料格式化為經過前置處理的浮點數張量。資料前置處理大致分為 4 個步驟：

步驟 ① 讀取影像檔。

步驟 ② 將 JPEG 檔案解碼為 RGB 像素網格。

步驟 ③ 將這些像素網格轉為浮點數張量。

步驟 ④ 將像素值（0~255）縮放到 [0,1] 區間（神經網路喜歡處理較小的資料登錄值）。

這些處理步驟可能看起來有點多，但幸運的是，Keras 中的 keras.
preprocessing.image 包含有影像處理輔助工具 ImageDataGenerator 類別，它
可以快速建立 Python 生成器，能夠將硬碟上的影像檔自動轉為前置處理好
的張量批次。程式碼如圖 8-49 所示。

```
from keras.preprocessing.image import ImageDataGenerator
#把像素点的值除以255，使之在0到1之间
train_datagen = ImageDataGenerator(rescale = 1. / 255)
test_datagen = ImageDataGenerator(rescale = 1. / 255)
#generator 实际上是将数据批量读入内存，使得代码能以for in 的方式去方便的访问
# 使用flow_from_directory()方法可以实例化一个针对图像batch的生成器
train_generator = train_datagen.flow_from_directory(
    train_dir, target_size=(150, 150), # # 将所有图像大小调整为150*150
    batch_size=20,
    class_mode = 'binary')#因为使用了binary_crossentropy损失，所以需要使用二进制标签
validation_generator = test_datagen.flow_from_directory(
    validation_dir,target_size = (150, 150),batch_size = 20,
    class_mode = 'binary')

Found 3000 images belonging to 2 classes.
Found 1000 images belonging to 2 classes.
```

圖 8-49

執行程式生成了由 150×150 的 RGB 影像 [形狀為 (20, 150, 150, 3)] 與
二進位標籤 [形狀為 (20,)] 組成的批次，每個批次中包含 20 個樣本（批次
大小）。

8.4.4 進行訓練

架設完卷積神經網路模型，就可以使用反向傳播法進行訓練。在訓練模
型之前，我們需要用 compile 方法對訓練模型進行設定。如圖 8-50 所示，使
用交叉熵損失函數（binary_crossentropy）訓練我們的模型，最佳化器演算
法使用 adam，評估指標使用 accuracy。

```
# 对训练模型进行设置
#使用adam优化器，使用交叉熵做为损失函数
model.compile(loss='categorical_crossentropy', optimizer='adam', metrics=['accuracy'])
```

圖 8-50

　　如圖 8-51 所示，使用 fit_generator 方法來擬合資料（在生成器上的效果和 fit 函數一樣），它的第一個參數應該是 Python 生成器。因為資料是不斷生成的，所以 Keras 模型需要知道每一輪需要從生成器中取出多少個樣本，這就用到了 step_per_epoch 參數。從生成器中取出 steps_per_epoch 個批次後（即執行了 steps_per_epoch 次梯度下降），擬合過程將進入下一個輪次。我們還可以向裡面傳入一個 validataion_data 參數，這個參數可以是一個生成器，也可以是 NumPy 陣列組成的元組，如果是生成器的話，還需要指定 validation_steps 參數用來說明需要從驗證的生成器中取出多少個批次用於評估。

```
train_history = model.fit_generator(train_generator, steps_per_epoch = 150,
                            epochs = 30, validation_data = validation_generator,
                            verbose=2, validation_steps = 100)
```

圖 8-51

部分訓練結果如圖 8-52 所示。

```
Epoch 17/30
 - 469s - loss: 0.2059 - acc: 0.9170 - val_loss: 0.5607 - val_acc: 0.7700
Epoch 18/30
 - 476s - loss: 0.1914 - acc: 0.9277 - val_loss: 0.4539 - val_acc: 0.8320
Epoch 19/30
 - 466s - loss: 0.1632 - acc: 0.9390 - val_loss: 0.5326 - val_acc: 0.8070
Epoch 20/30
 - 463s - loss: 0.1442 - acc: 0.9467 - val_loss: 0.9897 - val_acc: 0.6970
Epoch 21/30
 - 481s - loss: 0.1206 - acc: 0.9543 - val_loss: 0.5666 - val_acc: 0.8190
Epoch 22/30
 - 489s - loss: 0.1098 - acc: 0.9620 - val_loss: 0.5575 - val_acc: 0.8190
Epoch 23/30
 - 467s - loss: 0.0863 - acc: 0.9743 - val_loss: 0.5466 - val_acc: 0.8330
Epoch 24/30
 - 467s - loss: 0.0839 - acc: 0.9707 - val_loss: 0.5636 - val_acc: 0.8330
Epoch 25/30
 - 483s - loss: 0.0644 - acc: 0.9793 - val_loss: 0.6034 - val_acc: 0.8290
Epoch 26/30
 - 498s - loss: 0.0556 - acc: 0.9823 - val_loss: 0.6696 - val_acc: 0.8240
Epoch 27/30
 - 520s - loss: 0.0496 - acc: 0.9857 - val_loss: 0.7360 - val_acc: 0.8120
Epoch 28/30
 - 569s - loss: 0.0452 - acc: 0.9857 - val_loss: 0.7220 - val_acc: 0.8300
Epoch 29/30
 - 553s - loss: 0.0336 - acc: 0.9913 - val_loss: 0.8264 - val_acc: 0.8040
Epoch 30/30
 - 557s - loss: 0.0325 - acc: 0.9907 - val_loss: 0.7702 - val_acc: 0.8250
```

圖 8-52

8.4.5 模型保存和評估

在訓練完成後保存模型，這是一種良好習慣，保存模型的程式如圖 8-53 所示。接下來我們分別繪製訓練過程中模型在訓練資料和驗證資料上的損失和準確率，程式碼如圖 8-54 所示。

執行程式後，結果如圖 8-55 所示。

```
try:
    model.save('cats_and_dogs_cnn.h5')
    print('保存模型成功！')
except:
    print('保存模型失敗！')

保存模型成功！
```

圖 8-53

```
import matplotlib.pyplot as plt
acc = train_history.history['acc']
val_acc = train_history.history['val_acc']
loss = train_history.history['loss']
val_loss = train_history.history['val_loss']
epochs = range(1, len(acc) + 1)
#绘制模型对训练数据和校验数据判断的准确率
plt.plot(epochs, acc, 'bo', label = 'trainning acc')
plt.plot(epochs, val_acc, 'b', label = 'validation acc')
plt.title('Trainning and validation accuary')
plt.legend()
plt.show()
plt.figure()
#绘制模型对训练数据和校验数据判断的错误率
plt.plot(epochs, loss, 'bo', label = 'Trainning loss')
plt.plot(epochs, val_loss, 'b', label = 'Validation loss')
plt.title('Trainning and validation loss')
plt.legend()
plt.show()
```

圖 8-54

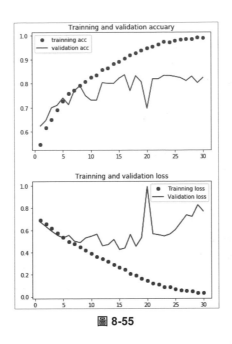

圖 8-55

　　從圖中我們可以看到出現了過擬合的現象，訓練準確率隨著時間線性增加，而驗證準確率則基本停留在 70%~72%，驗證損失在 5 輪後就達到最小值，然後保持不變，而訓練損失則一直線性下降，直到接近於 0。

　　因為訓練樣本相對來說比較少（3000 個），所以過擬合是一個十分重要的問題。過擬合的原因是學習樣本太少，導致無法訓練出能夠泛化到新資料的模型。如果擁有大量的資料，那麼模型就能觀察到資料分佈的所有內容，這樣就不會出現過擬合。

8.4.6 進行預測

　　呼叫訓練的模型，對貓和狗的圖片進行預測。預測時的圖片大小需要統一為模型建立時訓練集的大小，否則會因為輸入圖片不符合模型要求而出錯。由於範例模型建構時樣本大小統一為 150×150，故在預測時對圖片大小也做了對應調整。預測貓、狗圖片的程式如下：

```
import os
from keras.models import load_model
from keras.preprocessing import image
import  matplotlib.pyplot as plt
import numpy as np
os.environ['TF_CPP_MIN_LOG_LEVEL'] = '2'
# 單幅圖片的辨識
model = load_model('cats_and_dogs_cnn.h5')
filename='CatorDog.jpg'
img = image.load_img(filename, target_size=(150, 150))
plt.imshow(img)
plt.show()
# 將圖片轉化為 4d tensor 形式
x = image.img_to_array(img)
print(x.shape) #(224, 224, 3)
x = np.expand_dims(x, axis=0)
print(x.shape) #(1, 224, 224, 3)
pres = model.predict(x)
print(int(pres[0][0]))
if int(pres[0][0]) > 0.5:
    print(' 辨識的結果是狗 ')
else:
    print(' 辨識的結果是貓 ')
###########################################
```

執行程式，辨識結果如圖 8-56 所示。

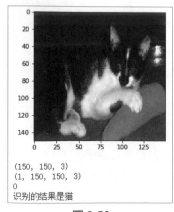

圖 8-56

8.4.7 模型的改進最佳化

首先，在 3000 個訓練樣本上訓練一個簡單的小型卷積神經網路，不做任何正規化，此時主要的問題在於過擬合。我們改進最佳化方法，採用資料增強（Data Augmentation）的方法來降低過擬合。資料增強是針對電腦視覺處理過擬合的新方法，在電腦視覺領域是一種非常強大的降低過擬合的技術，在深度學習處理影像時幾乎都會用到。資料增強的原理是從現有的訓練樣本中生成更多的訓練資料，其方法是利用多種能夠生成可信影像的隨機變換來增加樣本，其目標是讓模型在訓練時不會兩次查看完全相同的影像。這讓模型能夠觀察到資料的更多內容，從而具有更好的泛化能力。

在 Keras 中，我們可以透過對 ImageDataGenerator 實例讀取的影像執行多次隨機變換，來實現資料增強。

範例程式如下：

```
from keras.preprocessing.image import ImageDataGenerator
# 使用資料增強，對 ImageDataGenerator 實例讀取的影像執行多次隨機變換來實現
train_datagen = ImageDataGenerator(
    rescale=1./255,
    rotation_range=40,
    width_shift_range=0.2,
    height_shift_range=0.2,
    shear_range=0.2,
    zoom_range=0.2,
    horizontal_flip=True,)
```

ImageDataGenerator 中幾個參數的含義如下：

- rescale：將像素值縮放，這裡是將像素值（0~255）縮放到 [0, 1] 區間。
- rotation_range：角度值（0~180），表示影像隨機旋轉的角度範圍。
- width_shift 和 height_shift：影像在水平或垂直方向上平移的範圍（相對於總寬度或總高度的比例）。
- shear_range：隨機錯切變換的角度。

- zoom_range：影像隨機縮放的範圍。
- horizontal_flip：隨機將一半影像水平翻轉。如果沒有水平不對稱的假設（比如真實世界的影像），這種做法是有意義的。

完整的程式碼如下：

```
#################################################
import os
base_dir = 'cat-and-dog'
# 構造路徑儲存訓練資料、驗證資料以及測試資料
train_dir = os.path.join(base_dir, 'training_set')
os.makedirs(train_dir, exist_ok = True)
validation_dir = os.path.join(base_dir, 'validation_set')
os.makedirs(validation_dir, exist_ok = True)
train_cats_dir = os.path.join(train_dir, 'cats')
train_dogs_dir = os.path.join(train_dir, 'dogs')
validation_cats_dir = os.path.join(validation_dir, 'cats')
validation_dogs_dir = os.path.join(validation_dir, 'dogs')
# 檢查一下每個分組（訓練 / 驗證 ）中分別包含多少幅影像
print('total trainning cat images: ', len(os.listdir(train_cats_dir)))
print('total trainning dog images: ', len(os.listdir(train_dogs_dir)))
print('total validation cat images: ', len(os.listdir(validation_cats_
dir)))
print('total validation dog images: ', len(os.listdir(validation_dogs_
dir)))
from keras import layers
from keras import models
model = models.Sequential()
model.add(layers.Conv2D(32, (3, 3), activation='relu',
                        input_shape=(150, 150, 3)))
model.add(layers.MaxPooling2D((2, 2)))
model.add(layers.Conv2D(64, (3, 3), activation='relu'))
model.add(layers.MaxPooling2D((2, 2)))
model.add(layers.Conv2D(128, (3, 3), activation='relu'))
model.add(layers.MaxPooling2D((2, 2)))
model.add(layers.Conv2D(128, (3, 3), activation='relu'))
model.add(layers.MaxPooling2D((2, 2)))
model.add(layers.Flatten())
model.add(layers.Dropout(0.5))
```

```
model.add(layers.Dense(512, activation='relu'))
model.add(layers.Dense(1, activation='sigmoid'))
print(model.summary())
from keras import optimizers
model.compile(loss='binary_crossentropy', optimizer=optimizers.
RMSprop(lr=1e-4),
             metrics=['acc'])
from keras.preprocessing.image import ImageDataGenerator
train_datagen = ImageDataGenerator(
    rescale=1./255,
    rotation_range=40,
    width_shift_range=0.2,
    height_shift_range=0.2,
    shear_range=0.2,
    zoom_range=0.2,
    horizontal_flip=True,)
#Note that the validation data should not be augmented!（注意不能增強驗證資料）
test_datagen = ImageDataGenerator(rescale = 1. / 255)
train_generator = train_datagen.flow_from_directory(
    train_dir, target_size=(150, 150), #將所有影像大小調整為150*150
    batch_size=20,
    class_mode = 'binary')
validation_generator = test_datagen.flow_from_directory(
    validation_dir,target_size = (150, 150),batch_size = 20,
    class_mode = 'binary')
train_history = model.fit_generator(train_generator,
                                    steps_per_epoch = 150,
                                    epochs = 30,
                                    validation_data = validation_generator,
                                    verbose=2,
                                    validation_steps = 100)
try:
    model.save('cats_and_dogs_cnn2.h5')
    print('保存模型成功！')
except:
print('保存模型失敗！')
import matplotlib.pyplot as plt
acc = train_history.history['acc']
val_acc = train_history.history['val_acc']
loss = train_history.history['loss']
```

```
val_loss = train_history.history['val_loss']
epochs = range(1, len(acc) + 1)
# 繪製模型對訓練資料和驗證資料判斷的準確率
plt.plot(epochs, acc, 'bo', label = 'trainning acc')
plt.plot(epochs, val_acc, 'b', label = 'validation acc')
plt.title('Trainning and validation accuary')
plt.legend()
plt.show()
plt.figure()
# 繪製模型對訓練資料和驗證資料判斷的錯誤率
plt.plot(epochs, loss, 'bo', label = 'Trainning loss')
plt.plot(epochs, val_loss, 'b', label = 'Validation loss')
plt.title('Trainning and validation loss')
plt.legend()
plt.show()
##########################################################
```

執行程式碼，這個卷積神經網路模型如圖 8-57 所示。程式中 Dropout(0.5) 的功能是，每次訓練迭代時會隨機地在神經網路中放棄 50% 的神經元，以避免過擬合。

部分訓練結果如圖 8-58 所示。

```
Layer (type)                 Output Shape              Param #
conv2d_1 (Conv2D)            (None, 148, 148, 32)      896
max_pooling2d_1 (MaxPooling2 (None, 74, 74, 32)        0
conv2d_2 (Conv2D)            (None, 72, 72, 64)        18496
max_pooling2d_2 (MaxPooling2 (None, 36, 36, 64)        0
conv2d_3 (Conv2D)            (None, 34, 34, 128)       73856
max_pooling2d_3 (MaxPooling2 (None, 17, 17, 128)       0
conv2d_4 (Conv2D)            (None, 15, 15, 128)       147584
max_pooling2d_4 (MaxPooling2 (None, 7, 7, 128)         0
flatten_1 (Flatten)          (None, 6272)              0
dropout_1 (Dropout)          (None, 6272)              0
dense_1 (Dense)              (None, 512)               3211776
dense_2 (Dense)              (None, 1)                 513

Total params: 3,453,121
Trainable params: 3,453,121
Non-trainable params: 0

None
```

圖 8-57

```
Epoch 16/30
 - 476s - loss: 0.5105 - acc: 0.7440 - val_loss: 0.4577 - val_acc: 0.7940
Epoch 17/30
 - 473s - loss: 0.5131 - acc: 0.7437 - val_loss: 0.4411 - val_acc: 0.7940
Epoch 18/30
 - 470s - loss: 0.5094 - acc: 0.7520 - val_loss: 0.4387 - val_acc: 0.7840
Epoch 19/30
 - 466s - loss: 0.5031 - acc: 0.7480 - val_loss: 0.4511 - val_acc: 0.8080
Epoch 20/30
 - 464s - loss: 0.5053 - acc: 0.7520 - val_loss: 0.4514 - val_acc: 0.7880
Epoch 21/30
 - 497s - loss: 0.4959 - acc: 0.7553 - val_loss: 0.4305 - val_acc: 0.8110
Epoch 22/30
 - 473s - loss: 0.4910 - acc: 0.7607 - val_loss: 0.4176 - val_acc: 0.8160
Epoch 23/30
 - 467s - loss: 0.4832 - acc: 0.7647 - val_loss: 0.4234 - val_acc: 0.8140
Epoch 24/30
 - 469s - loss: 0.4911 - acc: 0.7687 - val_loss: 0.4122 - val_acc: 0.8230
Epoch 25/30
 - 492s - loss: 0.4898 - acc: 0.7633 - val_loss: 0.4306 - val_acc: 0.8070
Epoch 26/30
 - 502s - loss: 0.4989 - acc: 0.7527 - val_loss: 0.4135 - val_acc: 0.8170
Epoch 27/30
 - 544s - loss: 0.4908 - acc: 0.7647 - val_loss: 0.4203 - val_acc: 0.8150
Epoch 28/30
 - 556s - loss: 0.4823 - acc: 0.7723 - val_loss: 0.4462 - val_acc: 0.7770
Epoch 29/30
 - 548s - loss: 0.4808 - acc: 0.7737 - val_loss: 0.4339 - val_acc: 0.8130
Epoch 30/30
 - 461s - loss: 0.4748 - acc: 0.7830 - val_loss: 0.4199 - val_acc: 0.7990
```

圖 8-58

　　繪製訓練過程中模型在訓練資料和驗證資料上的損失和準確率，如圖 8-59 所示。

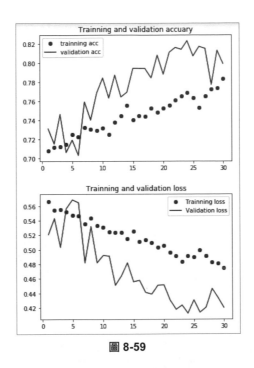

圖 **8-59**

　　我們可以發現，使用資料增強和 Dropout 之後，模型過擬合情況大大減少，比之前沒有使用正規化和資料增強時的效果要好。

第 9 章

IMDB電影評論情感分析

情感分析是自然語言處理中很重要的方向，目的是讓電腦理解文字中包含的情感資訊。情感分析有很多的應用場景，比如做一個電子商務網站，賣家需要時刻關心使用者對於商品的評論是否是正面的。再比如做一個電影的宣傳和策劃，電影在觀眾中的口碑也非常重要。網際網路上任何一個事件或物品，都有可能產生成千上萬的文字評論，如何定義每一個文字的情緒是正面還是負面的，是一件很有挑戰的事情。本章將透過 IMDB（Internet Movie Database，網際網路電影資料庫）收集的電影評論資料集，分析某部電影是一部受到好評的電影還是一部受到差評的電影，借此研究情感分析問題。

9.1 IMDB 電影資料集和影評文字處理介紹

IMDB 是一個與電影相關的線上資料庫，它包含了 25000 部電影的評價資訊，該資料庫是由史丹佛大學的研究院整理的。

IMDB 電影資料集含有 50000 個電影評論，訓練資料與測試資料各 25000 項，每一項電影評論都被標記為「正面評價」和「負面評價」兩類。我們希望建立一個模型，在經過大量的電影評論文字訓練後，這個模型可以用來預測電影評論是正面評價或是負面評價。

因為深度學習模型是無法處理文字的，必須將文字轉換成可以計算的數字，所以需要將「電影評論文字」轉換成「數字串列」並建立一一對應關係。

比如，提取最常用的前 2000 個高頻詞語建立 token 字典，依照英文單字在所有影評中出現的次數進行排序，排序前 2000 名的英文單字會列入字典中，建立的字典如圖 9-1 所示。

```
['the': 1, 'and': 2, 'a': 3, 'of': 4, 'to': 5, 'is': 6, 'in': 7, 'it': 8, 'i': 9, 'this': 10, 'that': 11, 'was': 12, 'as': 13, 'for': 14,
'with': 15, 'movie': 16, 'but': 17, 'film': 18, 'on': 19, 'not': 20, 'you': 21, 'are': 22, 'his': 23, 'have': 24, 'be': 25, 'he': 26, 'on
e': 27, 'all': 28, 'at': 29, 'by': 30, 'an': 31, 'they': 32, 'who': 33, 'so': 34, 'from': 35, 'like': 36, 'her': 37, 'or': 38, 'just': 39,
'about': 40, 'it's': 41, 'out': 42, 'has': 43, 'if': 44, 'some': 45, 'there': 46, 'what': 47, 'good': 48, 'more': 49, 'when': 50, 'very':
51, 'up': 52, 'no': 53, 'time': 54, 'she': 55, 'even': 56, 'my': 57, 'would': 58, 'which': 59, 'only': 60, 'story': 61, 'really': 62, 'se
e': 63, 'their': 64, 'had': 65, 'can': 66, 'were': 67, 'me': 68, 'well': 69, 'than': 70, 'we': 71, 'much': 72, 'been': 73, 'get': 74, 'ba
d': 75, 'will': 76, 'also': 77, 'do': 78, 'into': 79, 'people': 80, 'other': 81, 'first': 82, 'because': 83, 'great': 84, 'how': 85, 'hi
m': 86, 'most': 87, 'don't': 88, 'made': 89, 'its': 90, 'then': 91, 'way': 92, 'make': 93, 'them': 94, 'too': 95, 'could': 96, 'any': 97,
'movies': 98, 'after': 99, 'think': 100, 'characters': 101, 'watch': 102, 'two': 103, 'films': 104, 'character': 105, 'seen': 106, 'many':
```

圖 9-1

如果單字不在字典中，那這個單字就不用轉換，我們只在乎在「電影評論文字」常用字典中出現的單字，因為最常用的單字對情感分析是最為重要的。

由於電影評論文字的字數都不固定，同時為了保持所用電影評論的「數字串列」的長度都是統一的（放入模型中的參數必須規格統一），因此我們採取截長補短法，短的在前面填 0，長的截取後面的元素。

我們還必須將「數字串列」轉化為「向量串列」，因為數字串列無法顯示出各個詞語之間的相互聯繫，轉化為向量之後便能夠建立起各個詞語之間的聯繫，相似度近的便靠得更近。這裡需要用到自然語言處理技術——詞嵌入。詞嵌入是一種將詞向量化的概念，原理是單字在高維空間中被編碼為實值向量，詞語之間的相似性表示空間中的接近度。

之所以希望把每個單字都變成一個向量，目的還是為了方便計算。比如「貓」「狗」「愛情」三個詞，對於我們人類而言，可以清楚地知道「貓」和「狗」表示的都是動物，而「愛情」表示的是一種情感，但是對於機器而言，這三個詞都是用 0 和 1 表示的二進位的字串而已，無法對其進行計算。而透過詞嵌入這種方式將單字轉變為詞向量，機器便可對單字進行計算，透過計算不同詞向量之間夾角的餘弦值，從而得出單字之間的相似性。例如將「貓」「狗」「愛情」映射到向量空間中，「貓」對應的向量為 (0.1 0.2 0.3)，

「狗」對應的向量為 (0.2 0.2 0.4)，「愛情」對應的向量為 (-0.4 -0.5 -0.2)（本資料僅為示意），這三個單字的相似性如圖 9-2 所示。

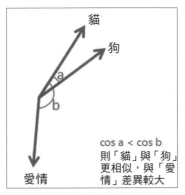

圖 9-2

　　Keras 透過嵌入層（Embedding Layer）將「數字串列」轉為「向量串列」後，就可以將「向量串列」送入深度學習模型進行訓練。

　　處理步驟如下：

步驟 ① 讀取 IMDB 資料集。

步驟 ② 建立 token 字典。

步驟 ③ 使用 token 字典將「影評文字」轉化為「數字串列」。

步驟 ④ 截長補短讓所有「數字串列」長度都是 100。

步驟 ⑤ 嵌入層將「數字串列」轉化為「向量串列」。

步驟 ⑥ 將向量串列送入深度學習模型（多層感知器、卷積神經網路等）進行訓練。

　　以下程式碼 imdb_data_preprocessing.py 可作參考，程式作用是下載 IMDB 資料集，讀取並進行資料前置處理。

```
##################imdb_data_preprocessing.py##################
# 匯入所需的模組
```

```
import urllib.request
import os
import tarfile
# 下載 IMDB 資料集
# 下載網址
url="http://ai.stanford.edu/~amaas/data/sentiment/aclImdb_v1.tar.gz"
# 設定儲存檔案的路徑
filepath="aclImdb_v1.tar.gz"
# 判斷檔案不存在就下載檔案
if not os.path.isfile(filepath):
    result=urllib.request.urlretrieve(url,filepath)
    print('downloaded:',result)
# 判斷解壓縮目錄是否存在，打開壓縮檔，解壓縮到對應目錄
if not os.path.exists("./aclImdb"):
    tfile = tarfile.open("./aclImdb_v1.tar.gz", 'r:gz')
    result = tfile.extractall('imdb/')
########## 讀取 IMDB 資料，做資料前置處理 ################
from keras.preprocessing import sequence
from keras.preprocessing.text import Tokenizer
# 建立 rm_tag 函數刪除文字中的 HTML 標籤
import re
def rm_tags(text):
    re_tag = re.compile(r'<[^>]+>')
    return re_tag.sub('', text)
# read_files 函數讀取 IMDB 檔案目錄
import os
def read_files(filetype):
    path = "imdb/aclImdb/"
    file_list=[]
    positive_path=path + filetype+"/pos/"
    for f in os.listdir(positive_path):
        file_list+=[positive_path+f]

    negative_path=path + filetype+"/neg/"
    for f in os.listdir(negative_path):
        file_list+=[negative_path+f]
    print( 'read',filetype,  'files:',len(file_list))
    all_labels = ([1] * 12500 + [0] * 12500)
    all_texts  = []
```

```
    for fi in file_list:
        with open(fi,encoding='utf8') as file_input:
            all_texts += [rm_tags(" ".join(file_input.readlines()))]


    return all_labels,all_texts
# 讀取訓練資料
y_train,train_text=read_files("train")
# 讀取測試資料
y_test,test_text=read_files("test")
# 建立 token 字典，我們要建立一個有 2000 個單字的字典
token = Tokenizer(num_words=2000)
token.fit_on_texts(train_text)
# 將影評文字轉換成數字串列
x_train_seq = token.texts_to_sequences(train_text)
x_test_seq  = token.texts_to_sequences(test_text)

# 讓轉換後的數字長度相同，長度都為 100
x_train = sequence.pad_sequences(x_train_seq, maxlen=100)
x_test  = sequence.pad_sequences(x_test_seq,  maxlen=100)
print(train_text[0])
print(x_train_seq[0])
print(x_train[0])
###################################################
```

程式碼執行結果如下：

```
downloaded: ('aclImdb_v1.tar.gz', <http.client.HTTPMessage object at
0x0000019FE3D44048>)
Using TensorFlow backend.
read train files: 25000
read test files: 25000
Bromwell High is a cartoon comedy. It ran at the same time as some other
programs about school life, such as "Teachers". My 35 years in the teaching
profession lead me to believe that Bromwell High's satire is much closer
to reality than is "Teachers". The scramble to survive financially, the
insightful students who can see right through their pathetic teachers' pomp,
the pettiness of the whole situation, all remind me of the schools I knew and
their students. When I saw the episode in which a student repeatedly tried to
burn down the school, I immediately recalled ......... at .......... High.
```

```
A classic line: INSPECTOR: I'm here to sack one of your teachers. STUDENT:
Welcome to Bromwell High. I expect that many adults of my age think that
Bromwell High is far fetched. What a pity that it isn't!
[308, 6, 3, 1068, 208, 8, 29, 1, 168, 54, 13, 45, 81, 40, 391, 109, 137,
13, 57, 149, 7, 1, 481, 68, 5, 260, 11, 6, 72, 5, 631, 70, 6, 1, 5, 1, 1530,
33, 66, 63, 204, 139, 64, 1229, 1, 4, 1, 222, 899, 28, 68, 4, 1, 9, 693, 2,
64, 1530, 50, 9, 215, 1, 386, 7, 59, 3, 1470, 798, 5, 176, 1, 391, 9, 1235,
29, 308, 3, 352, 343, 142, 129, 5, 27, 4, 125, 1470, 5, 308, 9, 532, 11, 107,
1466, 4, 57, 554, 100, 11, 308, 6, 226, 47, 3, 11, 8, 214]
[  29    1  168   54   13   45   81   40  391  109  137   13   57  149
    7    1  481   68    5  260   11    6   72    5  631   70    6    1
    5    1 1530   33   66   63  204  139   64 1229    1    4    1  222
  899   28   68    4    1    9  693    2   64 1530   50    9  215    1
  386    7   59    3 1470  798    5  176    1  391    9 1235   29  308
    3  352  343  142  129    5   27    4  125 1470    5  308    9  532
   11  107 1466    4   57  554  100   11  308    6  226   47    3   11
    8  214]
```

解析上述程式:首先下載並解壓縮 IMDB 電影評論資料檔案,使用 Tokenizer 建立一個共有 2000 個單字的 token 字典(讀取所有的訓練資料影評文字,按照每一個英文單字在影評中出現的次數進行排序,排序前 2000 名的英文單字會列入字典中);然後使用 token.texts_to_sequences 將訓練資料與測試資料的「影評文字」轉換成數字串列;再使用 sequence.pad_ sequences 進行截長補短,如果「數字串列」長度小於 100 的就在其前面填 0,如果「數字串列」長度大於 100 的就將其前面的數字截棄,保持長度都是 100。讀者可以自行驗證查看一下第 0 項「影評文字」、第 0 項「數字串列」以及經過 pad_sequences 截長補短處理後的內容。

9.2 基於多層感知器模型的電影評論情感分析

本節建立一個多層感知器模型,使用該模型進行電影評論情感分析。

■ 9.2.1 加入嵌入層 ▎

　　詞嵌入的作用是將人類的語言映射到幾何空間中，詞與詞之間的語義關係透過幾何距離來表示。表示不同事物的詞被嵌入到相隔很遠的點，而相關的詞則更加靠近（「花」與「植物」，「狗」與「動物」靠得近一些）。Keras 中的嵌入層可以將「數字串列」轉為「向量串列」。嵌入層可以視為一個字典，將整數索引（表示特定單字）映射為密集向量，即它接收整數作為輸入，並在內部字典中查詢這些整數，然後傳回相連結的向量。嵌入層的輸入是一個二維整數張量，其形狀為（samples, sequence_length），每個元素是一個整數序列；傳回一個形狀為 (samples, sequence_length, embedding_dimensionality) 的三維浮點數張量。

　　匯入所需模組：

```
from keras.models import Sequential
from keras.layers.core import Dense, Dropout, Activation,Flatten
from keras.layers.embeddings import Embedding
```

　　建立一個線性堆疊模型，後續只需要將各個神經網路層加入模型即可：

```
model = Sequential()
```

　　將嵌入層加入模型，並且加入 Dropout 層避免過擬合。

```
model.add(Embedding(output_dim=32,
                    input_dim=2000,
                    input_length=100))
model.add(Dropout(0.2))
```

　　Dropout(0.2) 的功能是，每次訓練迭代時會隨機地在神經網路中放棄 20% 的神經元。

■ 9.2.2 建立多層感知器模型 ■

「數字串列」在嵌入層被轉為「向量串列」後，就可以用於深度學習模型進行訓練與預測了。建立多層感知器模型的程式如下：

```
model.add(Flatten())
model.add(Dense(units=256,activation='relu' ))
model.add(Dropout(0.2))
model.add(Dense(units=1,activation='sigmoid' ))
```

透過 print(model.summary()) 來查看模型的摘要，如圖 9-3 所示。

程式碼在模型中加入一平坦層。平坦層用來將輸入「壓平」，即把多維的輸入一維化，常用在從卷積層到全連接層的過渡。平坦層不影響批的大小，因為「數字串列」每一項有 100 個數字，每個數字都轉為 32 維的向量，所以平坦層的神經元有 32×100=3200 個。然後在模型中加入隱藏層（Dense 層），這裡隱藏層有 256 個神經元，啟動函數為 ReLU。同時加入 Dropout 層以避免過擬合。再建立輸出層（Dense 層），輸出層只有 1 個神經元（輸出 1 代表正面積極評價，輸出 2 代表負面消極評價。最後定義啟動函數 sigmoid。

Layer (type)	Output Shape	Param #
embedding_1 (Embedding)	(None, 100, 32)	64000
dropout_1 (Dropout)	(None, 100, 32)	0
flatten_1 (Flatten)	(None, 3200)	0
dense_1 (Dense)	(None, 256)	819456
dropout_2 (Dropout)	(None, 256)	0
dense_2 (Dense)	(None, 1)	257

Total params: 883,713
Trainable params: 883,713
Non-trainable params: 0

None

圖 9-3

■9.2.3 模型訓練和評估 ▌

建立好神經網路模型，就可以使用反向傳播演算法進行訓練，程式碼如下：

```
model.compile(loss='binary_crossentropy',
              optimizer='adam',
              metrics=[ 'accuracy'])
```

定義好訓練方式後使用 model.fit 進行訓練，訓練過程儲存在 train_history 變數中。一共執行 10 個訓練週期，每一批次 100 項資料，全部資料有 25000 項，其中 25000×0.8=20000 作為訓練資料，25000×0.2=5000 作為驗證資料，大約分為 20000/100=200 個批次。程式碼如下：

```
train_history =model.fit(x_train, y_train,batch_size=100,
                         epochs=10,verbose=2,
                         validation_split=0.2)
```

模型訓練結果如下：

```
Train on 20000 samples, validate on 5000 samples
Epoch 1/10
 - 8s - loss: 0.4698 - acc: 0.7613 - val_loss: 0.5297 - val_acc: 0.7510
Epoch 2/10
 - 8s - loss: 0.2650 - acc: 0.8924 - val_loss: 0.4859 - val_acc: 0.7904
Epoch 3/10
 - 8s - loss: 0.1568 - acc: 0.9433 - val_loss: 0.5976 - val_acc: 0.7726
Epoch 4/10
 - 8s - loss: 0.0766 - acc: 0.9740 - val_loss: 0.9730 - val_acc: 0.7210
Epoch 5/10
 - 8s - loss: 0.0522 - acc: 0.9812 - val_loss: 1.0432 - val_acc: 0.7440
Epoch 6/10
 - 8s - loss: 0.0390 - acc: 0.9861 - val_loss: 0.9267 - val_acc: 0.7816
Epoch 7/10
 - 8s - loss: 0.0308 - acc: 0.9889 - val_loss: 1.1730 - val_acc: 0.7554
Epoch 8/10
 - 8s - loss: 0.0286 - acc: 0.9898 - val_loss: 1.2194 - val_acc: 0.7544
Epoch 9/10
```

```
 - 8s - loss: 0.0253 - acc: 0.9909 - val_loss: 1.1011 - val_acc: 0.7788
Epoch 10/10
 - 8s - loss: 0.0236 - acc: 0.9910 - val_loss: 1.4060 - val_acc: 0.7388
```

從輸出結果可以看出，共執行 10 個訓練週期，誤差越來越小，準確率越來越高。

模型訓練完成後，使用測試資料集評估模型的準確率，如圖 9-4 所示，可知準確率為 0.81。

```
scores=model.evaluate(x_test,y_test,verbose=1)
print(scores[1])

25000/25000 [==============================] - 2s 94us/step
0.81244
```

圖 9-4

讀取 train_history，以圖表顯示訓練過程，使用 Matplotlib 顯示圖形，程式如下：

```python
import matplotlib.pyplot as plt
def show_train_history(train_history,train,validation):
    plt.plot(train_history.history[train])
    plt.plot(train_history.history[validation])
    plt.title('Train History')
    plt.ylabel(train)
    plt.xlabel('Epoch')
    plt.legend(['train', 'validation'], loc='upper left')
plt.show()
```

繪製出準確率評估的執行結果，如圖 9-5 所示，訓練的準確率 acc（以訓練的資料來計算準確率）是一直增加的，驗證的準確率 val_acc（以驗證資料來計算準備率，驗證資料在之前的訓練時並沒有拿來訓練）並沒有增加多少。

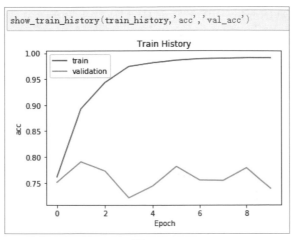

圖 9-5

9.2.4 預測

我們使用電影《美女和野獸》的影評文字來進行預測,網站位址為 http://www.imdb.com/title/ tt2771200/reviews,在影評頁面上可以篩選影評,如圖 9-6 所示。

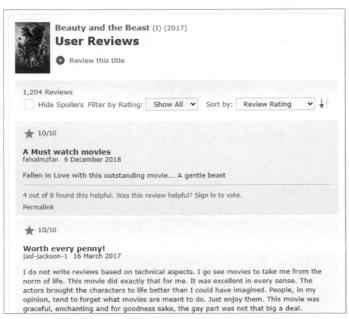

圖 9-6

　　首先定義字典 SentimentDict，其中 1 表示正面的，0 表示負面的。然後
建立 predict_review 預測函數，函數中先要對影評文字做資料前置處理，即
使用 token.texts_to_sequences 將影評文字轉換成數字串列；再使用 sequence.
pad_sequences 截取數字串列，使它長度為 100；最後使用 model.predict_
classes 傳入參數進行預測。預測結果是個二維陣列，使用 predict_result[0][0]
來讀取，用定義的 SentimentDict 字典將結果轉為文字。程式碼如下：

```
SentimentDict={1:' 正面的 ',0:' 負面的 '}
def predict_review(input_text):
    input_seq = token.texts_to_sequences([input_text])
    pad_input_seq  = sequence.pad_sequences(input_seq , maxlen=100)
    predict_result=model.predict_classes(pad_input_seq)
print(SentimentDict[predict_result[0][0]])
```

　　複製一段正面的影評文字，用 predict_review() 函數來預測複製貼上的
影評文字，執行函數可以看到結果是「正面的」，如圖 9-7 所示。

```
predict_review('''
I do not write reviews based on technical aspects. I go see movies to take me from the norm of life.
This movie did exactly that for me. It was excellent in every sense.
The actors brought the characters to life better than I could have imagined.
People, in my opinion, tend to forget what movies are meant to do. Just enjoy them.
This movie was graceful, enchanting and for goodness sake, the gay part was not that big a deal.
''')
```
正面的

圖 9-7

　　再篩選一段負面的評價做驗證，如圖 9-8 所示，把該段影評文字複製下
來。

★ 1/10

Totally the wrong Belle which completely ruins the film.
mickman91-1 12 November 2021

I reserve 1/10 ratings for films that offended me, and this one I was so disappointed about. Beauty and the Beast is such a beautiful and universally adored classic Disney film. I thought how can this be anything but great. But unfortunately they just chose the totally wrong Belle. It made me realise that so much that is wonderful about the original relies on Belle because she is so wonderful, wise, kind, and beautiful. Emma Watson is the perfect Hermione and I would consider myself a fan of hers, however right now she is at the point in her life where she is exploring her masculinity and subverting the attempts by the media and filmmakers to feminise her. Cutting her hair, talking about feminism, etc. This is fine, many women go through this stage. But her Belle just lacks all of the wonderful femininity that shines through the real Belle. It was a restrained and reserved portrayal and made the whole film so disappointing. I wouldn't have been surprised if in the end the beast became a house husband and Belle went to work as an office manager. The energies for me were just totally off.

0 out of 2 found this helpful. Was this review helpful? Sign in to vote.

Permalink

圖 9-8

再用 predict_review() 函數來預測複製貼上的影評文字，執行函數後可以看到結果確實是「負面的」，如圖 9-9 所示。

```
predict_review('''I reserve 1/10 ratings for films that offended me, and this one I was so disappointed about.
Beauty and the Beast is such a beautiful and universally adored classic Disney film.
I thought how can this be anything but great. But unfortunately they just chose the totally wrong Belle.
It made me realise that so much that is wonderful about the original relies on Belle because she is so wonderful,
Cutting her hair, talking about feminism, etc. This is fine, many women go through this stage.
But her Belle just lacks all of the wonderful femininity that shines through the real Belle. It was a restrained
''')
```

负面的

圖 9-9

如果想進一步提高預測準確率，可以考慮增加字典的單字數，比如從 2000 增加到 3800，並且數字串列的長度也對應增加，由 100 增加到 380，這樣就可以透過多認識一些單字，並且增加讀取電影評論文字的單字數，來增加預測準確率。

9.3 基於 RNN 模型的電影評論情感分析

本節建立一個循環神經網路（Recurrent Neural Network，RNN）模型，使用該模型進行電影評論情感分析。

9.3.1 為什麼要使用 RNN 模型

前面章節學習了全連接神經網路和卷積神經網路，以及它們的訓練和使用方法。它們都只能單獨處理一個個的輸入，前一個輸入和後一個輸入是完全沒有關係的。但是，某些任務需要能夠更進一步地處理序列的資訊，即前面的輸入和後面的輸入是有關係的。比如，當我們在理解一句話的意思時，孤立地理解這句話的每個詞是不夠的，我們需要處理這些詞連接起來的整個序列；當我們處理視訊的時候，也不能只單獨地去分析每一幀，而要分析這些幀連接起來的整個序列。這時，就需要用到深度學習領域中另一類非常重要神經網路——循環神經網路。

RNN 是在自然語言處理領域中最先被用起來的，比如，RNN 可以為語言模型建模。那麼，什麼是語言模型呢？

我們和電腦玩這樣一個遊戲，我們寫出一個句子前面的一些詞，然後讓電腦幫我們寫接下來的詞。比以下面這句：

我昨天上學遲到了，老師批評了 ＿＿＿。

在這個例子中，接下來的這個詞最有可能是「我」，而不太可能是「小明」，甚至是「吃飯」。

語言模型是對一種語言的特徵進行建模，簡單地說就是給定一句話前面的部分，預測接下來最有可能的詞是什麼。

使用 RNN 之前，語言模型主要採用 N-Gram。N 可以是一個自然數，比如 2 或 3。N-Gram 的含義是，假設一個詞出現的機率只與前面 N 個詞相關。以 2-Gram 為例，首先對前面的一句話進行切詞：

我 昨天 上學 遲到 了 ，老師 批評 了 ＿＿＿。

如果用 2-Gram 進行建模，那麼電腦在預測的時候，只會看到前面的
「了」，然後，電腦會在語料庫中搜索「了」後面最可能連接的詞。不管最
後電腦選的是不是「我」，我們都知道這個模型是不可靠的，因為「了」前
面的單字都沒有用到。如果是 3-Gram 模型，則會搜索「批評了」後面最可
能連接的詞，感覺上比 2-Gram 可靠了不少，但還是遠遠不夠的。因為這句
話最關鍵的資訊「我」是在「了」前面的第 7 個詞。

現在讀者可能會想，我們可以繼續提升 N 的值呀，比如 4-Gram、
5-Gram，等等。實際上，這個想法是沒有實用性的，因為如果我們想處理任
意長度的句子，N 設為多少都不合適；另外，模型的大小和 N 的關係是指數
級的，4-Gram 模型就會佔用巨量的儲存空間。

所以，該輪到 RNN 出場了，RNN 在理論上可以往前看（往後看）任意
多個詞。RNN 網路因為使用了單字的序列資訊，所以準確率比前向傳遞神
經網路要高。

9.3.2 RNN 模型原理

循環神經網路的原理是將神經元的輸出再接回神經元的輸入，使得神經
網路具備「記憶」功能。如圖 9-10 所示是一個簡單的循環神經網路，它由
輸入層、一個隱藏層和一個輸出層組成。

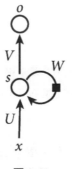

圖 9-10

如果把圖上 W 所在的那個帶箭頭的圈去掉，就變成了最普通的全連接神經網路。x 是一個向量，表示輸入層的值（這裡沒有畫出來表示神經元節點的圓圈）；s 是一個向量，表示隱藏層的值（這裡隱藏層畫了一個節點，我們也可以想像這一層其實是多個節點，節點數與向量 s 的維度相同）；U 是輸入層到隱藏層的權重矩陣；o 也是一個向量，它表示輸出層的值；V 是隱藏層到輸出層的權重矩陣。那麼，W 是什麼呢？循環神經網路的隱藏層的值 s 不僅取決於當前這次的輸入 x，還取決於上一次隱藏層的值 s。權重矩陣 W 就是隱藏層上一次的值作為這一次輸入的權重。

循環神經網路也可以用另一種方式來表示，如圖 9-11 所示。

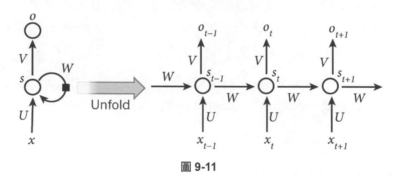

圖 9-11

現在看上去就比較清楚了，循環神經網路在 t 時刻接收到輸入 X_t 之後，隱藏層的值是 S_t，輸出值是 O_t。關鍵一點是，S_t 的值不僅取決於當前時間點 X_t，還取決於前一個時間點的狀態 S_{t-1} 和 U、W 的神經網路參數共同評估的結果。我們可以用下面的公式（見圖 9-12）來表示循環神經網路的計算方法，其中，函數 f 是非線性函數，如 ReLU。

$$O_t = g(V \cdot S_t)$$
$$S_t = f(U \cdot X_t + W \cdot S_{t-1})$$

St 的值不僅取決於，還取決於 St-1

圖 9-12

循環神經網路因為具有一定的記憶功能，並且網路與序列和串列密切相關，因此可以被用來解決很多問題，舉例來說，語音辨識、語言模型、機器翻譯等。

■ 9.3.3 使用 RNN 模型進行影評情感分析 ▌

我們已經對 RNN 有了基本了解，接下來使用 RNN 模型進行 IMDB 情感分析。這裡摘出使用 RNN 模型的程式，其他程式以下載 IMDB 資料集、資料前置處理等都與之前的模型相同。

```python
from keras.models import Sequential
from keras.layers.core import Dense, Dropout, Activation
from keras.layers.embeddings import Embedding
from keras.layers.recurrent import SimpleRNN
model = Sequential()
model.add(Embedding(output_dim=32,
                    input_dim=3800,
                    input_length=380))
model.add(Dropout(0.35))
model.add(SimpleRNN(units=16))
model.add(Dense(units=256,activation='relu' ))
model.add(Dropout(0.35))
model.add(Dense(units=1,activation='sigmoid' ))
```

以上程式使用 SimpleRNN(units=16) 建立具有 16 個神經元的 RNN 層，使用 print(model.summary) 指令查看模型，如圖 9-13 所示。

Layer (type)	Output Shape	Param #
embedding_1 (Embedding)	(None, 380, 32)	121600
dropout_1 (Dropout)	(None, 380, 32)	0
simple_rnn_1 (SimpleRNN)	(None, 16)	784
dense_1 (Dense)	(None, 256)	4352
dropout_2 (Dropout)	(None, 256)	0
dense_2 (Dense)	(None, 1)	257

```
Total params: 126,993
Trainable params: 126,993
Non-trainable params: 0
```

圖 9-13

訓練模型，評估模型的準確率。我們會發現使用 RNN 模型後，模型準確率得以提高。

9.4 基於 LSTM 模型的電影評論情感分析

本節建立一個長短期記憶（Long Short Term Memory，LSTM）模型，使用該模型進行電影評論情感分析。

9.4.1 LSTM 模型介紹

RNN 模型有個長時依賴問題，長時依賴問題指的是當預測點與依賴的相關資訊距離比較遠的時候，就難以學到該相關資訊。對於 RNN 模型，我們可以看到，每一時刻的隱藏狀態都不僅由該時刻的輸入決定，還取決於上一時刻的隱藏層的值。如果一個句子很長，到句子尾端時，RNN 模型將記不住這個句子的開頭的詳細內容。例如句子「我家住在福州……」，中間還有很多句子，若要在尾端預測「我在某個城市上班」，已經忘記之前寫的內容，就無法理解我是在哪一個城市上班。

長短期記憶網路的想法比較簡單：既然原始 RNN 的隱藏層只有一個狀態，即 h，它對於短期的輸入非常敏感，那麼我們就再增加一個狀態，即 c，讓它來保存長期的狀態，如圖 9-14 所示。

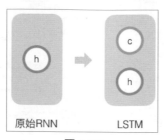

原始RNN   LSTM

圖 9-14

　　新增加的狀態 c，稱為單元狀態（Cell State）。我們把圖 9-14 按照時間維度展開，結果如圖 9-15 所示。可以看出，在 t 時刻，LSTM 的輸入有三個：當前時刻網路的輸入值 x_t、上一時刻 LSTM 的輸出值 h_{t-1}，以及上一時刻的單元狀態 c_{t-1}。LSTM 的輸出有兩個：當前時刻 LSTM 的輸出值 h_t 和當前時刻的單元狀態 c_t。

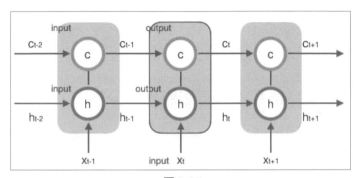

圖 9-15

　　LSTM 的關鍵就是怎樣控制長期狀態 c。對此，LSTM 的想法是使用三個控制開關：第一個開關，負責控制繼續保存長期狀態 c；第二個開關，負責控制把即時狀態輸入到長期狀態 c；第三個開關，負責控制是否把長期狀態 c 作為當前的 LSTM 的輸出。三個開關的作用如圖 9-16 所示。

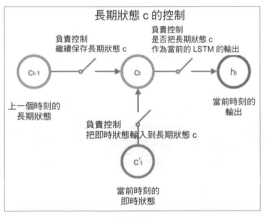

圖 9-16

這些開關用門（gate）來實現，在現實生活中，門就是用來控制進出的，關上門，我們就進不去房子，打開門我們就能進去。同理，LSTM 的門用來控制每一時刻資訊的記憶與遺忘。門實際上就是一層全連接層，輸入是一個向量，輸出是一個 0 到 1 之間的實數向量。門如何進行控制？方法是用門的輸出向量按元素乘以我們需要控制的那個向量，其原理是：門的輸出是 0 到 1 之間的實數向量，當門輸出為 0 時，任何向量與之相乘都會得到 0 向量，這就相當於什麼都不能透過；輸出為 1 時，任何向量與之相乘都不會有任何改變，這就相當於什麼都可以透過。

■ 9.4.2 使用 LTSM 模型進行影評情感分析 ▎

完整的程式碼參考範例 keras_imdb_lstm.ipynb，這裡摘出使用 LTSM 模型的程式，其他程式以下載 IMDB 資料集、資料前置處理等都與之前的模型相同。

```
from keras.models import Sequential
from keras.layers.core import Dense, Dropout, Activation
from keras.layers.embeddings import Embedding
from keras.layers.recurrent import LSTM
model = Sequential()
model.add(Embedding(output_dim=32,
                    input_dim=3800,
                    input_length=380))
model.add(Dropout(0.2))
model.add(LSTM(units=32))
model.add(Dense(units=256,activation='relu' ))
model.add(Dropout(0.2))
model.add(Dense(units=1,activation='sigmoid' ))
```

以上程式使用 LTSM(32) 建立具有 32 個神經元的 LTSM 層，使用 print(model.summary) 指令查看模型，如圖 9-17 所示。

```
Layer (type)                   Output Shape              Param #

embedding_1 (Embedding)        (None, 380, 32)           121600

dropout_1 (Dropout)            (None, 380, 32)           0

lstm_1 (LSTM)                  (None, 32)                8320

dense_1 (Dense)                (None, 256)               8448

dropout_2 (Dropout)            (None, 256)               0

dense_2 (Dense)                (None, 1)                 257

Total params: 138,625
Trainable params: 138,625
Non-trainable params: 0
```

圖 9-17

　　訓練模型，評估模型的準確率，我們會發現使用 LSTM 模型之後，模型準確率得以提高。多層感知器模型運用於文字情感分析時，其效果不如 RNN 和 LSTM 模型的效果好。

第 *10* 章

遷移學習

　　跟傳統的監督式機器學習演算法相比，深度神經網路目前最大的劣勢是貴，尤其是當我們在嘗試處理現實生活中諸如影像辨識、聲音辨識等實際問題的時候。一旦花費昂貴模型中包含一些隱藏層時，多增添一層隱藏層將花費巨大的運算資源。慶倖的是，有一種叫作「遷移學習」的方式，可以使我們在他人訓練過的模型基礎上進行小改動便可投入使用。本章將講解如何使用遷移學習的常用方法來加速解決問題的過程。

10.1 遷移學習簡介

　　所謂遷移學習，一般就是要將從來源領域（Source Domain）學習到的東西應用到目標領域（Target Domain）上去，來源領域的資料和目標領域的資料遵循不同的分佈。遷移學習能夠將適用於巨量資料的模型遷移到小資料上，實現個性化遷移。對於遷移學習，不妨拿老師與學生之間的關係做類比。一位老師通常在他所教授的領域有著多年的豐富經驗，在這些經驗累積的基礎上，老師能夠在課堂上教授給學生們該領域的核心知識。這個過程可以看作是老手與新手之間的「資訊遷移」，這個過程對神經網路也適用。我們知道，神經網路需要用資料來進行訓練，它從資料中獲得資訊，進而把資訊轉換成對應的權重。這些權重能夠被提取出來，遷移到其他的神經網路中，我們「遷移」了這些學來的特徵，就不需要再從零開始訓練一個神經網路了。

　　所以想要將深度學習應用於小型圖像資料集，一種常用且非常高效的方法就是使用預訓練網路（Pretrained Network）。預訓練網路是一個保存好的網路，之前已在大型態資料集上訓練好。如果原始資料集足夠大且足夠通用，那麼就可以把預訓練網路應用到我們的問題上。比如採用在 ImageNet 上預訓練好的網路，然後透過微調（Fine Tune）整個網路來適應新任務。

　　遷移學習能解決哪些問題？比如說新開一個網店，賣一種新的糕點，但是目前沒有任何的客戶資料，無法建立模型對客戶進行推薦。但客戶買一個東西的行為會反映出客戶可能還會買另外一個東西，所以如果客戶在另外一個領域，比如說買飲料，已經有了很多的資料，利用這些資料建立一個模型，將客戶買飲料的習慣和買糕點的習慣相連結，就可以把飲料的推薦模型成功地遷移到糕點的推薦模型上，這樣，在資料不多的情況下也可以給一些客戶推薦他們可能喜歡的糕點。

　　這個例子其實就是說有兩個領域，一個領域已經有很多的資料，能成功地建立一個模型，另一個領域資料不多，但是和前面那個領域是連結的，就可以把前面那個領域模型給遷移過來。即利用上千萬幅的影像訓練好一個影像辨識系統，當我們遇到一個新的影像領域，就不用再去找幾千萬幅影像來訓練了，把原來的影像辨識系統遷移到新的領域，在新的領域只用幾萬幅圖片就能夠獲取相同的效果。模型遷移的好處是可以和深度學習結合起來，我們可以區分不同層次可遷移的度，相似度比較高的那些層次模型遷移的可能性就大一些。

10.2 什麼是預訓練模型

　　如果我們要做一個電腦視覺的應用，相比於從頭訓練權重，或說從隨機初始化權重開始，下載別人已經訓練好的網路結構的權重，通常能夠進展得更快些。即我們可以下載別人花費了好幾周甚至幾個月，並且經歷了非常磨人的尋最佳過程而做出來的開放原始碼的權重參數，作為預訓練模型（Pre-Trained Model），用在自己的神經網路上。

所以簡單來說，預訓練模型是前人為了解決類似問題所創造出來的模型。我們在解決問題的時候，不用從零開始訓練一個新模型，可以從類似問題中找到訓練過的模型來入手。

比如說，我們想做一輛自動駕駛汽車，可以花費數年時間從零開始建構一個性能優良的影像辨識演算法，也可以從 Google 在 ImageNet 資料集上訓練得到的 Inception Model（一個預訓練模型）起步，直接用來辨識影像。

一個預訓練模型可能對我們的應用來說並不是 100% 的對接準確，但是它可以為我們節省大量的功夫，我們不需要重新訓練整個模型結構，只需要針對其中的幾層進行訓練即可。

以晶片影像分類為例，對擷取的晶片影像進行三分類，分別為晶片底盤、焊接球以及晶片接腳連接絲影像。現在沒有大量的影像，訓練集也很小，該怎麼辦呢？我們可以從網上下載一些神經網路開放原始碼的實現，不僅把程式下載下來，也把權重下載下來。有許多訓練好的網路，都可以下載。

ImageNet 資料集已經被廣泛用作訓練集，因為它的規模足夠大（包括 120 幅影像），有助訓練普適模型。ImageNet 的訓練目標是將所有的影像正確地劃分到 1000 個分類項目下。這 1000 個分類基本上都來自我們的日常生活，比如說貓和狗的種類、各種家庭用品、日常通勤工具，等等。

比如，我們採用在 ImageNet 資料集上預先訓練好的 VGG16 模型，VGG16 模型是由 13 個卷積層、5 個最大池化層以及 3 個全連接層組成。它有 1000 個不同的類別，因此這個網路會有一個 softmax 層，輸出 1000 個可能類別中的 1 個。在 VGG16 網路架構的基礎上，我們可以去掉最後三個全連接層，建立自訂層，用來輸出晶片底盤、焊接球和晶片接腳連接絲這三個類別。我們只需要訓練最後三層的權重，把前面這些層的權重都凍結（freeze）起來。

載入預訓練權值，初始計算並儲存權值，減少容錯過程，加快訓練速度；然後隨機初始化三層全連接層的權值，學習資料集影像與晶片影像之間的特徵空間遷移；最後的全連接層由 ImageNet 的 1000 個輸出類調整為晶片底盤、焊接球和晶片接腳連接絲三個輸出類。

透過使用其他人預訓練的權重，我們很可能得到很好的性能，即使只有一個小的資料集。同時大大減少了訓練時間，只需要針對全連接層進行訓練，所需時間基本可以忽略。

在遷移學習中，這些預訓練的網路對於 ImageNet 資料集外的圖片也表現出了很好的泛化性能。透過使用之前在巨量資料集上經過訓練的預訓練模型，我們可以直接使用對應的結構和權重，將它們應用到我們正在面對的問題上，如圖 10-1 所示。因為預訓練模型已經訓練得很好，我們就不會在短時間內去修改過多的權重，在遷移學習中用到它的時候，往往只是進行微調。

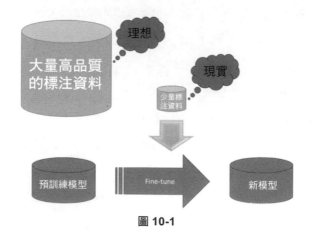

圖 10-1

但也要記住一點，在選擇預訓練模型的時候必須非常仔細，如果我們的問題與預訓練模型訓練情景有很大的出入，那麼模型所得到的預測結果將非常不準確。舉例來說，把一個原本用於語音辨識的模型用來做使用者辨識，那結果肯定是不理想的。

10.3 如何使用預訓練模型

採用預訓練模型的結構，一種方法先將所有的權重隨機化，然後依據自己的資料集進行訓練；另一種方法是使用預訓練模型的方法對它進行部分訓練。具體的做法是：模型起始的一些層的權重保持不變，重新訓練後面的層，得到新的權重，在這個過程中，我們可以進行多次嘗試，從而能夠依據結果找到最佳搭配。

如何使用預訓練模型，這是由資料集大小和新舊資料集（預訓練的資料集和我們要解決的資料集）之間資料的相似度來決定的。

1. 場景一：資料集小，資料相似度高

在這種情況下，因為資料與預訓練模型的訓練資料相似度很高，因此我們不需要重新訓練模型。只需將輸出層改建成符合問題情境下的結構就好。比如說使用在 ImageNet 上訓練的模型來辨認一組新照片中的貓和狗。這裡，需要被辨認的圖片與 ImageNet 函數庫中的圖片類似，但是我們的輸出結果中只需要兩項，即貓或狗。在這個例子中，我們要做的就是把全連接層和最終 softmax 層的輸出從 1000 個類別改為 2 個類別。

2. 場景二：資料集小，資料相似度不高

在這種情況下，我們可以凍結預訓練模型中的前 k 個層中的權重，然後重新訓練後面的 n–k 個層，當然最後一層也需要根據對應的輸出格式來進行修改。因為資料的相似度不高，重新訓練的過程就變得非常關鍵。而新資料集大小的不足，則是透過凍結預訓練模型的前 k 層來進行彌補。

3. 場景三：資料集大，資料相似度不高

在這種情況下，因為我們有一個很大的資料集，所以神經網路的訓練過程將比較有效率。然而，因為實際資料與預訓練模型的訓練資料之間存在很大的差異，採用預訓練模型將不會是一種高效的方式。因此，最好的方法

還是將前置處理模型中的權重全都初始化後在新資料集的基礎上從頭開始訓練。

4. 場景四：資料集大，資料相似度高

這是最理想的情況，採用預訓練模型會變得非常高效。最好的運用方式是保持模型原有的結構和初始權重不變，隨後在新資料集的基礎上重新訓練。

10.4　在貓狗辨識的任務上使用遷移學習

本節案例，我們將使用預訓練的 VGG16 模型，並且使用它在 ImageNet 資料集上預訓練過的權值。VGG16 模型是一個簡單而又被廣泛使用的卷積神經網路架構，其結構如圖 10-2 所示。

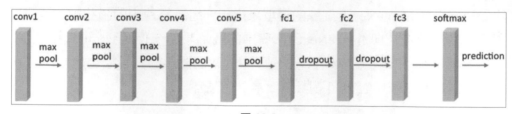

圖 10-2

Keras 有一個標準的 VGG16 模型可以作為一個函數庫來使用，預先計算好的權重也會被自動下載。首先匯入要用的套件，做好資料前置處理，載入 ImageNet 資料集上預訓練的 VGG16 模型，程式如圖 10-3 所示。其中，參數 weights 使用預訓練過的權值；參數 include_top 指定模型最後是否包含網路的分類器，預設情況下這個分類器對應於 ImageNet 的 1000 個類別，因為我們打算使用自己的分類器（只有兩個類別，cat 和 dog），不需要包含它，所以設定為 False；參數 input_shape 是輸入到網路中的影像張量的形狀。

```
# 冻结预训练网络前15层
for layer in conv_base.layers[:15]:
    layer.trainable = False
```

圖 10-3

查看模型結構,結果如下:

Layer (type)	Output Shape	Param #
input_1 (InputLayer)	(None, 150, 150, 3)	0
block1_conv1 (Conv2D)	(None, 150, 150, 64)	1792
block1_conv2 (Conv2D)	(None, 150, 150, 64)	36928
block1_pool (MaxPooling2D)	(None, 75, 75, 64)	0
block2_conv1 (Conv2D)	(None, 75, 75, 128)	73856
block2_conv2 (Conv2D)	(None, 75, 75, 128)	147584
block2_pool (MaxPooling2D)	(None, 37, 37, 128)	0
block3_conv1 (Conv2D)	(None, 37, 37, 256)	295168
block3_conv2 (Conv2D)	(None, 37, 37, 256)	590080
block3_conv3 (Conv2D)	(None, 37, 37, 256)	590080
block3_pool (MaxPooling2D)	(None, 18, 18, 256)	0
block4_conv1 (Conv2D)	(None, 18, 18, 512)	1180160
block4_conv2 (Conv2D)	(None, 18, 18, 512)	2359808
block4_conv3 (Conv2D)	(None, 18, 18, 512)	2359808
block4_pool (MaxPooling2D)	(None, 9, 9, 512)	0

```
block5_conv1 (Conv2D)      (None, 9, 9, 512)       2359808

block5_conv2 (Conv2D)      (None, 9, 9, 512)       2359808

block5_conv3 (Conv2D)      (None, 9, 9, 512)       2359808

block5_pool (MaxPooling2D) (None, 4, 4, 512)       0
=================================================================
Total params: 14,714,688
Trainable params: 14,714,688
Non-trainable params: 0


None
```

載入預訓練的 VGG16 模型，僅載入具有分類作用的卷積部分，不包含主要承擔分類作用的全連接層。

在編譯和訓練模型之前，凍結一個或多個層，使其在訓練過程中保持權重不變。我們會凍結預訓練的 VGG16 模型最前面的 15 層，程式如圖 10-4 所示，固定網路中的部分參數，而非所有的權重參數都會被更新，只重新訓練輸出層和隱藏層。這麼做是因為最初的幾層網路捕捉的是曲線、邊緣這種普遍的特徵，這跟我們的問題是相關的。我們想要保證這些權重不變，讓網路在學習過程中特別注意資料集特有的一些特徵，從而對後面的網路進行調整。

```
# 冻结预训练网络前15层
for layer in conv_base.layers[:15]:
    layer.trainable = False
```

圖 10-4

如圖 10-5 所示，在頂部增加 Dense 層來擴充已有模型，並在輸入資料上點對點地執行整個模型。為了分類，增加一組自訂的頂層：在 VGG16 模型中，輸出層是一個擁有 1000 個類別的 softmax 層，我們把這層去掉，換上一層只有 10 個類別的 softmax 層。我們只訓練這些層，然後就進行數字辨識的嘗試。

```
from keras import models
from keras import layers
from keras.layers import Dropout
model = models.Sequential()
model.add(conv_base)
model.add(layers.Flatten())
model.add(layers.Dense(256, activation='relu'))
model.add(Dropout(0.5))      # Dropout概率0.5
model.add(layers.Dense(1, activation='sigmoid'))
print(model.summary())
```

Layer (type)	Output Shape	Param #
vgg16 (Model)	(None, 4, 4, 512)	14714688
flatten_1 (Flatten)	(None, 8192)	0
dense_1 (Dense)	(None, 256)	2097408
dropout_1 (Dropout)	(None, 256)	0
dense_2 (Dense)	(None, 1)	257

Total params: 16,812,353
Trainable params: 9,177,089
Non-trainable params: 7,635,264

None

圖 10-5

資料準備如圖 10-6 所示。影像訓練集樣本只有 3000 幅貓狗圖片，驗證集有 1000 幅貓狗圖片，資料集比較小。

模型編譯和訓練過程的執行結果如圖 10-7 所示。可以看到共執行了 10 個訓練週期，同時可以發現誤差越來越小，準確率越來越高。原本資料量小會造成神經網路的過擬合，但是透過一個標準的已經在整個 ImageNet 上進行了預訓練完成了學習的 VGG16 模型，並且使用了預先計算好的、從網上下載的權值，避免了過擬合現象的發生。VGG16 模型和一個已經被單獨訓練的訂製網路並置在一起。然後並置的網路作為一個整體被重新訓練，同時保持 VGG16 模型的 15 個低層的參數不變。這個組合非常有效，它可以節省大量的運算能力。重新利用已經工作的 VGG16 模型進行遷移學習，雖然只訓練了 12 輪，但整個模型的準確率達到了 0.94。

```
import os
base_dir = 'cat-and-dog'
#构造路径存储训练数据，校验数据
train_dir = os.path.join(base_dir, 'training_set')
validation_dir = os.path.join(base_dir, 'validation_set')
train_cats_dir = os.path.join(train_dir, 'cats')
train_dogs_dir = os.path.join(train_dir, 'dogs')
validation_cats_dir = os.path.join(validation_dir, 'cats')
validation_dogs_dir = os.path.join(validation_dir, 'dogs')
from keras import optimizers
from keras.preprocessing.image import ImageDataGenerator
train_datagen = ImageDataGenerator(rescale = 1. / 255)
#把像素点的值除以255，使之在0到1之间
test_datagen = ImageDataGenerator(rescale = 1. / 255)
#generator 实际上是将数据批量读入内存
train_generator = train_datagen.flow_from_directory(train_dir, target_size=(150, 150),
                                          batch_size=20,
                                          class_mode = 'binary')
validation_generator = test_datagen.flow_from_directory(validation_dir,
                                          target_size = (150, 150),
                                          batch_size = 20,
                                          class_mode = 'binary')
```
Found 3000 images belonging to 2 classes.
Found 1000 images belonging to 2 classes.

圖 **10-6**

```
model.compile(optimizer=optimizers.RMSprop(lr = 2e-5),
              loss = 'binary_crossentropy', metrics = ['acc'])
history=model.fit_generator(train_generator, epochs=12, steps_per_epoch = 150,
              validation_data=validation_generator,
                    validation_steps=50, verbose=2)
```
Epoch 1/12
 - 1871s - loss: 0.3889 - acc: 0.8190 - val_loss: 0.2431 - val_acc: 0.8930
Epoch 2/12
 - 1967s - loss: 0.2118 - acc: 0.9137 - val_loss: 0.1864 - val_acc: 0.9210
Epoch 3/12
 - 2033s - loss: 0.1393 - acc: 0.9407 - val_loss: 0.2431 - val_acc: 0.9020
Epoch 4/12
 - 1723s - loss: 0.1025 - acc: 0.9583 - val_loss: 0.1671 - val_acc: 0.9460
Epoch 5/12
 - 1690s - loss: 0.0684 - acc: 0.9780 - val_loss: 0.1570 - val_acc: 0.9540
Epoch 6/12
 - 1695s - loss: 0.0524 - acc: 0.9830 - val_loss: 0.2226 - val_acc: 0.9320
Epoch 7/12
 - 1699s - loss: 0.0331 - acc: 0.9890 - val_loss: 0.2187 - val_acc: 0.9370
Epoch 8/12
 - 1679s - loss: 0.0220 - acc: 0.9913 - val_loss: 0.2081 - val_acc: 0.9440
Epoch 9/12
 - 1675s - loss: 0.0151 - acc: 0.9947 - val_loss: 0.1925 - val_acc: 0.9490
Epoch 10/12
 - 1667s - loss: 0.0199 - acc: 0.9943 - val_loss: 0.2249 - val_acc: 0.9480
Epoch 11/12
 - 1669s - loss: 0.0110 - acc: 0.9967 - val_loss: 0.2709 - val_acc: 0.9400
```

圖 **10-7**
```

這就是遷移學習的魅力，使用已經訓練好的模型，哪怕只有很少量的資料，依然可以建立出一個性能優越的模型。

10.5 在 MNIST 手寫體分類上使用遷移學習

本案例中，我們將使用 Keras 的 VGG16 模型，在 MNIST 資料集上進行遷移學習，完成手寫體分類的問題。MNIST 是非常有名的手寫體數字辨識資料集，它由手寫體數字的圖片和相對應的標籤組成。MNIST 資料集分為訓練影像和測試影像。訓練影像 60000 幅，測試影像 10000 幅，每一幅圖片代表 0~9 中的數字，且圖片大小均為 28×28。

VGG16 模型的權重由 ImageNet 訓練而來，模型的預設輸入尺寸是 224×224，最小尺寸是 48×48。首先匯入要用的套件和資料集，因為 MNIST 資料集是尺寸為 28×28 的灰階影像，VGG16 模型要求輸入影像尺寸至少為 48×48，需要保持訓練資料在輸入尺寸上的一致，這就需要將 MNIST 資料集中的影像尺寸轉換過來，程式如圖 10-8 所示。

```
import keras
from keras.datasets import mnist
import numpy as np
import cv2
# 輸入圖像的尺寸
img_width, img_height = 64, 64
# the data, shuffled and split between train and test sets
(x_train, y_train), (x_test, y_test) = mnist.load_data()
#转成VGG16需要的格式
x_train = [cv2.cvtColor(cv2.resize(i, (img_width, img_height)),
    cv2.COLOR_GRAY2BGR) for i in x_train]
x_train = np.concatenate([arr[np.newaxis] for arr in
    x_train]).astype('float32')
x_test  = [cv2.cvtColor(cv2.resize(i, (img_width, img_height)),
    cv2.COLOR_GRAY2BGR) for i in x_test ]
x_test  = np.concatenate([arr[np.newaxis] for arr in
    x_test] ).astype('float32')
print(x_train.shape)
print(x_test.shape)

Using TensorFlow backend.

(60000, 64, 64, 3)
(10000, 64, 64, 3)
```

圖 10-8

接下來，對輸入資料進行對應的前置處理，數位影像的數字標準化可以提高模型的準確率，如圖 10-9 所示。因為數位影像的數字是從 0 到 255 的值，所以最簡單的標準化方式是除以 255。標籤（數位影像真實的值）欄位原本是 0~9 的數字，必須以獨熱編碼轉為 10 個 0 或 1 的組合。keras.utils. to_categorical 函數就是將原有的類別向量轉為獨熱編碼的形式。

```
#數據預處理
# 对输入图像归一化
x_train /= 255
x_test /= 255
# 将输入的标签转换成类别值
num_classes = 10
y_train = keras.utils.to_categorical(y_train, num_classes)
y_test = keras.utils.to_categorical(y_test, num_classes)
```

圖 10-9

如果要使用 Keras 中的 VGG16 模型，可以使用 applications.VGG16 載入預訓練模型，設定 inlude_top=False，包含了 VGG16 模型中所有的卷積模組，而不包含全連接層，設定 weights="imagenet"，使用 imagenet 上預訓練模型的權值，程式如圖 10-10 所示。

```
from keras.models import Sequential, Model
from keras.layers import Dense, Dropout, Activation, Flatten
from keras.layers import Conv2D, MaxPooling2D, GlobalAveragePooling2D
from keras import applications
# weights = "imagenet"：使用imagenet上预训练模型的权重
# 如果weight = None， 则代表随机初始化
# include_top=False：不包括顶层的全连接层
# input_shape：输入图像的维度
conv_base = applications.VGG16(weights = "imagenet", include_top=False,
      input_shape = (img_width, img_height, 3))
```

圖 10-10

　　VGG16 模型是一個訓練好的卷積神經網路，可以控制對哪些網路層進行固化，對哪些網路層進行訓練，自行增加全連接層，然後透過 Model 將自己增加的層和 VGG 模型組合起來，如圖 10-11 所示。透過將所有的層設定為 layer.trainable=False，載入 VGG16 模型中的卷積塊參數都被固化住，固定住模型中卷積層和池化層的參數，不讓它們進行訓練，只訓練自己增加的全連接層，從而使得要訓練的參數大大減少。

```
# 我们将已经载入的VGG16的卷积块都固化下来, 只训练用于分类的全连接层
for layer in conv_base.layers:
————*layer.trainable = False
from keras import models
from keras import layers
from keras.layers import Dropout
model = models.Sequential()
model.add(conv_base)
model.add(layers.Flatten())
model.add(layers.Dense(256, activation='relu'))
model.add(Dropout(0.5))    # Dropout概率0.5
model.add(layers.Dense(10, activation='softmax'))
print(model.summary())
```

Layer (type)	Output Shape	Param #
vgg16 (Model)	(None, 2, 2, 512)	14714688
flatten_1 (Flatten)	(None, 2048)	0
dense_1 (Dense)	(None, 256)	524544
dropout_1 (Dropout)	(None, 256)	0
dense_2 (Dense)	(None, 10)	2570

```
Total params: 15,241,802
Trainable params: 527,114
Non-trainable params: 14,714,688
```

None

圖 10-11

執行模型編譯和訓練，部分結果如圖 10-12 所示。

```
model.compile(loss=keras.losses.categorical_crossentropy,
              optimizer=keras.optimizers.Adadelta(),
              metrics=['accuracy'])
```

```
model.fit(x_train, y_train,
          batch_size=300,
          epochs=10,
          verbose=2,
          validation_data=(x_test, y_test))
```

```
Train on 60000 samples, validate on 10000 samples
Epoch 1/10
 - 5177s - loss: 0.5803 - acc: 0.8377 - val_loss: 0.1811 - val_acc: 0.9550
Epoch 2/10
 - 5114s - loss: 0.1884 - acc: 0.9490 - val_loss: 0.1111 - val_acc: 0.9686
Epoch 3/10
 - 5286s - loss: 0.1275 - acc: 0.9634 - val_loss: 0.0838 - val_acc: 0.9761
Epoch 4/10
```

圖 10-12

10.6 遷移學習複習

　　遷移學習就是將網路中每個節點的權重從一個訓練好的網路遷移到一個全新的網路中，而非從頭開始為每個特定的任務訓練一個神經網路，這就是所謂的「踩在巨人的肩膀上」。使用遷移學習的好處主要有降低資源、降低訓練時間和減少大量的訓練資料等。使用深度學習去處理實際生活中遇到的問題，如果需要消耗大量的資源，比如顯示卡、訓練時間，就可以透過遷移學習來解決這個問題，顯著降低深度學習所需的硬體資源。影像辨識中最常見的例子是訓練一個神經網路來辨識不同品種的貓。我們若是從頭開始訓練，則需要百萬級的帶標注資料，巨量的顯示卡資源。而若是使用遷移學習，使用 Google 發佈的 Inception 或 VGG16 這樣成熟的物品分類網路，只訓練最後的 softmax 層，此時只需要幾千幅圖片，使用普通的 CPU 就能完成，而且模型的準確性還不差。

第 *11* 章

人臉辨識實踐

　　人臉辨識是基於人的臉部特徵資訊進行身份辨識的一種生物辨識技術，是用攝像機或攝影機擷取含有人臉的影像或視訊流，並自動在影像中檢測和追蹤人臉，進而對檢測到的人臉進行臉部辨識的一系列相關技術，通常也叫作人像辨識、面部辨識。

11.1 人臉辨識

　　本節主要介紹人臉辨識的基礎知識，讓讀者明白什麼是人臉辨識、人臉辨識的步驟有哪些。

■ 11.1.1　什麼是人臉辨識 ▮

　　人臉辨識其實是一種身份驗證技術，它與我們所熟知的指紋辨識、聲紋辨識、虹膜辨識等均屬於生物資訊辨識領域。它是分析與比較人臉視覺特徵資訊，進行身份驗證或查詢的一項電腦視覺技術手段。

　　作為生物資訊辨識之一的人臉辨識，其具有對擷取裝置要求不高（裝置只需要能夠拍照即可）、擷取方式簡單等特點。在進行人臉身份認證時，不可避免地會經歷諸如影像擷取、人臉檢測、人臉定位、人臉提取、人臉前置處理、人臉特徵提取、人臉特徵對比等步驟，這些都可以認為是人臉辨識的範圍。

當我們談到人臉辨識時，會出現兩個常見和重要的概念，即 1:1 和 1:N。簡單來說，1:1 是一對一的人臉「核心對」，解決的是「這個人是不是你」的問題，而 1:N 是從許多物件中找出目標人物，解決的是「這個人是誰」的問題。人臉辨識考勤、安檢時的身份驗證等應用，都是 1:1 概念下的人臉辨識應用。而 1:N 更多的是用於保全行業，比如在人流密集的場所安裝人臉辨識防控系統，它和 1:1 最大的區別就是 1:N 擷取的是動態的資料，並且會因為地點、環境、光線等因素影響辨識的準確性和效果。

人臉辨識技術的典型應用場景可以複習為以下幾個場景：

（1）身份認證場景：這是人臉辨識技術最典型的應用場景之一。門禁系統、手機解鎖等都可以歸納為該種類別。這需要系統判斷當前被檢測人臉是否已經存在於系統內建的人臉資料庫中。如果系統內沒有該人的資訊，則認證失敗。

（2）人臉核心身場景：這是判斷證件中的人臉影像與被辨識人的人臉是否相同的場景。在進行人臉與證件之間的對比時，往往會引入活體檢測技術，就是我們在使用手機銀行時出現的「眨眨眼、搖搖頭、點點頭、張張嘴」的人臉辨識過程，這個過程我們稱之為基於動作指令的活體檢測。活體檢測還可以借由紅外線、活體虹膜等方法來實現。不難理解，引入活體檢測可以有效地增加判斷的準確性，防止攻擊者偽造或竊取他人生物特徵用於驗證，例如使用照片等平面圖片對人臉辨識系統進行攻擊。

（3）人臉檢索場景：人臉檢索與身份驗證類似，二者的區別在於身份驗證是對人臉圖片「一對一」地對比，而人臉檢索是對人臉圖片「一對多」地對比。舉例來說，在獲取到某人的人臉圖片後，可以透過人臉檢索方法，在人臉資料庫中檢索出該人的其他圖片，或查詢該人的姓名等相關資訊。一個典型的例子是，在重要的交通關卡佈置人臉檢索攝影機，將行人的人臉圖片在犯罪嫌犯資料庫中進行檢索，從而比較高效率地辨識出犯罪嫌犯。

（4）社交互動場景：美顏類自拍軟體大家或許都很熟悉，該類軟體除了能夠實現常規的修容、美白、濾鏡等功能外，還具有「大眼」「瘦臉」、增加裝飾類貼圖等功能。而「大眼」「瘦臉」等功能都需要使用人臉辨識技術來檢測出人眼或面部輪廓，然後根據檢測出來的區域對圖片進行加工，從而得到我們想要的結果。社交類 App 可以透過使用者上傳的自拍圖片來判斷該使用者的性別、年齡等特徵，從而為使用者有針對性地推薦一些可能感興趣的人。

在研究人臉辨識過程中，經常看到 FDDB 和 LFW 這兩個縮寫簡稱，但很多人不知道它們到底指的是什麼？

（1）FDDB 的全稱為 Face Detection Data Set and Benchmark，是由麻塞諸塞大學電腦系維護的一套公開資料庫，為來自全世界的研究者提供一個標準的人臉檢測評測平台。它是全世界最具權威的人臉檢測評測平台之一，包含 2845 幅圖片，共有 5171 個人臉作為測試集。測試集範圍包括：不同姿勢、不同解析度、旋轉和遮擋等圖片，同時包括灰階圖和彩色圖，標準的人臉標注區域為橢圓形。值得注意的是，目前 FDDB 所公佈的評測集也代表了目前人臉檢測的世界最高水準。

（2）LFW 全名 Labeled Faces in the Wild，是由麻塞諸塞大學於 2007 年建立，用於評測非限制條件下的人臉辨識演算法性能，它也是人臉辨識領域使用最廣泛的評測集合。該資料集由 13000 幅全世界知名人士在自然場景中的具有不同朝向、表情和光源的人臉圖片組成，共有 5000 多人，其中有 1680 人有 2 幅或 2 幅以上人臉圖片。每幅人臉圖片都有其唯一的姓名 ID 和序號加以區分。LFW 測試正確率代表了人臉辨識演算法在處理不同姿態、光線、角度、遮擋等情況下辨識人臉的綜合能力。

■ 11.1.2 人臉辨識的步驟 ■

人臉辨識系統的組成包括人臉捕捉（人臉捕捉是指在一幅影像或視訊流的一幀中檢測出人像，將人像從背景中分離出來，並自動地將其保存）、人臉辨識計算（人臉辨識分確定式和搜索式兩種比對計算模式）、人臉的建模與檢索（可以將登記入庫的人像資料進行建模以提取人臉的特徵，並將其生成人臉範本保存到資料庫中。在進行人臉搜索時，將指定的人像進行建模，再將其與資料庫中的所有人的範本進行比對辨識，最終將根據所比對的相似值列出最相似的人員列表），等等。

因此，資料成為提升人臉辨識演算法性能的關鍵因素。此外，很多應用更加關注低誤報條件下的辨識性能，比如人臉支付需要控制錯誤接收率在 0.00001 之內，因此以後的演算法改進也將著重於提升低誤報下的辨識率。對於保全監控而言，可能需要控制在 0.00000001 之內，因此保全領域的人臉辨識技術更具有挑戰性。

隨著深度學習的演進，基於深度學習的人臉辨識將獲得突破性的進展。因為它需要的只是越來越多的資料和樣本，資料和樣本越多、反覆訓練的次數越多，它越容易捕捉到準確的結果並舉出準確的答案。所以，當一套人臉辨識系統的裝置在全面引入深度學習的演算法之後，它幾乎是很完美地解決了長期累積下來的各種各樣的問題。

一個完整的人臉辨識過程的步驟如圖 11-1 所示。

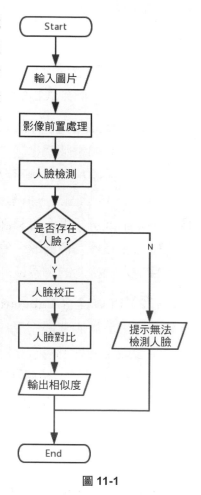

圖 11-1

下面我們簡介一下其中的一些關鍵步驟。

1. 影像前置處理

在很多電腦視覺專案中，都需要進行圖片的前置處理操作。這主要是因為系統獲取的原始影像由於受到各種條件的限制和隨機干擾，不能直接使用，必須在影像處理的早期階段對它進行灰階校正、雜訊過濾等影像前置處理。對於人臉影像而言，其前置處理過程主要包括人臉影像的光線補償、灰階變換、二值化、歸一化、濾波等，從而使圖片更加符合系統要求。

對現有的大多數人臉辨識／認證系統來說，外部光源的變化依然嚴重限制著其性能。這主要是因為光源變化造成的同一個體的臉部成像差異甚至有可能比不同個體間的差異更大，而在實際應用系統的設計中，由於辨識／認證和註冊時間、環境的不同，外部光源的變化幾乎不可避免。因此，需要對光源變化條件下的人臉影像進行歸一化處理，以消除和減小其對人臉辨識／認證系統的影響。

2. 人臉檢測

顧名思義，人臉檢測就是用來判斷一幅圖片中是否存在人臉的操作。如果圖片中存在人臉，則定位該人臉在圖片中的位置；如果圖片中不存在人臉，則傳回圖片中不存在人臉的提示訊息。

對於人臉辨識應用，人臉檢測可以說是必不可少的重要環節。人臉檢測效果的好壞，將直接影響整個系統的性能優劣。人臉影像中包含的模式特徵十分豐富，如長條圖特徵、顏色特徵、範本特徵、結構特徵及 Haar 特徵等。人臉檢測就是把其中有用的資訊挑出來，並利用這些特徵實現人臉檢測。

人臉檢測演算法的輸入是一幅影像，輸出是人臉框座標序列，具體結果是 0 個人臉框或 1 個人臉框或多個人臉框。輸出的人臉座標框可以為正方形、矩形等。人臉檢測演算法的原理簡單來說是一個「掃描」加「判定」的過程，即首先在整個影像範圍內掃描，再一個一個判定候選區域是否是人臉的過程。因此，人臉檢測演算法的計算速度會跟影像尺寸大小以及影像內容相關。在實現演算法時，我們可以透過設定「輸入影像尺寸」「最小臉尺寸限制」「人臉數量上限」等方式來加速演算法。

對於人臉辨識應用場景，如果圖片中根本不存在人臉，那麼後續的一切操作都將變得沒有意義，甚至會造成錯誤的結果。而如果辨識不到圖片中存在的人臉，也會導致整個系統執行的提前終止。因此，人臉檢測在人臉辨識應用中具有十分重要的作用，甚至可以認為是不可或缺的重要一環。

3. 人臉校正

人臉校正又可以稱為人臉矯正、人臉扶正、人臉對齊等。我們知道，圖片中的人臉影像往往都不是「正臉」，有的是側臉，有的是帶有傾斜角度的人臉。這種在幾何形態上似乎不是很規整的面部影像，可能會對後續的人臉相關操作造成不利影響。於是，就有人提出了人臉校正。人臉校正是對圖片中人臉影像的一種幾何變換，目的是減少傾斜角度等幾何因素給系統帶來的影響。

但是，隨著深度學習技術的廣泛應用，人臉校正並不是被絕對要求存在於系統中。深度學習模型的預測能力相對於傳統的人臉辨識方法要強得多，因為它以巨量資料樣本訓練取勝。也正因如此，有的人臉辨識系統中有人臉校正這一步，而有的模型中則沒有。

4. 人臉特徵點定位

人臉特徵點定位是指在檢測到圖片中人臉的位置之後，在圖片中定位能夠代表圖片中人臉的關鍵位置的點。常用的人臉特徵點是由左右眼、左右嘴角、鼻子這 5 個點組成的 5 點人臉特徵點，以及包括人臉及嘴唇等輪廓組成的 68 點人臉特徵點等。這些方法都是基於人臉檢測的座標框，按某種事先設定規則將人臉區域摳取出來，縮放到固定尺寸，然後進行關鍵點位置的計算。對當前檢測到的人臉持續追蹤，並動態即時展現人臉上的核心關鍵點，可用於五官定位、動態貼紙、視訊特效等。

定位出人臉上五官關鍵點座標，定位到的 68 個人臉特徵點，透過對圖片中人臉特徵點的定位，可以進行人臉校正，也可以應用到某些貼圖類應用中，如圖 11-2 所示。

5. 人臉特徵提取

人臉特徵提取（Face Feature Extraction）也稱人臉表徵，它是對人臉進行特徵建模的過程。人臉特徵提取是將一幅人臉影像轉化為可以表徵人臉特點的特徵，具體表現形式為一串固定長度的數值。人臉特徵提取過程的輸入是「一幅人臉圖」和「人臉五官關鍵點座標」，輸出是人臉對應的數值串（特徵）。人臉特徵提取演算法實現的過程為：首先將五官關鍵點座標進行旋轉、縮放等操作來實現人臉對齊，然後再提取特徵並計算出數值串。

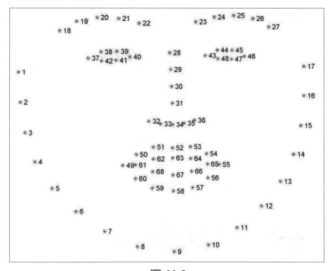

圖 11-2

我們可以認為 RGB 形式的彩色圖片是一個具有紅、綠、藍三通道的矩陣，而二值影像和灰階影像本身在儲存上就是一個矩陣，這些圖片中的像素點很多。而提取到的特徵往往是以特徵向量的形式表示的，向量的元素一般都不會太多（一般在「千」這個數量級）。

因此，從宏觀角度來看，特徵提取過程可以看作一個資料取出與壓縮的過程。從數學角度看，其實是一個降維的過程。對很多人臉辨識應用來說，人臉特徵提取是一個十分關鍵的步驟。舉例來說，在性別判斷、年齡辨識、人臉對比等場景中，將已提取到的人臉特徵作為主要的判斷依據。提取到的人臉特徵品質的優劣，將直接影響輸出結果的正確與否。

6. 人臉比對

人臉比對（Face Compare）演算法實現的目的是衡量兩個人臉之間的相似度。人臉比對演算法的輸入是兩個人臉特徵（兩幅人臉圖片），輸出是兩個特徵之間的相似度。將提取的人臉影像的特徵資料與資料庫中儲存的特徵範本進行搜索匹配，設定一個設定值，當相似度超過這一設定值，則輸出匹配得到的結果。這一過程又分為兩類：一類是確認，是一對一進行影像比較的過程；另一類是辨認，是一對多進行影像匹配對比的過程。比如判定兩個人臉圖是否為同一人，它的輸入是兩個人臉特徵，透過人臉比對獲得兩個人臉特徵的相似度，透過與預設的設定值進行比較來驗證這兩個人臉特徵是否屬於同一人。再比如搜索人，它的輸入為一個人臉特徵，透過和註冊在函數庫中 N 個身份對應的特徵進行一個一個比對，找出「一個」與輸入特徵相似度最高的特徵。將這個最高相似度值和預設的設定值進行比較，如果大於設定值，則傳回該特徵對應的身份，否則傳回「不在資料庫中」。

11.2 人臉檢測和關鍵點定位實戰

先說明一下基本概念，人臉檢測解決的問題是確定一幅圖上有沒有人臉，而人臉辨識解決的問題是這個臉是誰的。可以說人臉檢測是人臉辨識的前期工作。本節將要介紹的 Dlib 是個老牌的專做人臉辨識的 C++ 函數庫。Dlib 是一個跨平台的 C++ 公共函數庫，同時包含了大量的圖形模型演算法。Dlib 函數庫提供的功能十分豐富，提供了 Python 介面，裡面有人臉檢測器，有訓練好的人臉關鍵點檢測器，也有訓練好的人臉辨識模型。

Dlib 實現的人臉檢測方法便是基於影像的 HOG（Histogram of Oriented Gradient，方向梯度長條圖）特徵，核心原理是使用了影像 HOG 特徵來表示人臉。HOG 特徵是影像的一種特徵，影像的特徵其實就是影像中某個區域的像素點在經過某種四則運算後所得到的結果。和其他特徵提取運算元相比，它對影像的幾何和光學的形變都能保持了很好的不變形。該特徵提取運算元通常和支援向量機（SVM）演算法搭配使用，用在物體檢測場景。比如，HOG 特徵描述會從一幅 64×128×3 的影像中提取出長度為 3780 的特徵向量。很明顯，透過特徵向量來瀏覽影像是沒用的，但是在影像辨識或物件辨識中，特徵向量會變得很有用。在一些影像分類演算法中，用特徵向量進行分類會達到很好的效果。

這裡主要說明人臉檢測的實現過程，不分析其細節原理。利用 Dlib 函數庫的正向人臉檢測器 get_frontal_face_detector 進行人臉檢測，提取人臉外部矩形框，利用訓練好的 Dlib 的 68 點特徵預測器，進行人臉 68 點面部輪廓特徵提取，把所辨識出來的人臉輪廓點給標記出來。其程式處理流程如圖 11-3 所示。

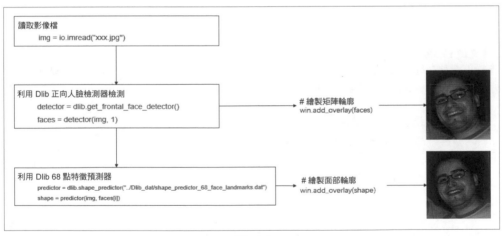

圖 11-3

程式碼（含註釋）如下：

```
##############################################
import dlib
from skimage import io
# 使用 Dlib 的正面人臉檢測器 frontal_face_detector
detector = dlib.get_frontal_face_detector()
# Dlib 的 68 點模型
```

```
modelname="d:\\pythoncode\\shape_predictor_68_face_landmarks.dat"
predictor = dlib.shape_predictor(modelname)
# 圖片所在路徑，這裡是直接在原始程式指定好圖片等參數路徑
img = io.imread("d:\\testface\\testface1.jpg")
# 生成 Dlib 的影像視窗
win = dlib.image_window()
# 顯示要檢測的影像
win.set_image(img)
# 使用 detector 檢測器來檢測影像中的人臉
faces = detector(img,1)
print(" 人臉數: ", len(faces))
for i, d in enumerate(faces):
    print(" 第 ", i+1, " 個人臉的矩形框座標: ",
          "left:", d.left(), "right:", d.right(), "top:", d.top(), "bottom:",
d.bottom())
    # 使用 predictor 來計算面部輪廓
    shape = predictor(img, faces[i])
    # 繪製面部輪廓
    win.add_overlay(shape)
# 繪製矩陣輪廓
win.add_overlay(faces)
# 繪製兩個 overlay，人臉外接矩陣框和面部特徵框
# 保持影像
dlib.hit_enter_to_continue()
#################################################
```

程式執行結果如圖 11-4 所示，紅色（參看實際執行結果圖）的是繪製的人臉矩形框，藍色（參看實際執行結果圖）的是繪製的人臉面部輪廓。

圖 11-4

接下來的例子，我們會使用 OpenCV 中的視訊操作，利用筆記型電腦附帶的攝影機實現人臉探測。OpenCV 是一個基於 BSD 許可（開放原始碼）發行的跨平台電腦視覺函數庫，可以執行在 Linux、Windows、Android 和 Mac OS 作業系統上。它輕量級而且高效，擁有豐富的常用影像處理函數程式庫，能夠快速地實現一些影像處理和辨識的任務。

安裝 OpenCV，可以透過下載 OpenCV 的 whl 檔案，使用 pip install opencv_python-3.6.4-cp36- cp36m-win_amd64.whl 命令來安裝。如果執行 import cv2 命令時顯示出錯「ImportError: numpy.core.multiarray failed to import」，解決方法是下載最新版本的 NumPy，命令為 pip install numpy-upgrade，結果如圖 11-5 所示就表示安裝成功。

做即時影像捕捉之前，首先需要學習一下 OpenCV 的基礎，起碼知道如何從攝影機獲取當前拍到的影像。使用 OpenCV 其實很簡單，以下程式碼有詳細註釋。

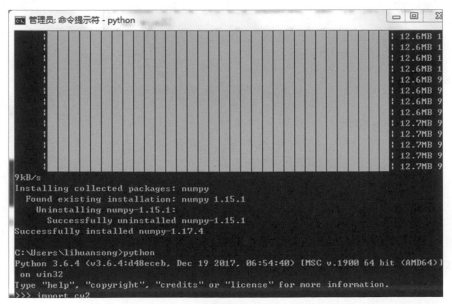

圖 11-5

```
########## 即時檢測視訊中的人臉 ###############################
import cv2
import dlib
predictor_path = "d:\\pythoncode\\shape_predictor_68_face_landmarks.dat"
# 使用 dlib 附帶的 frontal_face_detector 作為人臉檢測器
detector = dlib.get_frontal_face_detector()
# 使用官方提供的模型建構特徵提取器
predictor = dlib.shape_predictor(predictor_path)
# 初始化視窗
win = dlib.image_window()
cap = cv2.VideoCapture(0)      # 獲取攝影機
while cap.isOpened():          # 讀取攝影機的影像，使用 isOpened 函數判斷攝影機是否開啟
    ok,cv_img = cap.read()
    img = cv2.cvtColor(cv_img, cv2.COLOR_RGB2BGR)   # 轉灰階化，簡化影像資訊
    # 與人臉檢測程式相同，使用 detector 進行人臉檢測，dets 為傳回的結果
    dets = detector(img, 0)
    shapes =[]
    if cv2.waitKey(1) & 0xFF == ord('q'):
        print("q pressed")
        break
    else:
        # 使用 enumerate 函數遍歷序列中的元素以及它們的下標
        # 下標 k 即為人臉序號
        for k, d in enumerate(dets):
            # 使用 predictor 進行人臉關鍵點辨識 shape 為傳回的結果
            shape = predictor(img, d)
            # 繪製特徵點
            for index, pt in enumerate(shape.parts()):
                pt_pos = (pt.x, pt.y)
                cv2.circle(img, pt_pos, 1, (0,225, 0), 2) # 利用 cv2.putText
輸出 1 ～ 68
                font = cv2.FONT_HERSHEY_SIMPLEX
                cv2.putText(img, str(index+1),pt_pos,font,
                          0.3, (0, 0, 255), 1, cv2.LINE_AA)
        win.clear_overlay()
        win.set_image(img)
        if len(shapes)!= 0 :
            for i in range(len(shapes)):
                win.add_overlay(shapes[i])
```

```
        win.add_overlay(dets)
cap.release()
cv2.destroyAllWindows()
####################################################################
```

執行結果如圖 11-6 所示。

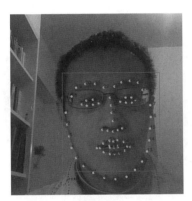

圖 11-6

11.3 人臉表情分析情緒辨識實戰

本節主要是利用 OpenCV 和 Dlib 類別庫檢測視訊流裡的人臉,將眼睛和嘴巴標識出來(利用已經訓練好的資料來做)。

透過大量人臉面部表情資料分析,一般嘴巴張開距離佔面部辨識框寬度的比例越大,說明這個人的情緒越激動,可能他很開心,或他極度憤怒。而眉毛上揚越厲害,表示這個人越驚訝,眉毛的傾斜角度不同,表現出的情緒也是不一樣的,開心時眉毛上揚,憤怒時眉毛皺起並且壓下來。最後,人的眼睛「會說話」,人在開心大笑的時候不自覺地會瞇起眼睛,而在憤怒或驚訝的時候會瞪大眼睛。

當然,透過這些臉部特徵,只能大致判斷出一個人的情緒是開心、憤怒、驚訝,還是自然等,要做出更加準確的判斷,就要捕捉臉部細微的表情變化,加上心率檢測、語音檢測等進行綜合評價。

　　實施這個案例的第一步是要利用 Dlib 類別庫來檢測和辨識人臉，在這個案例裡我們使用的是已經訓練好的人臉辨識檢測器 shape_predictor_68_face_landmarks.dat 來標定人臉的特徵點。標定的方法是使用 OpenCV 的 circle 方法，在特徵點的座標上面增加浮水印，內容就是特徵點的序號和位置。然後根據這個特徵點的位置來計算嘴巴是否張大，眼睛是否瞇起來，眉毛是上揚的還是壓下來的，根據這些計算判斷出這個人的情緒。程式碼如下：

```
############################################################################
import dlib                              # 人臉辨識的函數庫 Dlib
import numpy as np                       # 資料處理的函數庫 NumPy
import cv2                               # 影像處理的函數庫 Open
class face_emotion():
    def __init__(self):
        # 使用特徵提取器 get_frontal_face_detector
        self.detector = dlib.get_frontal_face_detector()
        # Dlib 的 68 點模型，使用筆者訓練好的特徵預測器
        self.predictor = dlib.shape_predictor\
            ("shape_predictor_68_face_landmarks.dat")
        # 建 cv2 攝影機物件，這裡使用電腦附帶攝影機
        self.cap = cv2.VideoCapture(0)
        # 設定視訊參數，propId 設定的視訊參數，value 設定的參數值
        self.cap.set(3, 480)
        # 截圖 screenshoot 的計數器
        self.cnt = 0
    def learning_face(self):
        # 眉毛直線擬合資料緩衝
        line_brow_x = []
        line_brow_y = []
        #cap.isOpened() 傳回 true/false 檢查初始化是否成功
        while(self.cap.isOpened()):
            # cap.read()
            # 傳回兩個值：一個布林值 true/false，用來判斷讀取視訊是否成功 / 是否到視訊尾端；
一個影像物件，影像的三維矩陣
            flag, im_rd = self.cap.read()
            # 每幀資料延遲時間 1ms，延遲時間為 0 讀取的是靜態幀
            k = cv2.waitKey(1)
```

```
        # 取灰階
        img_gray = cv2.cvtColor(im_rd, cv2.COLOR_RGB2GRAY)
        # 使用人臉檢測器檢測每一幀影像中的人臉，並傳回人臉數 rects
        faces = self.detector(img_gray, 0)
        # 待會要顯示在螢幕上的字型
        font = cv2.FONT_HERSHEY_SIMPLEX
        # 如果檢測到人臉
        if(len(faces)!=0):
            # 對每個人臉都標出 68 個特徵點
            for i in range(len(faces)):
                # enumerate 方法同時傳回資料物件的索引和資料，k 為索引，d 為 faces 中
的物件
                for k, d in enumerate(faces):
                    # 用紅色矩形框出人臉
                    cv2.rectangle(im_rd, (d.left(), d.top()),
                            (d.right(),d.bottom()), (0, 0, 255))
                    # 計算人臉辨識框邊長
                    self.face_width = d.right() - d.left()
                    # 使用預測器得到 68 點資料的座標
                    shape = self.predictor(im_rd, d)
                    # 圓圈顯示每個特徵點
                    for i in range(68):
                        cv2.circle(im_rd, (shape.part(i).x, shape.
part(i).y), 2, (0, 255, 0), -1, 8)
                    # 分析任意 n 點的位置關係來作為表情辨識的依據
                    mouth_width = (shape.part(54).x - shape.part(48).x)
/ self.face_width
                    # 嘴巴咧開程度
                    mouth_higth = (shape.part(66).y - shape.part(62).y)
/ self.face_width
                    # 嘴巴張開程度
                    # 透過兩個眉毛上的 10 個特徵點，分析挑眉程度和皺眉程度
                    brow_sum = 0            # 高度之和
                    frown_sum = 0           # 兩邊眉毛距離之和
                    for j in range(17, 21):
                        brow_sum += (shape.part(j).y - d.top()) + (shape.
part(j + 5).y - d.top())
                        frown_sum += shape.part(j + 5).x - shape.part(j).x
```

```
                    line_brow_x.append(shape.part(j).x)
                    line_brow_y.append(shape.part(j).y)
            # 計算眉毛的傾斜程度
            tempx = np.array(line_brow_x)
            tempy = np.array(line_brow_y)
            z1 = np.polyfit(tempx, tempy, 1)
            # 擬合成一條直線
            self.brow_k = -round(z1[0], 3)
            # 擬合出曲線的斜率和實際眉毛的傾斜方向是相反的
            brow_hight = (brow_sum / 10) / self.face_width
            # 眉毛高度佔比
            brow_width = (frown_sum / 5) / self.face_width
            # 眉毛距離佔比
            # 眼睛睜開程度
            eye_sum = (shape.part(41).y - shape.part(37).y
                        + shape.part(40).y - shape.part(38).y
                        + shape.part(47).y - shape.part(43).y
                        + shape.part(46).y - shape.part(44).y)
            eye_hight = (eye_sum / 4) / self.face_width
            # 分情況討論，張嘴可能是開心或驚訝
            if round(mouth_high >= 0.03):
                if eye_hight >= 0.056:
                    cv2.putText(im_rd, "amazing", (d.left(), d
.bottom() + 20), cv2.FONT_HERSHEY_SIMPLEX, 0.8,
                                    (0, 0, 255), 2, 4)
                else:
                    cv2.putText(im_rd, "happy", (d.left(), d.bottom()
+ 20), cv2.FONT_HERSHEY_SIMPLEX, 0.8,
                                    (0, 0, 255), 2, 4)
            # 沒有張嘴，可能是正常和生氣
            else:
                if self.brow_k <= -0.3:
                    cv2.putText(im_rd, "angry", (d.left(), d.bottom()
+ 20), cv2.FONT_HERSHEY_SIMPLEX, 0.8, (0, 0, 255), 2, 4)
                else:
                    cv2.putText(im_rd, "nature", (d.left(),
d.bottom() + 20), cv2.FONT_HERSHEY_SIMPLEX, 0.8, (0, 0, 255), 2, 4)
            # 標出人臉數
```

```
                cv2.putText(im_rd, "Faces:" +str(len(faces)), (20,50), font, 1,
(0, 0, 255), 1, cv2.LINE_AA)
            else:
                # 沒有檢測到人臉
                cv2.putText(im_rd, "No Face", (20, 50), font, 1, (0, 0, 255),
                        1, cv2.LINE_AA)
            # 增加說明
            im_rd = cv2.putText(im_rd, "S: screenshot", (20, 400), font, 0.8,
                        (0, 0, 255),1, cv2.LINE_AA)
            im_rd = cv2.putText(im_rd, "Q: quit", (20, 450), font, 0.8,
                        (0, 0, 255), 1, cv2.LINE_AA)
            # 按 s 鍵截圖保存
            if (k == ord('s')):
                self.cnt+=1
                cv2.imwrite("screenshoot"+str(self.cnt)+".jpg", im_rd)
            # 按 q 鍵退出
            if(k == ord('q')):
                break
            # 視窗顯示
            cv2.imshow("camera", im_rd)
        # 釋放攝影機
        self.cap.release()
        # 刪除建立的視窗
        cv2.destroyAllWindows()
if __name__ == "__main__":
    my_face = face_emotion()
    my_face.learning_face()
##################################################################
```

程式執行結果如圖 11-7 所示。

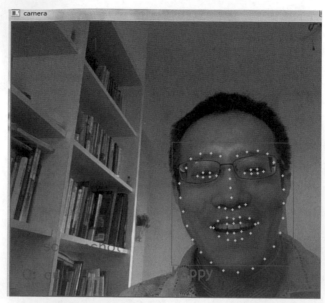

圖 11-7

11.4 我能認識你——人臉辨識實戰

本節的實戰將使用 Dlib 附帶的面部辨識模組 face_recognition。想要順利呼叫 face_recognition 這個函數庫,首先需要安裝好兩個依賴函數庫 Dlib 和 OpenCV。

face_recognition 是 GitHub 上主流的人臉辨識工具套件之一,該軟體套件使用 Dlib 函數庫中最先進的人臉辨識深度學習演算法,在 LFW 資料集中有 99.38% 的準確率。

face_recognition 實現人臉辨識的想法:

(1)給定想要辨識的人臉的圖片並進行編碼(每個人只需要一幅),並將這些不同的人臉編碼建構成一個串列。編碼其實就是將人臉圖片映射成一個 128 維的特徵向量。

（2）OpenCV 讀取視訊並迴圈每一幀圖片，將每一幀圖片編碼後的 128 維特徵向量與前面輸入的人臉函數庫編碼串列裡的每個向量內積來衡量相似度，根據設定值來計算是否是同一個人。

（3）對辨識出來的人臉打標籤。

人臉辨識實現的想法是採用 HOG 方法檢測輸入影像中的人臉。雖然使用 CNN 或 HOG 方法在量化面部之前（對面部編碼）都可以檢測輸入影像中的人臉，但 CNN 方法更準確（但更慢），而 HOG 方法更快（但不太準確）。雖然 CNN 人臉檢測更準確，但在沒有使用 GPU 執行的情況下即時檢測速度太慢。

人臉辨識實際上是對人臉進行編碼後再去計算兩張人臉的相似度，每張人臉是一個 128 維的特徵向量，最後利用兩個向量的內積來衡量相似度。

本範例程式碼（包含詳細註釋）如下：

```
###################################################################
import os
import face_recognition
path = "d:\\facelib"
# 已知人臉照片的檔案目錄
files=os.listdir(path)
# 從目錄讀取所有檔案到 files 中
known_names=[]  # 已知人名
known_faces=[]  # 已知人臉
for file in files:                              # 從 files 中迴圈讀取每個檔案名稱
    filename=str(file)                    # 得到當前檔案的名字
    known_names.append(filename)                # 當前檔案名稱加入到已知人名串列
    image=face_recognition.load_image_file(path+"\\"+filename)
    encoding=face_recognition.face_encodings(image)[0]
    # 對當前人臉影像進行辨識，辨識的特徵保存在 encoding 中
    known_faces.append(encoding)
    # 把辨識到的當前人臉特徵保存在已知人臉中
unknown_image=face_recognition.load_image_file("d:\\testface\\testface1.jpg")
# 調入一幅不知人名的人臉照片 testface1.jpg
unknown_face=face_recognition.face_encodings(unknown_image)[0]
```

```
# 辨識這幅人臉的特徵
results=face_recognition.compare_faces(known_faces,unknown_face,tolerance=0.36)
# 透過未知人臉和已知人臉進行比較
print(" 辨識結果如下: ")
for i in range(len(known_names)):   # 顯示未知照片人臉與每一幅已知人臉的比較結果
    print(known_names[i]+":",end="")
    if results[i]:
        print(" 相同 ") # 辨識結果是 true, 就顯示相同
    else:
        print(" 不同 ")
##############################################################################
```

上面這個程式碼的邏輯是：首先將已知人臉特徵存入變數中，讀取未知人臉，辨識未知人臉特徵，判斷未知人臉特徵與已知人臉特徵是否相符，相符傳回 true 值，不相符傳回 false 值，輸出結果為「相同」或「不同」。注意，需要提前把人臉圖片存入資料夾 D 磁碟的 facelib 資料夾裡（這個資料夾路徑可以根據你的實際路徑修改）。face_recognition.compare_faces() 函數的預設設定值為 0.6，設定值太低容易造成無法成功辨識人臉，設定值太高容易造成人臉辨識混淆，我們選擇的設定值是 0.36，這裡需要注意設定值的選取。

呼叫攝影機即時辨識人臉的程式（包含詳細註釋）如下：

```
##############################################################
# -*- coding: UTF-8 -*-
import face_recognition
import cv2
import os
import numpy as np
from PIL import Image, ImageDraw,ImageFont
# 在電腦攝影機上即時執行人臉辨識
video_capture = cv2.VideoCapture(0)
# 載入範例圖片並學習如何辨識它
path ="d:\\facelib\\"# 在同級目錄下的 images 檔案中存放需要被辨識出的人物圖
total_image=[]
total_image_name=[]
total_face_encoding=[]
for fn in os.listdir(path):                          # fn 表示的是檔案名稱
```

```
      total_face_encoding.append(face_recognition.face_encodings
                                (face_recognition.load_image_file(path+fn))[0])
      fn=fn[:(len(fn)-4)]      # 截取圖片名（這裡應該把 images 檔案中的圖片名命名為人物名）
      total_image_name.append(fn)                         # 圖片名字串列
while True:
    # 抓取一幀視訊
    ret, frame = video_capture.read()                     # 捕捉一幀圖片
    small_frame = cv2.resize(frame, (0, 0), fx=0.25, fy=0.25)
    # 將圖片縮小 1/4，為人臉辨識加速
    rgb_small_frame = small_frame[:, :, ::-1]    # 將 opencv 的 BGR 格式轉為 RGB 格式
    # 發現視訊幀中的所有的臉和 face_encodings
    #face_locations = face_recognition.face_locations(frame)
    #face_encodings = face_recognition.face_encodings(frame, face_locations)
    #face_locations = face_recognition.face_locations(rgb_small_frame)
    face_locations = face_recognition.face_locations(rgb_small_frame)
    face_encodings = face_recognition.face_encodings(rgb_small_frame, face_
locations)
    # 在這個視訊幀中迴圈遍歷每個人臉
    for (top, right, bottom, left), face_encoding in zip(face_locations,
face_encodings):
        top *= 4                                   # 還原人臉的原始尺寸
        right *= 4
        bottom *= 4
        left *= 4
        # 看看面部是否與已知人臉相匹配
        for i,v in enumerate(total_face_encoding):
            match = face_recognition.compare_faces([v], face_encoding,
tolerance=0.42)
            name = "Unknown"
            if match[0]:
                name = total_image_name[i]
                break
        # 畫出一個框，框住臉
        cv2.rectangle(frame, (left, top), (right, bottom), (0, 0, 255), 2)
        # 畫出一個帶名字的標籤，放在框下
        img_PIL=Image.fromarray(cv2.cvtColor(frame,cv2.COLOR_BGR2RGB))
        # 轉換圖片格式
        position = (left + 6, bottom - 6)                     # 指定文字輸出位置
        draw = ImageDraw.Draw(img_PIL)
```

```
        font1 = ImageFont.truetype('simhei.ttf', 20)
        draw.text((20,20),'按 Q 鍵退出 ',font=font1,fill=(255,255,255))
        font2 = ImageFont.truetype('simhei.ttf', 40)            # 載入字型
        draw.text(position, name, font=font2, fill=(255, 255, 255))   # 繪製文字
        frame = cv2.cvtColor(np.asarray(img_PIL),cv2.COLOR_RGB2BGR)
        # 將圖片轉回 OpenCV 格式
    # 顯示結果影像
    cv2.imshow('Video', frame)
    # 按 q 鍵退出
    if cv2.waitKey(1) & 0xFF == ord('q'):
        break
# 釋放攝影機中的流
video_capture.release()
cv2.destroyAllWindows()
#########################################################
```

　　以上就是人臉辨識的入門知識，Dlib 函數庫已經替我們做好了絕大部分的工作，我們只需要去呼叫就行了。Dlib 函數庫裡面有人臉檢測器，有訓練好的人臉關鍵點檢測器，也有訓練好的人臉辨識模型。face_recognition 是最簡單、最容易上手的人臉辨識工具和 Python 函數庫，是國外開放原始碼的專案，但 face_recognition 對於小孩和亞洲人的人臉辨識準確率有待提升，我們可以把容錯率調低一些，使辨識結果更加嚴格。

第12章

影像風格遷移

　　風格遷移（Style Transfer）最近幾年非常火，是深度學習領域很有創意的研究成果之一。所謂影像風格遷移（Neural Style），是指利用演算法學習著名畫作的風格，然後再把這種風格應用到另外一幅圖片上的技術。著名的影像處理應用 Prisma 就是利用了風格遷移技術，使普通使用者的照片自動變換為具有藝術家風格的圖片。

12.1 影像風格遷移簡介

　　我們將影像風格遷移定義為改變影像風格同時保留它的內容的過程，即給定一幅輸入影像和樣式影像，我們就可以得到既有保留影像中原始內容資訊，又有新樣式的輸出影像。

　　所謂影像風格遷移，是指將一幅內容圖 A 的內容和一幅風格圖 B 的風格融合在一起，從而生成一幅具有 A 圖內容和 B 圖風格的圖片 C 的技術。

　　作為非藝術專業的人，我們就不糾結藝術風格是什麼了，如圖 12-1 所示。每個人都有每個人的見解，有些東西大概在藝術界也沒有明確的定義。如何把一種影像風格變成另一種風格更是難以定義的問題。

　　對程式設計師，特別是對機器學習方面的程式設計師來說，這種模糊的定義簡直就是噩夢。到底怎麼把一個説都説不清的東西變成可執行的程式，這是困擾很多影像風格遷移方面的研究者的難題。

　　所謂的藝術風格是一種抽象的難以定義的概念，因此，如何將一種影像風格轉換成另一種影像風格更是一個複雜抽象的問題。尤其是對於機器程式而言，解決一個定義模糊不清的問題幾乎不可行。

　　影像風格遷移這個領域，在 2015 年之前連個合適的名字都沒有，因為每種風格的演算法都是各管各的，互相之間並沒有太多的共同之處。比如油畫風格遷移，又比如圖示風格遷移，沒一個重樣的。可以看出這時的影像風格處理的研究基本都是各自為戰，通常採用的想法是：分析一種風格的影像，為這種風格建立一個數學統計模型，改變要做遷移的影像，使它的風格符合建立的模型。該種方法可以取得不同的效果，但是有一個較大的缺陷：一個模型只能夠實現一種影像風格的遷移。因此，基於傳統方法的風格遷移的模型應用十分有限，亂玩出來的演算法也沒引起業界的注意。

圖 12-1

　　在實踐過程中，人們又發現影像的紋理可以在一定程度上代表影像的風格。這又引入了和風格遷移相關的另一個領域——紋理生成。這個時期，該領域雖然已經有了一些成果，但是通用性也比較差。早期紋理生成的主要思想是：紋理可以用影像局部特徵的統計模型來描述。

如圖 12-2 所示，這個圖片可以稱為栗子的紋理，這個紋理有個特徵，就是所有的栗子都有個開口，用簡單的數學模型表示開口的話，就是兩條某個弧度的弧線相交，統計學上來説就是這種紋理有兩條這個弧度的弧線相交的機率比較大，這種特徵可以稱為統計特徵。有了這個前提或思想之後，研究者成功地使用複雜的數學模型和公式來歸納生成了一些紋理，但畢竟手工建模耗時耗力，當時電腦的運算能力還不太強，這方面的研究進展緩慢。

圖 12-2

同一時期，電腦領域進展最大的研究之一可以説是電腦圖形學了。遊戲主機從剛誕生開始就伴隨著顯示卡，顯示卡最大的功能是處理和顯示影像。不同於 CPU 的是，CPU 早期是單執行緒的，也就是一次只能處理一個任務，GPU 可以一次同時處理很多工，雖然單一任務的處理能力和速度比 CPU 差很多。比如一個 128×128 的超級馬里奧遊戲，用 CPU 處理的話，每一幀都需要執行 128×128=16384 步，而 GPU 因為可以同時計算所有像素點，時間上只需要 1 步，速度比 CPU 快很多。顯示卡運算能力的爆炸式增長，直接導致了神經網路的復活和深度學習的崛起，因為神經網路和遊戲圖形計算的相似之處是兩者都需要對大量資料進行重複單一的計算。

隨著神經網路的發展，在某些視覺感知的關鍵領域，比如物體和人臉辨識等，基於深度神經網路的機器學習模型——卷積神經網路有著接近於人類甚至超越人類的表現。人們發現，以影像辨識為目的而訓練出來的卷積神經網路也可以用於影像風格遷移。

當時，卷積神經網路最出名的物體辨識網路之一叫作 VGG19，結構如圖 12-3 所示。

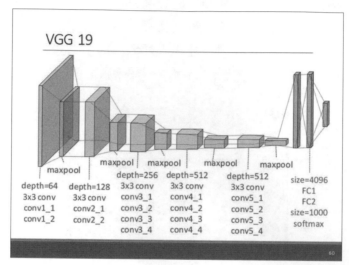

圖 **12-3**

每一層神經網路都會利用上一層的輸出來進一步提取更加複雜的特徵，直到複雜到能被用來辨識物體為止，所以每一層都可以看作很多個局部特徵的提取器。VGG19 在物體辨識方面的精度甩了之前的演算法一大截。VGG19 具體內部在做什麼其實很難理解，因為每一個神經元內部參數只是一堆數字而已。每個神經元有幾百個輸入和幾百個輸出，一個一個去梳理清楚神經元和神經元之間的關係太難了。於是，有人想出來一種辦法：雖然我們不知道神經元是怎麼工作的，但是如果我們知道了它的啟動條件，會不會對理解神經網路更有幫助呢？於是他們編了一個程式（這個程式用的演算法就是 Back Propagation 演算法即反向傳播，和訓練神經網路的方法一樣，只是倒過來生成圖片），把每個神經元所對應的能啟動它的圖片找了出來，特徵圖就是這麼生成的。特徵圖蘊含著提取出影像的資訊，當卷積神經網路用於物體辨識時，隨著網路的層次越來越深，網路層產生的物體特徵資訊越來越清晰。這表示，沿著網路的層級結構，每一個網路層的輸出越來越關注於輸入圖片的實際內容，而非它具體的像素值。利用卷積神經網路提取影像內容和風格，透過對特徵圖進行適當處理，將提取出來的內容表示和風格表示分別用於重建影像的內容和風格。

2015 年，德國圖賓根大學（University of Tuebingen）的 Leon A. Gatys 撰寫了兩篇基於神經網路影像風格遷移的論文：在第一篇論文中，Gatys 從各層 CNN 中提取紋理資訊，於是就有了一個不用手工建模就能生成紋理的方法；在第二篇論文中，Gatys 更進一步指出，紋理能夠描述一個影像的風格。第一篇論文比之前的紋理生成演算法的創新點只有一個，它提出了一種用深度學習來給紋理建模的方法。之前說到紋理生成的重要的假設是紋理能夠透過局部統計模型來描述，而手動建模方法太麻煩。於是 Gatys 看了物體辨識論文，發現大名鼎鼎的 VGG19 卷積神經網路模型，其實就是一堆局部特徵辨識器。他把事先訓練好的網路拿過來，發現這些辨識器還挺好用。因此，Gatys 使用格拉姆矩陣（Gram Matrix）演算了一下那些不同局部特徵的相關性，把它變成了一個統計模型，於是就有了一個不用手工建模就能生成紋理的方法。

從紋理到圖片風格其實只差兩步。第一步也是比較神奇的，Gatys 發現紋理能夠描述一個影像的風格。嚴格來說紋理只是圖片風格的一部分，但是不仔細研究紋理和風格之間的區別的話，乍一看給人感覺是差不多的。第二步是如何只提取圖片內容而不包括圖片風格。

第一篇論文解決了從圖片 B 中提取紋理的任務，但是還有一個關鍵點就是如何只提取圖片內容，而不包括圖片風格？這就是 Gatys 的第二篇論文做的事情：Gatys 把物體辨識模型再拿出來用了一遍，這次不使用格拉姆矩陣（Gram 矩陣）統計模型了，直接把局部特徵看作近似的圖片內容，這樣就獲得了一個把圖片內容和圖片風格（就是紋理）分開的系統，剩下的就是把一幅圖片的內容和另一幅圖片的風格合起來，即找到能讓合適的特徵提取神經元被啟動的圖片即可。

基於神經網路的影像風格遷移，其背後的每一步都是前人研究的成果。Gatys 所做的改進是把兩個不同領域的研究成果有機地結合起來，做出了令人驚豔的結果，其實最讓人驚訝的是，紋理竟然能夠和人們心目中意識到的圖片風格在很大程度上相吻合。

12.2 使用預訓練的 VGG16 模型進行風格遷移

本節主要介紹如何使用使用預訓練的 VGG16 模型進行風格遷移。

12.2.1 演算法思想

卷積是一個有效的局部特徵取出操作。深度學習之所以能「深」，原因之一就是前面的卷積層用少量的參數完成了高效的特徵取出。以影像辨識為目的訓練出來的卷積神經網路也可以用於影像風格遷移，因為為了完成影像辨識的任務，卷積神經網路必須具有抽象和理解影像的能力，即從影像中提取特徵。

一般來說，卷積層的特徵圖蘊含這些特徵，對特徵圖進行處理，就可以提取出影像的內容表示和風格表示，進而進行影像風格遷移。

在卷積神經網路中，通常認為較低層的特徵描述了影像的具體視覺特徵（即紋理、顏色等），較高層的特徵是較為抽象的影像內容描述。當需要比較兩幅影像的內容類別似性的時候，我們只要比較兩幅影像在 CNN 中高層特徵的類似性即可。要比較兩幅影像的風格類似性，我們需要比較它們在 CNN 中較低層特徵的類似性。這表示，對一幅影像來說，其內容和風格是可分的。

2015 年，Gatys 等人展示了如何從一個預訓練的用於影像辨識的卷積神經網路模型 VGG 中提取出影像的內容表示和風格表示，並將不同影像的內容和風格融合在一起，生成一幅全新的影像。具體方法是，給定一幅風格影像 a 和一幅普通影像 p，風格影像經過 VGG 的時候在每個卷積層會得到很多特徵圖，這些特徵圖組成一個集合 A。同樣地，普通影像 p 透過 VGG 的時候也會得到很多特徵圖，這些特徵圖組成一個集合 P，然後生成一幅隨機雜訊影像 x，隨機雜訊影像 x 透過 VGG 的時候也會生成很多特徵圖，這些特徵圖組成集合 G 和 F 分別對應集合 A 和 P，最終的最佳化函數是希望調整 x，讓隨機雜訊影像 x 最後看起來既保持普通影像 p 的內容，又有一定影像 a 的風格。

為了將風格圖的風格和內容圖的內容進行融合，所生成的影像在內容上盡可能接近內容圖，在風格上盡可能接近風格圖，因此需要定義內容損失函數和風格損失函數，經過加權後作為總的損失函數（整體 loss）。

整體 loss 的定義如圖 12-4 所示。

```
loss 函數如下：
loss = distance(style(reference_image) - style(generated_image)) +
distance(content(original_image) - content(generated_image))
```

- distance 是一個範數函數 :2 範數
- content 是一個計算影像內容表示的函數
- style 是一個計算影像風格的表示函數

將上面的 loss 值最小化：會使得 style(generated_image) 接近於 style(reference_image)、content(generated_image) 接近於 content(generated_image), 從而實現我們定義的 風格遷移。

圖 12-4

圖 12-4 中公式的意思是希望參考影像與生成影像的風格越接近越好，同時原始影像與生成影像的內容也越接近越好，這樣整體損失函數越小，則最終的結果越好。

12.2.2 演算法細節

這裡我們利用 VGGNet 訓練好的模型來進行影像風格遷移。我們先來看看稱雄於 2014 年 ImageNet（影像分類大賽）的影像辨識模型 VGGNet。以 VGG16 為例進行講解，VGG 結構示意圖如圖 12-5 所示。VGG 網路非常

深，通常有 16 或 19 層，稱作 VGG16 或 VGG19，卷積核心大小為 3×3，
16 和 19 層的區別主要在於後面三個卷積部分卷積層的數量。圖中框出來的
是 VGG16 示意圖。

A	A-LRN	B	C	D	E
11 weight layers	11 weight layers	13 weight layers	16 weight layers	16 weight layers	19 weight layers
input (224 × 224 RGB image)					
conv3-64	conv3-64 **LRN**	conv3-64 **conv3-64**	conv3-64 conv3-64	conv3-64 conv3-64	conv3-64 conv3-64
maxpool					
conv3-128	conv3-128	conv3-128 **conv3-128**	conv3-128 conv3-128	conv3-128 conv3-128	conv3-128 conv3-128
maxpool					
conv3-256 conv3-256	conv3-256 conv3-256	conv3-256 conv3-256	conv3-256 conv3-256 **conv1-256**	conv3-256 conv3-256 **conv3-256**	conv3-256 conv3-256 conv3-256 **conv3-256**
maxpool					
conv3-512 conv3-512	conv3-512 conv3-512	conv3-512 conv3-512	conv3-512 conv3-512 **conv1-512**	conv3-512 conv3-512 **conv3-512**	conv3-512 conv3-512 conv3-512 **conv3-512**
maxpool					
conv3-512 conv3-512	conv3-512 conv3-512	conv3-512 conv3-512	conv3-512 conv3-512 **conv1-512**	conv3-512 conv3-512 **conv3-512**	conv3-512 conv3-512 conv3-512 **conv3-512**
maxpool					
FC-4096					
FC-4096					
FC-1000					
soft-max					

ConvNet Configuration

圖 12-5

VGG16 的網路結構圖如圖 12-6 所示，VGG16 由 13 個卷積層、5 個池
化層和 3 個全連接層組成。

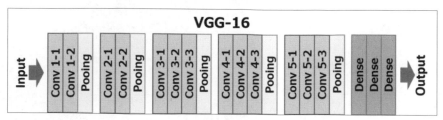

圖 12-6

我們要從這個網路結構中提取內容表示與風格表示，並定義對應的內容損失和風格損失。VGG16 中的淺層，提取的特徵往往比較簡單（如檢測點、線、亮度）；VGG16 中的深層，提取的特徵往往比較複雜（如有無人臉或某種特定物體）。

VGG16 本意是輸入影像，提取特徵，並輸出影像類別。影像風格遷移正好與其相反，輸入的是特徵，輸出對應這種特徵的影像。風格遷移使用卷積層的中間特徵還原出對應這種特徵的原始影像。比如舉出一幅原始影像，經過 VGG 計算後得到各個卷積層的特徵。接下來，根據這些卷積層的特徵，還原出對應這種特徵的原始影像。可以發現淺層的還原效果往往比較好，卷積特徵基本保留了所有原始影像中形狀、位置、顏色、紋理等資訊；深層對應的還原影像遺失了部分顏色和紋理資訊，但大體保留了原始影像中物體的形狀和位置。

1. 影像的內容表示

要知道兩幅影像在內容上是否相似，不能僅靠簡單的純像素比較。卷積核能檢測並提取影像的特徵，卷積層輸出的特徵圖反映了影像的內容。

衡量目標圖像和生成影像內容差異的指標，即內容損失函數，可以定義為這兩個內容表示之差的平方和，如圖 12-7 所示。

$$Lcontent(\vec{p}, \vec{x}, l) = \frac{1}{2} \sum_{i,j} (F_{ij}^{l} - P_{ij}^{l})^2$$

圖 12-7

其中，等式左側表示在卷積層 1 中，原始影像（P）和生成影像（F）的內容表示，等式右側是對應的最小平方法運算式（最小平方法的思想就是要使得觀測點和估計點的距離的平方和達到最小，因為觀測點和估計點之差可正可負，簡單求和可能將很大的誤差抵消掉，只有平方和才能反映二者在整體上的接近程度）。F_{ij} 表示生成影像第 i 個特徵圖的第 j 輸出值。

2. 影像的風格表示

卷積神經網路中的特徵圖可以作為影像的內容表示，但無法直接表現影像的風格。我們除了還原影像原本的「內容」之外，另一方面還希望還原影像的「風格」。那麼，影像的「風格」應該怎麼表示呢？「風格」本來就是一個比較虛的東西，沒有固定的表示方法。一種方法是使用影像的卷積層特徵的 Gram 矩陣，如圖 12-8 所示。

Gram 矩陣是一組向量的內積的對稱矩陣，舉例來說，向量組的 Gram 矩陣為：

$$\begin{bmatrix} (\vec{x_1},\vec{x_2}) & (\vec{x_1},\vec{x_2}) & \cdots & (\vec{x_1},\vec{x_n}) \\ (\vec{x_2},\vec{x_1}) & (\vec{x_2},\vec{x_2}) & \cdots & (\vec{x_2},\vec{x_n}) \\ \cdots & \cdots & \cdots & \cdots \\ (\vec{x_n},\vec{x_1}) & (\vec{x_n},\vec{x_2}) & \cdots & (\vec{x_n},\vec{x_n}) \end{bmatrix}$$

此處的內積通常為歐幾里德空間中的標準內積，：

設卷積層的輸出為，則卷積特徵對應的 Gram 矩陣為：

$$D_{ij}^l = \sum_k F_{ik}^l F_{jk}^l$$

圖 12-8

Gram 矩陣是 Gatys 提出的非常神奇的矩陣，從直觀上看 Gram 矩陣反映了特徵圖之間的相關程度。我們將影像在卷積層 L 的風格表示定義為它在卷積層 L 的 Gram 矩陣。Gram 矩陣可以在一定程度上反映原始影像中的「風格」（涉及複雜的數學知識，這裡就不做展開，讀者可自行查詢相關資料學習）。

仿照「內容損失」，還可以定義一個「風格損失」（Style Loss），把每層 Gram 矩陣作為特徵，讓重建影像的 Gram 矩陣儘量接近原始影像的 Gram 矩陣，這也是個最佳化問題。卷積層 L 的風格損失公式如圖 12-9 所示。

$$L_{style}(\vec{a}, \vec{x}, l) = \frac{1}{4N_l^2 M_l^2} \sum_{i,j} (A_{ij}^l - X_{ij}^l)^2$$

圖 12-9

總的風格損失是各卷積層風格損失的加權平均。為了讓生成影像擁有原始影像的風格，我們將風格損失函數作為目標函數，從一幅隨機生成的影像開始，利用梯度下降最小化風格損失，就可以還原出影像的風格了。

複習一下，到目前為止我們利用內容損失還原影像內容，利用風格損失還原影像風格。那麼，可不可以將內容損失和風格損失結合起來，在還原一幅影像的同時還原另一幅影像的風格呢？答案是肯定的，這是影像風格遷移的基本演算法。在定義了內容損失和風格損失之後，要生成任務要求的影像，目標就是最佳化最小化這個總的整體損失函數。

總的損失函數即內容損失函數和風格損失函數的加權，如圖 12-10 所示。

$$L_{total}(\vec{p}, \vec{a}, \vec{x}) = aL_{content}(\vec{p}, \vec{x}) + \beta L_{style}(\vec{a}, \vec{x})$$

圖 12-10

▋ 12.2.3 程式實現 ▋

程式碼實現流程如下：

（1）準備輸入影像和風格影像，並將它們調整為相同的大小。

（2）載入預訓練的卷積神經網路（VGG16）。

（3）區分負責樣式的卷積（基本形狀、顏色等）和負責內容的卷積（特定於影像的特徵），將卷積分開為可以單獨地處理的內容和樣式。

（4）最佳化問題，也就是最小化：

- 內容損失（輸入和輸出影像之間的距離，盡力保留內容）。
- 風格損失（風格和輸出影像之間的距離，盡力應用新風格）。
- 總變差損失（正規化，對輸出影像進行去噪的空間平滑度）。

（5）最後設定梯度並使用 L-BFGS（Limited-memory BFGS）演算法進行最佳化。L-BFGS 演算法是一種解無約束非線性規劃問題最常用的方法，具有收斂速度快、記憶體銷耗少等優點。

程式實現如下：

首先匯入需要的函數庫和函數，如圖 12-11 所示，NumPy 用於處理數值計算，預訓練的 VGG16 用作影像辨識的模型，SciPy 提供 L-BFGS 演算法介面。

```
# 导入需要的库和函数
import numpy as np
from PIL import Image
from io import BytesIO
from keras import backend
from keras.models import Model
from keras.applications.vgg16 import VGG16
from scipy.optimize import fmin_l_bfgs_b
```

圖 12-11

程式如圖 12-12 所示，設定超參數，如內容損失權重 CONTENT_WEIGHT、風格損失權重 STYLE_WEIGHT、總變化損失各自的權重，設定內容影像和風格影像的路徑，最後保存。

```
# Hyperparams
ITERATIONS = 10
CHANNELS = 3
IMAGE_SIZE = 500
IMAGE_WIDTH = IMAGE_SIZE
IMAGE_HEIGHT = IMAGE_SIZE
IMAGENET_MEAN_RGB_VALUES = [123.68, 116.779, 103.939]
CONTENT_WEIGHT = 0.02
STYLE_WEIGHT = 4.5
TOTAL_VARIATION_WEIGHT = 0.995
TOTAL_VARIATION_LOSS_FACTOR = 1.25

# Paths
input_image_path = "input.png"
style_image_path = "style.png"
output_image_path = "output.jpg"
combined_image_path = "combined.jpg"
# 内容图像
content_image="content.jpg"
# 风格图像
style_image="style.jpg"
```

圖 12-12

顯示內容影像，如圖 12-13 所示，並且設定固定的影像大小。

```
input_image = Image.open(content_image)
input_image = input_image.resize((IMAGE_WIDTH, IMAGE_HEIGHT))
input_image.save(input_image_path)
input_image
```

圖 **12-13**

顯示風格影像，如圖 12-14 所示，並且設定固定影像大小。

```
style_image = Image.open(style_image)
style_image = style_image.resize((IMAGE_WIDTH, IMAGE_HEIGHT))
style_image.save(style_image_path)
style_image
```

圖 12-14

　　如圖 12-15 所示，將 RGB 影像轉為 BGR，載入 VGG16 網路模型。在 Windows 下，不管是攝影機製造者，還是軟體開發者，當時流行的都是 BGR 格式的資料結構，後面 RBG 格式才逐漸開始流行。自己訓練的時候完全可以使用 RGB，新函數庫也不存在是 RGB 還是 GBR 這個問題。但如果使用的是別人訓練好的模型，就要注意一下使用的是 RGB 還是 GBR。

```
# Data normalization and reshaping from RGB to BGR
input_image_array = np.asarray(input_image, dtype="float32")
input_image_array = np.expand_dims(input_image_array, axis=0)
input_image_array[:, :, :, 0] -= IMAGENET_MEAN_RGB_VALUES[2]
input_image_array[:, :, :, 1] -= IMAGENET_MEAN_RGB_VALUES[1]
input_image_array[:, :, :, 2] -= IMAGENET_MEAN_RGB_VALUES[0]
input_image_array = input_image_array[:, :, :, ::-1]

style_image_array = np.asarray(style_image, dtype="float32")
style_image_array = np.expand_dims(style_image_array, axis=0)
style_image_array[:, :, :, 0] -= IMAGENET_MEAN_RGB_VALUES[2]
style_image_array[:, :, :, 1] -= IMAGENET_MEAN_RGB_VALUES[1]
style_image_array[:, :, :, 2] -= IMAGENET_MEAN_RGB_VALUES[0]
style_image_array = style_image_array[:, :, :, ::-1]

# Model
input_image = backend.variable(input_image_array)
style_image = backend.variable(style_image_array)
combination_image = backend.placeholder((1, IMAGE_HEIGHT, IMAGE_SIZE, 3))

input_tensor = backend.concatenate([input_image, style_image, combination_image], axis=0)
model = VGG16(input_tensor=input_tensor, include_top=False)
```

圖 12-15

使用預訓練的 ImageNet 的權重建構 VGG16 網路，參數 include_top=False 表示會載入 VGG16 的模型，不包括加在最後 3 層的全連接層，通常是取得特徵透過命令 print(model.summary()) 輸出網路模型，結果如下所示：

```
Layer (type)                 Output Shape              Param #
=================================================================
input_2 (InputLayer)         (None, None, None, 3)     0

block1_conv1 (Conv2D)        (None, None, None, 64)    1792

block1_conv2 (Conv2D)        (None, None, None, 64)    36928

block1_pool (MaxPooling2D)   (None, None, None, 64)    0

block2_conv1 (Conv2D)        (None, None, None, 128)   73856

block2_conv2 (Conv2D)        (None, None, None, 128)   147584
```

```
block2_pool (MaxPooling2D)      (None, None, None, 128)    0

block3_conv1 (Conv2D)           (None, None, None, 256)    295168

block3_conv2 (Conv2D)           (None, None, None, 256)    590080

block3_conv3 (Conv2D)           (None, None, None, 256)    590080

block3_pool (MaxPooling2D)      (None, None, None, 256)    0

block4_conv1 (Conv2D)           (None, None, None, 512)    1180160

block4_conv2 (Conv2D)           (None, None, None, 512)    2359808

block4_conv3 (Conv2D)           (None, None, None, 512)    2359808

block4_pool (MaxPooling2D)      (None, None, None, 512)    0

block5_conv1 (Conv2D)           (None, None, None, 512)    2359808

block5_conv2 (Conv2D)           (None, None, None, 512)    2359808

block5_conv3 (Conv2D)           (None, None, None, 512)    2359808

block5_pool (MaxPooling2D)      (None, None, None, 512)    0
=================================================================
Total params: 14,714,688
Trainable params: 14,714,688
Non-trainable params: 0
```

None

定義內容損失函數的程式如圖 12-16 所示，內容損失較為容易計算，只需要使用深度學習神經網路的特徵層即可，以 VGG16 為例，僅考慮 block2_conv2。

```
def content_loss(content, combination):
    return backend.sum(backend.square(combination - content))

layers = dict([(layer.name, layer.output) for layer in model.layers])

content_layer = "block2_conv2"
layer_features = layers[content_layer]
content_image_features = layer_features[0, :, :, :]
combination_features = layer_features[2, :, :, :]

loss = backend.variable(0.)
loss += CONTENT_WEIGHT * content_loss(content_image_features,
                                      combination_features)
```

圖 12-16

　　計算風格損失的程式如圖 12-17 所示，需要使用從淺層到深層的多個神經層的特徵圖。我們需要做的是，在同一個神經的不同特徵圖之間尋找相關性，這個相關性的計算需要使用 Gram 矩陣。Gram 矩陣用來表示一個卷積層各個通道的相關性，而這個相關性和風格有關，可以分佈計算風格影像與生成影像在各個層上的不同通道之間的 Gram 矩陣，然後計算這兩個矩陣之間的距離，在迭代中最小化這個距離，就能使得生成影像與風格影像具有相似的風格。在 block1_conv2、block2_conv2、block3_conv3、block4_conv3、block5_conv3 這幾個卷積層上提取風格特徵，分別計算風格損失。

```
def gram_matrix(x):
    features = backend.batch_flatten(backend.permute_dimensions(x, (2, 0, 1)))
    gram = backend.dot(features, backend.transpose(features))
    return gram

def compute_style_loss(style, combination):
    style = gram_matrix(style)
    combination = gram_matrix(combination)
    size = IMAGE_HEIGHT * IMAGE_WIDTH
    return backend.sum(backend.square(style - combination)) / (4. * (CHANNELS ** 2) * (size ** 2))

style_layers = ["block1_conv2", "block2_conv2", "block3_conv3", "block4_conv3", "block5_conv3"]
for layer_name in style_layers:
    layer_features = layers[layer_name]
    style_features = layer_features[1, :, :, :]
    combination_features = layer_features[2, :, :, :]
    style_loss = compute_style_loss(style_features, combination_features)
    loss += (STYLE_WEIGHT / len(style_layers)) * style_loss
```

圖 12-17

我們希望生成的影像是平緩的，而不希望在某些單獨像素上出現異常的波動，因此還需要一個損失函數部分即整體波動損失（Total Variation Loss），程式如圖 12-18 所示。如果損失函數中只有內容損失和風格損失，那麼生成影像有可能過擬合原圖的內容或風格，使得生成影像的相鄰像素之間差異較大，看起來不自然。所以為了防止這種現象，引入整體波動損失。

```python
def total_variation_loss(x):
    a = backend.square(x[:, :IMAGE_HEIGHT-1, :IMAGE_WIDTH-1, :] - x[:, 1:, :IMAGE_WIDTH-1, :])
    b = backend.square(x[:, :IMAGE_HEIGHT-1, :IMAGE_WIDTH-1, :] - x[:, :IMAGE_HEIGHT-1, 1:, :])
    return backend.sum(backend.pow(a + b, TOTAL_VARIATION_LOSS_FACTOR))

loss += TOTAL_VARIATION_WEIGHT * total_variation_loss(combination_image)
```

圖 12-18

因此，整體損失函數是 3 個損失部分的加權和，計算損失函數對於生成影像的梯度，計算損失和梯度使用如圖 12-19 所示的程式定義的 Evaluator 形式。

```python
outputs = [loss]
outputs += backend.gradients(loss, combination_image)
def evaluate_loss_and_gradients(x):
    x = x.reshape((1, IMAGE_HEIGHT, IMAGE_WIDTH, CHANNELS))
    outs = backend.function([combination_image], outputs)([x])
    loss = outs[0]
    gradients = outs[1].flatten().astype("float64")
    return loss, gradients

class Evaluator:

    def loss(self, x):
        loss, gradients = evaluate_loss_and_gradients(x)
        self._gradients = gradients
        return loss

    def gradients(self, x):
        return self._gradients

evaluator = Evaluator()
```

圖 12-19

最後，針對損失與梯度，對生成影像進行最佳化，使得生成影像最小化損失函數後，即是風格遷移的最終生成影像。把不同迭代次數的結果列印出來，如圖 12-20 所示。

```
x = np.random.uniform(0, 255, (1, IMAGE_HEIGHT, IMAGE_WIDTH, 3)) - 128.
for i in range(ITERATIONS):
    x, loss, info = fmin_l_bfgs_b(evaluator.loss, x.flatten(), fprime=evaluator.gradients, maxfun=20)
    print("Iteration %d completed with loss %d" % (i, loss))

x = x.reshape((IMAGE_HEIGHT, IMAGE_WIDTH, CHANNELS))
x = x[:, :, ::-1]
x[:, :, 0] += IMAGENET_MEAN_RGB_VALUES[2]
x[:, :, 1] += IMAGENET_MEAN_RGB_VALUES[1]
x[:, :, 2] += IMAGENET_MEAN_RGB_VALUES[0]
x = np.clip(x, 0, 255).astype("uint8")
output_image = Image.fromarray(x)
output_image.save(output_image_path)
output_image
```

```
Iteration 0 completed with loss 101006442496
Iteration 1 completed with loss 44319260672
Iteration 2 completed with loss 29371379712
Iteration 3 completed with loss 25034293248
Iteration 4 completed with loss 23127461888
Iteration 5 completed with loss 22220511232
Iteration 6 completed with loss 21692743680
Iteration 7 completed with loss 21391335424
Iteration 8 completed with loss 21195847680
Iteration 9 completed with loss 21055827968
```

圖 **12-20**

迭代到一定次數,展示最後輸出的影像,如圖 12-21 所示,已經學到了一幅影像的內容和另外一幅影像的風格了,像是大師畫作了。

圖 **12-21**

視覺化顯示這三幅圖，程式和結果如圖 12-22 所示。

```
# Visualizing combined results
combined = Image.new("RGB", (IMAGE_WIDTH*3, IMAGE_HEIGHT))
x_offset = 0
for image in map(Image.open, [input_image_path, style_image_path, output_image_path]):
    combined.paste(image, (x_offset, 0))
    x_offset += IMAGE_WIDTH
combined.save(combined_image_path)
combined
```

圖 12-22

相信很多人都用過 Prisma 這個 App，它可以將普通照片轉為想要的風格。其背後的原理，就是透過卷積神經網路學習某個影像的風格，然後再將這種風格應用到其他影像上。

12.3 影像風格遷移複習

影像的內容和風格是可以分離的，可以透過神經網路的方式將影像的風格進行自由交換。風格的遷移即可轉化成這樣一個問題：讓生成影像的內容與內容來源影像盡可能相似，讓影像的風格與風格來源影像盡可能相似。

那麼如何才能將影像的風格提取出來呢？紋理能夠描述一個影像的風格，也就是說只要提取出影像的紋理就可以了。那麼如何提取出影像的紋理呢，VGG 卷積神經網路其實就相當於一堆局部特徵辨識器，在 VGG 網路的基礎上套了一個格拉姆矩陣用來計算不同局部特徵的相關性，把它變成一個統計模型，這樣就完成了影像紋理的提取。

直接把局部特徵看作近似的影像內容，這樣就獲得了一個將影像內容與紋理分開的系統。而將內容與紋理合成的方法，就是 Google 在 2015 年夏天第一次發佈的 DeepDream 方法，找到能讓合適的特徵提取神經元被啟動的影像即可。

風格遷移的一般步驟是：①建立一個網路，它能夠同時計算風格參考影像、目標圖像和生成影像的 VGG 網路層啟動；②使用這三幅影像上計算的層啟動來定義之前所述的損失函數，為了實現風格遷移，需要將這個損失函數最小化；③設定梯度下降過程來將這個損失函數最小化。

第 13 章

生成對抗網路

生成對抗網路（Generative Adversarial Networks，GAN）是一種深度學習模型，也是近兩年深度學習領域的新秀，無監督式學習最具前景的方法之一。GAN 模型透過框架中（至少）兩個模組——生成模型（Generative Model）和判別模型（Discriminative Model）的互相博弈學習產生相當好的輸出。

13.1 什麼是生成對抗網路

有個比喻可以解釋 GAN。假設你想買個名錶，但是從未買過名錶的你很可能難辨別表的真假，而買名錶的經驗可以避免你被奸商欺騙。當你開始將大多數名錶標記為假錶（當然是被騙之後），賣家將開始生產更逼真的山寨名錶。這個例子形象地解釋了 GAN 的基本原理，判別器網路（名表買家）和生成器網路（生產假名表的賣家），兩個網路相互博弈。GAN 允許生成逼真的物體（例如影像）。生成器出於壓力被迫生成看似真實的樣本，而判別器學習怎麼分辨生成樣本和真實樣本。

GAN 的基本原理其實非常簡單，這裡以生成圖片為例說明。假設我們有兩個網路，G（Generator）和 D（Discriminator）。正如它的名字所暗示的那樣，它們的功能分別是：

- G 是一個生成圖片的網路，它接收一個隨機的雜訊 z，透過這個雜訊生成圖片，記作 G(z)。

- D 是一個判別網路，判別一幅圖片是不是「真實的」。它的輸入參數是 x，x 代表一幅圖片，輸出 D（x）代表 x 為真實圖片的機率，如果為 1，就代表 100% 是真實的圖片，而輸出為 0，就代表不可能是真實的圖片。

在訓練過程中，生成網路 G 的目標就是儘量生成真實的圖片去欺騙判別網路 D。而 D 的目標就是儘量把 G 生成的圖片和真實的圖片區分開來。這樣，G 和 D 就組成了一個動態的「博弈過程」。

最後博弈的結果是什麼？在最理想的狀態下，G 可以生成足以「以假亂真」的圖片 G(z)。對 D 來說，它難以判定 G 生成的圖片究竟是不是真實的，因此 D(G(z)) = 0.5。

這樣我們的目的就達成了：我們獲得了一個生成式的模型 G，它可以用來生成圖片。

引申到 GAN 裡面就是，GAN 中有兩個這樣的博弈者，一個博弈者的名字是生成模型（G），另一個博弈者的名字是判別模型（D）。它們各自有各自的功能。

G 與 D 的相同點是：

- 這兩個模型都可以看成是一個黑盒子，接收輸入然後有一個輸出，類似一個函數，一個輸入輸出映射。

G 與 D 的不同點是：

- **生成模型**：比作是一個樣本生成器，輸入一個雜訊 / 樣本，然後把它包裝成一個逼真的樣本，也就是輸出。

- **判別模型**：比作一個二分類器（如同 0-1 分類器），來判斷輸入的樣本是真是假（就是輸出值大於 0.5 還是小於 0.5）。

生成對抗網路的原理圖如圖 13-1 所示。

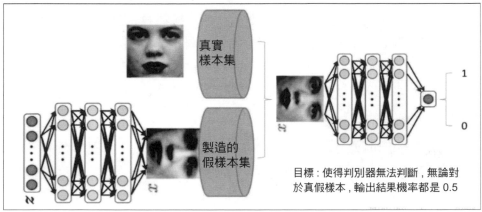

圖 13-1

首先判別模型就是圖 13-1 中右半部分的網路，直觀來看就是一個簡單的神經網路結構，輸入就是一幅影像，輸出就是一個機率值，用於判斷真假（機率值大於 0.5 那就是真，小於 0.5 那就是假），真假也不過是人們定義的機率而已。其次是生成模型，生成模型要做什麼呢？同樣也可以把生成模型看成是一個神經網路模型，輸入是一組隨機數 Z，輸出是一幅影像，不再是一個數值而已。從圖中可以看到，存在兩個資料集，一個是真實資料集，這個好理解；另一個是假的資料集，這個資料集就是由生成網路造出來的資料集。

根據圖 13-1，我們再來理解一下 GAN 的目標是要幹什麼：

- **判別網路的目的**：就是能判別出來輸入的一幅圖是來自真樣本集還是假樣本集。假如輸入的是真樣本，網路輸出就接近 1；輸入的是假樣本，網路輸出接近 0。這樣很完美，達到了很好的判別目的。

- **生成網路的目的**：生成網路是造樣本的，它的目的就是使得自己造樣本的能力盡可能強，強到什麼程度呢？判別網路沒法判斷樣本是真樣本還是假樣本。

有了這個理解，我們再來看看為什麼叫作對抗網路。判別網路說：「我很強，來一個樣本我就知道它是來自真樣本集還是假樣本集」。生成網路就不服了，説：「我也很強，我生成一個假樣本，雖然我生成網路知道是假的，但是你判別網路不知道，我包裝得非常逼真，你判別網路無法判斷真假。」用輸出數值來解釋就是，生成網路生成的假樣本進了判別網路以後，判別網路舉出的結果是一個接近 0.5 的值，極限情況就是 0.5，也就是説判別不出來了。

由這個分析可以發現，生成網路與判別網路的目的正好是相反的，一個説我能判別得好，另一個説我讓你判別不好，所以叫作對抗。那麼最後的結果到底是誰贏呢？這就要歸結到設計者，也就是我們希望誰贏了。作為設計者，我們的目的是要得到以假亂真的樣本，那麼很自然地我們希望生成樣本贏了，也就是希望生成樣本很真，讓判別網路不能區分出真假樣本。

13.2 生成對抗網路演算法細節

知道了生成對抗網路大概的目的與設計想法，我們就可以設計生成對抗網路。相比於傳統的神經網路模型，GAN 是一種全新的非監督式的架構，如圖 13-2 所示。GAN 包括了兩套獨立的網路，兩者之間作為互相對抗的目標。第一套網路是我們需要訓練的分類器（圖 13-2 中的 D），用來分辨是真實資料還是虛假資料；第二套網路是生成器（圖 13-2 中的 G），生成類似於真實樣本的隨機樣本，並將其作為假樣本。

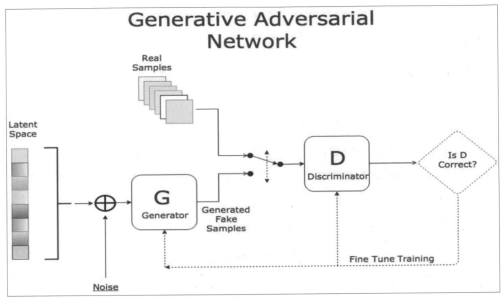

圖 13-2

詳細說明如下：

D 作為一個圖片分類器，對一系列圖片區分圖片中的不同動物。生成器 G 的目標是繪製出非常接近的偽造圖片來欺騙 D，做法是選取訓練資料潛在空間中的元素進行組合，並加入隨機噪音，例如選取一幅貓的圖片，然後給貓加上第三隻眼睛，以此作為假資料。

在訓練過程中，D 會接收真資料和 G 產生的假資料，它的任務是判斷圖片屬於真資料還是假資料。對於最後輸出的結果，可以同時對兩方的參數進行最佳化。如果 D 判斷正確，那就需要調整 G 的參數，從而使得生成的假資料更為逼真；如果 D 判斷錯誤，則需要調節 D 的參數，避免下次類似判斷出錯。訓練會一直持續到兩者進入到一個均衡和諧的狀態。

訓練後的產物是一個品質較高的自動生成器和一個判斷能力較強的分類器。前者可以用於機器創作（比如自動畫出「貓」「狗」），而後者則可以用來進行機器分類（比如自動判斷「貓」「狗」）。

那麼一個很自然的問題來了，如何訓練這樣一個生成對抗網路模型？其步驟如下：

步驟 ① 在雜訊資料分佈中隨機採樣，輸入生成模型，得到一組假資料，記為 D(z)。

步驟 ② 在真實資料分佈中隨機採樣，作為真實資料，記做 x；將前兩步中某一步產生的資料作為判別網路的輸入（因此判別模型的輸入為兩類資料：真或假），判別網路的輸出值為該輸入屬於真實資料的機率，real 為 1，fake 為 0。

步驟 ③ 然後根據得到的機率值計算損失函數。

步驟 ④ 根據判別模型和生成模型的損失函數，可以利用反向傳播演算法更新模型的參數。（先更新判別模型的參數，然後透過再採樣得到的雜訊資料來更新生成器的參數。）

注意 生成模型與對抗模型是完全獨立的兩個模型，它們之間沒有什麼聯繫，訓練採用的大原則是單獨交替迭代訓練。

GAN 的強大之處在於能自動學習原始真實樣本集的資料分佈，不管這個分佈有多麼的複雜，只要訓練得足夠好就可以得到結果。傳統的機器學習方法一般會先定義一個模型，再讓資料去學習。而 GAN 的生成模型最後可以透過雜訊生成一個完整的真實資料（比如人臉），說明生成模型掌握了從隨機雜訊到人臉資料的分佈規律。GAN 一開始並不知道這個規律是什麼樣，也就是說 GAN 是透過一次次訓練後學習到的真實樣本集的資料分佈。

GAN 的核心原理如何用數學語言來描述呢？這裡直接摘錄 Ian Goodfellow 的論文 Generative Adversarial Nets 中的公式，如圖 13-3 所示。

$$\min_{G} \max_{D} {}^{V(D,G)} = E_{x \sim Pdata(x)}[\log D(x)] + E_{x \sim px(z)}[\log(1 - D(G(z)))]$$

圖 13-3

簡單分析一下這個公式：

- 整個公式由兩項組成。x 表示真實圖片，z 表示輸入 G 網路的雜訊，而 G(z) 表示 G 網路生成的圖片。

- D(x) 表示 D 網路判斷真實圖片是否真實的機率（因為 x 就是真實的，所以對 D 來說，這個值越接近 1 越好）。而 D(G(z)) 是 D 網路判斷 G 生成的圖片是否真實的機率。

- G 的目的：上面提到過，D(G(z)) 是 D 網路判斷 G 生成的圖片是否真實的機率，G 應該希望自己生成的圖片「越接近真實越好」。也就是說，G 希望 D(G(z)) 盡可能的大，這時 V(D, G) 會變小。因此我們看到公式最前面的記號是 min_G。

- D 的目的：D 的能力越強，D(x) 應該越大，D(G(x)) 應該越小，這時 V(D,G) 會變大。因此公式對 D 來說就是求最大值（max_D）。

所以，我們回過頭來看這個最大最小目標函數，裡面包含了判別模型的最佳化，包含了生成模型以假亂真的最佳化，完美地闡釋了這樣一個優美的 GAN 演算法。

13.3 循環生成對抗網路

循環生成對抗網路（CycleGAN）是傳統 GAN 的特殊變形，它也可以建立新的資料樣本，但是透過轉換輸入樣本來實現，而非從頭開始建立。換句話說，它學會了從兩個資料來源轉換資料。這些資料可由提供此演算法資料集的科學家或開發人員進行選擇。在兩個資料來源是狗的圖片和貓的圖片的情況下，該演算法能夠有效地將貓的影像轉為狗的影像，反之亦然。

傳統的 GAN 是單向的，網路中由生成器 G 和判別器 D 兩部分組成。假設兩個資料欄分別為 X、Y。G 負責把 X 域中的資料拿過來拼命地模仿成真實資料，並把它們藏在真實資料中讓 D 猜不出來，而 D 就拼命地要把偽造資料和真實資料分開。經過二者的博弈以後，G 的偽造技術越來越厲害，D

的判別技術也越來越厲害。直到 D 再也分不出資料是真實的還是 G 生成的，這個時候對抗的過程達到一個動態的平衡。

單向 GAN 需要兩個 loss：生成器的重建 loss 和判別器的判別 loss。

- 重建 loss：希望生成的圖片與原圖盡可能相似。
- 判別 loss：生成的假圖片和原始真圖片都會輸入到判別器中。

而 CycleGAN 本質上是兩個鏡像對稱的 GAN，組成了一個環狀網路。兩個 GAN 共用兩個生成器，並各附帶一個判別器，即共有兩個判別器和兩個生成器。一個單向 GAN 有兩個 loss，兩個 GAN 即有四個 loss。

CycleGAN 的網路架構有兩個比較重要的特點：第一個特點就是雙判別器，如圖 13-4 所示，兩個分佈 X 與 Y，生成器 G、F 分別是 X 到 Y 和 Y 到 X 的映射，兩個判別器 Dx、Dy 可以對轉換後的圖片進行判別；第二個特點就是 cycle-consistency loss，用資料集中其他的圖來檢驗生成器，防止 G 和 F 過擬合，比如想把一幅小狗照片轉化成梵谷風格，如果沒有 cycle-consistency loss，生成器可能會生成一幅梵谷真實畫作來騙過 Dx，而無視輸入的小狗照片。

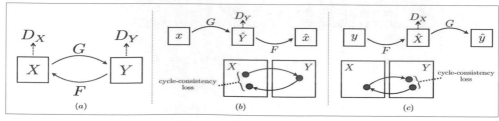

圖 13-4

CycleGAN 有許多有趣的應用。下面介紹五類具體的應用，以展示 CycleGAN 這一技術的應用能力。

1. 風格轉換

風格轉換指學習一個領域的藝術風格並將該藝術風格應用到其他領域，一般是將繪畫的藝術風格遷移到照片上。圖 13-5 展示了使用 CycleGAN 學習莫 、梵谷、塞尚、浮世繪的繪畫風格，並將其遷移到風景照上的結果。

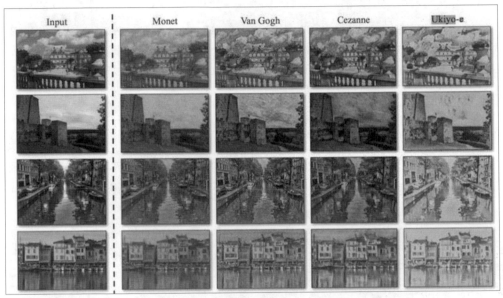

圖 13-5

2. 物體變形

物體變形指將物體從一個類別轉換到另一個類別，例如將狗轉為貓。CycleGAN 實現了斑馬和馬的照片之間的相互轉換。雖然馬和斑馬的大小和身體結構很相似，但它們在皮膚顏色上有所差異，因此這種轉換是有意義的。

如圖 13-6 所示，CycleGAN 將圖片中的蘋果和橘子進行了相互的轉換，蘋果和橘子的大小和結構相似但顏色不一樣，因此這一轉換同樣合理。

圖 13-6

3. 季節轉換

　　季節轉換指將在某一季節拍攝的照片轉為另一個季節的照片，例如將夏季的照片轉為冬季。如圖 13-7 所示，CycleGAN 實現了冬天和夏天拍攝的風景照之間的相互轉換。

圖 13-7

4. 使用繪畫生成照片

　　使用繪畫生成照片指使用給定的繪畫合成像照片一樣逼真的圖片，一般使用著名畫家的畫作或著名的風景畫進行生成。如圖 13-8 所示，CycleGAN 將莫 的一些名畫合成為類似照片的圖片。

圖 13-8

5. 影像增強

影像增強指透過某種方式對原圖片品質進行提升。如圖 13-9 所示，透過增加景深對近距離拍攝的花卉照片進行了增強。

圖 13-9

13.4 利用 CycleGAN 進行影像風格遷移

把一幅影像的特徵轉移到另一幅影像，這是個非常激動人心的想法。把照片瞬間變成梵谷、畢卡索的畫作風格，想想就很酷。利用 CycleGAN 進行風格遷移，可以實現 A 類圖片和 B 類圖片之間相互的風格遷移。比如 A 類圖片為馬的圖片，B 類圖片為斑馬的圖片，可以實現將馬轉化成斑馬，也可以將斑馬轉化成馬。整體架構使用的是 CycleGAN，即同時訓練將 A 轉化為 B 風格的 GAN 和將 B 轉化為 A 風格的 GAN。訓練耗費的時間比較長，但是一旦有了訓練好的模型，生成圖片的速度就比較快。

本節介紹的案例目的是利用 CycleGAN 對一批梵谷油畫影像和現實風景影像進行訓練，利用現實風景影像生成具有梵谷風格的影像。

本案例程式使用 vangogh2photo 資料集，該資料集的下載網址為 https://people.eecs.berkeley.edu/~taesung_park/CycleGAN/datasets/，在該網址的最下面可以找到 vangogh2photo 資料集，其大小為 292MB，下載後解壓即可使用。其目錄結構如圖 13-10 所示。

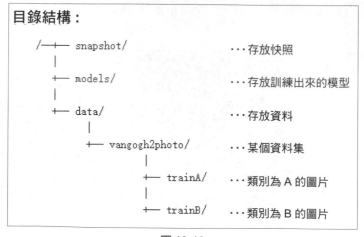

圖 13-10

13.4.1 匯入必要的函數庫

匯入 PIL 影像處理函數庫，其目的為了保存中間的快照。匯入 glob 函數庫，用於獲取目錄下所有檔案名稱，以及獲取資料。匯入一些神經網路中的層，如 Conv2D（二維卷積層），BatchNormalization（批標準化層）、Add（加法層）、Conv2D Transpose（反卷積層）、Activation（啟動層）。匯入一些必要的函數庫，程式如下：

```
from PIL import Image
import numpy as np
import keras.backend as K
from keras.models import Sequential, Model
from keras.layers import Conv2D, BatchNormalization, Input, Dropout, Add
from keras.layers import Conv2DTranspose, Reshape, Activation, Cropping2D,
Flatten
from keras.layers import Concatenate
from keras.optimizers import RMSprop, SGD, Adam
from keras.layers.advanced_activations import LeakyReLU
from keras.activations import relu,tanh
from keras.initializers import RandomNormal
```

13.4.2 資料處理

資料讀取的程式如下：

```
def load_image(fn, image_size):
    """
    載入一幅圖片
    fn: 影像檔路徑
    image_size: 影像大小
    """
    im = Image.open(fn).convert('RGB')
    # 切割影像 ( 截取影像中間的最大正方形，然後將大小調整至輸入大小 )
    if (im.size[0] >= im.size[1]):
        im = im.crop(((im.size[0] - im.size[1])//2, 0, (im.size[0] +
im.size[1])//2, im.size[1]))
```

```
    else:
        im = im.crop((0, (im.size[1] - im.size[0])//2, im.size[0], (im.size[0] +
im.size[1])//2))
    im = im.resize((image_size, image_size), Image.BILINEAR)
    # 將 0 ～ 255 的 RGB 值轉為 [-1,1] 上的值
    arr = np.array(im)/255*2-1
    return arr
import glob
import random
class DataSet(object):
    """
    用於管理資料的類別
    """
    def __init__(self, data_path, image_size = 256):
        self.data_path = data_path
        self.epoch = 0
        self.__init_list()
        self.image_size = image_size
    def __init_list(self):
        self.data_list = glob.glob(self.data_path)
        random.shuffle(self.data_list)
        self.ptr = 0
    def get_batch(self, batchsize):
        """
        取出 batchsize 幅圖片
        """
        if (self.ptr + batchsize >= len(self.data_list)):
            batch = [load_image(x, self.image_size) for x in self.data_
list[self.ptr:]]
            rest = self.ptr + batchsize - len(self.data_list)
            self.__init_list()
            batch.extend([load_image(x, self.image_size) for x in self.data_
list[:rest]])
            self.ptr = rest
            self.epoch += 1
        else:
            batch = [load_image(x, self.image_size) for x in self.data_
list[self.ptr:self.ptr + batchsize]]
            self.ptr += batchsize
```

```
        return self.epoch, batch
    def get_pics(self, num):
        """
        取出 num 幅圖片，用於快照
        不會影響佇列
        """
        return np.array([load_image(x, self.image_size) for x in random.
sample(self.data_list, num)])
def arr2image(X):
    """
    將 RGB 值從 [-1,1] 重新轉回 [0,255]
    """
    int_X = ((X+1)/2*255).clip(0,255).astype('uint8')
    return Image.fromarray(int_X)
def generate(img, fn):
    """
    將一幅圖片 img 送入生成網路 fn 中
    """
    r = fn([np.array([img])])[0]
    return arr2image(np.array(r[0]))
```

13.4.3 生成網路

首先定義一些常用的網路結構，以便於後續撰寫程式。程式如下：

```
# 用於初始化
conv_init = RandomNormal(0, 0.02)
def conv2d(f, *a, **k):
    """
    卷積層
    """
    return Conv2D(f,
                  kernel_initializer = conv_init,
                  *a, **k)
def batchnorm():
    """
    標準化層
    """
    return BatchNormalization(momentum=0.9, epsilon=1.01e-5, axis=-1,)
```

　　我們的生成網路採用「殘差網路」的結構，這種結構可以建構比較深的神經網路。殘差網路的基本結構是一個「塊（block）」，它的程式如下：

```
def res_block(x, dim):
    """
    殘差網路
    [x] --> [卷積] --> [標準化] --> [啟動] --> [卷積] --> [標準化] --> [啟動]
--> [+] --> [啟動]
     |
     |
     +----------------------------------------------------------------+
    """
    x1 = conv2d(dim, 3, padding="same", use_bias=True)(x)
    x1 = batchnorm()(x1, training=1)
    x1 = Activation('relu')(x1)
    x1 = conv2d(dim, 3, padding="same", use_bias=True)(x1)
    x1 = batchnorm()(x1, training=1)
    x1 = Activation("relu")(Add()([x,x1]))
    return x1
```

　　之所以採用這樣的結構，是因為神經網路的深度不是越深越好，56 層的神經網路產生的誤差反而比 18 層的要大，這是和我們常識相違背的。直覺告訴我們，模型的深度加深，學習能力增強，因此更深的模型不應當比它更淺的模型產生更高的錯誤率。假設深層網路後面的幾層網路都將輸入原樣輸出，那麼最壞的情況也應該和淺層網路誤差一樣。從這個想法出發，我們把網路設定為著重於訓練偏離輸入的小變化，這就是殘差網路。假設網路的輸出是 H(x)=F(x)+x，那麼殘差網路著重學習的就是 F(x)。如圖 13-11 所示，表示殘差網路的區塊。

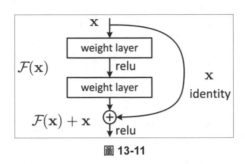

圖 **13-11**

　　使用殘差網路可以大大加深網路的深度，提升訓練效果。在生成網路中，也是使用殘差網路。

　　生成網路是按照 3 個卷積層、9 個殘差網路塊和 3 個反卷積層的結構堆疊而成。而反卷積運算可以幫助我們從小尺寸的特徵圖中生成大尺寸的影像。

　　這裡的反卷積，顧名思義是卷積操作的逆向操作。為了方便理解，假設卷積前為圖片，卷積後為圖片的特徵。卷積，輸入圖片，輸出圖片的特徵，這些操作的理論依據是統計不變性中的平移不變性（Translation Invariance），造成降維的作用。反卷積，輸入圖片的特徵，輸出圖片，這些操作造成還原的作用。

　　有了殘差網路和反卷積的知識，就比較容易理解生成網路的結構，以下是生成網路的程式：

```
    def NET_G(ngf=64, block_n=6, downsampling_n=2, upsampling_n=2, image_size
= 256):
    """
    生成網路
    採用 resnet 結構
    block_n 為殘差網路疊加的數量
    論文中採用的參數為 若圖片大小為 128，採用 6；若圖片大小為 256，採用 9
    [第一層] 大小為 7 的卷積核心 通道數量 3->ngf
    [下採樣] 大小為 3 的卷積核心 步進值為 2 每層通道數量倍增
    [殘差網路] 九個 block 疊加
    [上採樣]
```

```
[最後一層] 通道數量變回 3
"""
input_t = Input(shape=(image_size, image_size, 3))
# 輸入層
x = input_t
dim = ngf
x = conv2d(dim, 7, padding="same")(x)
x = batchnorm()(x, training = 1)
x = Activation("relu")(x)
# 第一層
for i in range(downsampling_n):
    dim *= 2
    x = conv2d(dim, 3, strides = 2, padding="same")(x)
    x = batchnorm()(x, training = 1)
    x = Activation('relu')(x)
# 下採樣部分
for i in range(block_n):
    x = res_block(x, dim)
# 殘差網路部分
for i in range(upsampling_n):
    dim = dim // 2
    x = Conv2DTranspose(dim, 3, strides = 2, kernel_initializer = conv_
init, padding="same")(x)
    x = batchnorm()(x, training = 1)
    x = Activation('relu')(x)
# 上採樣
dim = 3
x = conv2d(dim, 7, padding="same")(x)
x = Activation("tanh")(x)
# 最後一層
return Model(inputs=input_t, outputs=x)
```

13.4.4 判別網路

判別網路的結構由幾層卷積疊加而成，它比生成網路更簡單，其程式如下：

```
def NET_D(ndf=64, max_layers = 3, image_size = 256):
    """
    判別網路
    """
    input_t = Input(shape=(image_size, image_size, 3))
    x = input_t
```

```
x = conv2d(ndf, 4, padding="same", strides=2)(x)
x = LeakyReLU(alpha = 0.2)(x)
dim = ndf
for i in range(1, max_layers):
    dim *= 2
    x = conv2d(dim, 4, padding="same", strides=2, use_bias=False)(x)
    x = batchnorm()(x, training=1)
    x = LeakyReLU(alpha = 0.2)(x)
x = conv2d(dim, 4, padding="same")(x)
x = batchnorm()(x, training=1)
x = LeakyReLU(alpha = 0.2)(x)
x = conv2d(1, 4, padding="same", activation = "sigmoid")(x)
return Model(inputs=input_t, outputs=x)
```

這裡注意，判別網路最後的輸出並不是一個數，而是一個矩陣。我們只要把損失函數中的 0 和 1 看作是和判別網路具有相同尺寸的矩陣即可。

13.4.5 整體網路結構的架設

採用「類別」的概念組織 CycleGAN 的網路結構，程式如下：

```
def loss_func(output, target):
    """
    損失函數
    提到使用平方損失更好
    """
    return K.mean(K.abs(K.square(output-target)))
##### 網路結構的架設
# 我們採用 " 類別 " 的概念來組織 GAN 的網路結構:
class CycleGAN(object):
    def __init__(self, image_size=256, lambda_cyc=10, lrD = 2e-4, lrG = 2e-4,
ndf = 64, ngf = 64, resnet_blocks = 9):
        """
        建構網路結構
                        cyc loss
        +-------------------------------+
        |              (CycleA)         |
        v                               |
```

```
realA -> [GB] -> fakeB -> [GA] -> recA
  |                |
  |             +---------------+
  |                             |
  v                             v
[DA]          <CycleGAN>       [DB]
  ^                             ^
  |                             |
  +----------------+            |
                   |            |
recB <- [GB] <- fakeA <- [GA] <- realB
  |                 ^
  |             (CycleB)        |
  +---------------------------------+
                cyc loss
"""
# 建立生成網路
self.GA = NET_G(image_size = image_size, ngf = ngf, block_n = resnet_
blocks)
self.GB = NET_G(image_size = image_size, ngf = ngf, block_n = resnet_
blocks)
# 建立判別網路
self.DA = NET_D(image_size = image_size, ndf = ndf)
self.DB = NET_D(image_size = image_size, ndf = ndf)
# 獲取真實、偽造和復原的 A 類別圖和 B 類別圖變數
realA, realB = self.GB.inputs[0],  self.GA.inputs[0]
fakeB, fakeA = self.GB.outputs[0], self.GA.outputs[0]
recA,  recB  = self.GA([fakeB]),   self.GB([fakeA])
# 獲取由真實圖片生成偽造圖片和復原圖片的函數
self.cycleA = K.function([realA], [fakeB,recA])
self.cycleB = K.function([realB], [fakeA,recB])
# 獲得判別網路判別真實圖片和偽造圖片的結果
DrealA, DrealB = self.DA([realA]), self.DB([realB])
DfakeA, DfakeB = self.DA([fakeA]), self.DB([fakeB])
# 用生成網路和判別網路的結果計算損失函數
lossDA, lossGA, lossCycA = self.get_loss(DrealA, DfakeA, realA, recA)
lossDB, lossGB, lossCycB = self.get_loss(DrealB, DfakeB, realB, recB)
lossG = lossGA + lossGB + lambda_cyc * (lossCycA + lossCycB)
lossD = lossDA + lossDB
```

```python
        # 獲取參數更新器
        updaterG = Adam(lr = lrG, beta_1=0.5).get_updates (self.GA.trainable_
weights + self.GB.trainable_weights, [], lossG)
        updaterD = Adam(lr = lrD, beta_1=0.5).get_updates (self.DA.trainable_
weights + self.DB.trainable_weights, [], lossD)
        # 建立訓練函數，可以透過呼叫這兩個函數來訓練網路
        self.trainG = K.function([realA, realB], [lossGA, lossGB, lossCycA,
lossCycB], updaterG)
        self.trainD = K.function([realA, realB], [lossDA, lossDB], updaterD)
    def get_loss(self, Dreal, Dfake, real , rec):
        """
        獲取網路中的損失函數
        """
        lossD = loss_func(Dreal, K.ones_like(Dreal)) + loss_func(Dfake,
K.zeros_like(Dfake))
        lossG = loss_func(Dfake, K.ones_like(Dfake))
        lossCyc = K.mean(K.abs(real - rec))
        return lossD, lossG, lossCyc
    def save(self, path="./models/model"):
        self.GA.save("{}-GA.h5".format(path))
        self.GB.save("{}-GB.h5".format(path))
        self.DA.save("{}-DA.h5".format(path))
        self.DB.save("{}-DB.h5".format(path))
    def train(self, A, B):
        errDA, errDB = self.trainD([A, B])
        errGA, errGB, errCycA, errCycB = self.trainG([A, B])
        return errDA, errDB, errGA, errGB, errCycA, errCycB
```

13.4.6 訓練程式

訓練程式，這裡使用 snapshot 函數，用於在訓練的過程中生成預覽效果，
程式如下：

```python
# 輸入神經網路的圖片尺寸
IMG_SIZE = 128
# 資料集名稱
DATASET = "vangogh2photo"
# 資料集路徑
```

```
dataset_path = "./data/{}/".format(DATASET)
trainA_path = dataset_path + "trainA/*.jpg"
trainB_path = dataset_path + "trainB/*.jpg"
train_A = DataSet(trainA_path, image_size = IMG_SIZE)
train_B = DataSet(trainB_path, image_size = IMG_SIZE)
def train_batch(batchsize):
    """
    從資料集中取出一個 Batch
    """
    epa, a = train_A.get_batch(batchsize)
    epb, b = train_B.get_batch(batchsize)
    return max(epa, epb), a, b
def gen(generator, X):
    #用於生成效果圖
    r = np.array([generator([np.array([x])]) for x in X])
    g = r[:,0,0]
    rec = r[:,1,0]
    return g, rec
def snapshot(cycleA, cycleB, A, B):
    """
    產生一個快照
    A、B 是兩個圖片串列
    cycleA 是 A->B->A 的循環
    cycleB 是 B->A->B 的循環
    輸出一幅圖片:
    +----------+    +----------+
    | X (in A) | ...| Y (in B) | ...
    +----------+    +----------+
    |  GB(X)   | ...|  GA(Y)   | ...
    +----------+    +----------+
    | GA(GB(X))| ...| GB(GA(Y))| ...
    +----------+    +----------+
    """
    gA, recA = gen(cycleA, A)
    gB, recB = gen(cycleB, B)
    lines = [
        np.concatenate(A.tolist()+B.tolist(), axis = 1),
        np.concatenate(gA.tolist()+gB.tolist(), axis = 1),
        np.concatenate(recA.tolist()+recB.tolist(), axis = 1)
```

```python
        ]
    arr = np.concatenate(lines)
    return arr2image(arr)
# 建立模型
model = CycleGAN(image_size = IMG_SIZE)
# 先記下時間
import time
start_t = time.time()
# 訓練輪數
EPOCH_NUM = 100
# 已經訓練的輪數
epoch = 0
# 迭代幾次輸出一次訓練資訊（誤差）
DISPLAY_INTERVAL = 5
# 迭代幾次保存一個快照
SNAPSHOT_INTERVAL = 50
# 迭代幾次保存一次模型
SAVE_INTERVAL = 200
# 批大小
BATCH_SIZE = 1
# 已經迭代的次數
iter_cnt = 0
# 用於記錄誤差的變數
err_sum = np.zeros(6)
while epoch < EPOCH_NUM:
    # 獲取資料
    epoch, A, B = train_batch(BATCH_SIZE)
    # 訓練
    err  = model.train(A, B)
    # 累計誤差
    err_sum += np.array(err)
    iter_cnt += 1
    # 輸出訓練資訊
    if (iter_cnt % DISPLAY_INTERVAL == 0):
        err_avg = err_sum / DISPLAY_INTERVAL
        print('[迭代 %d] 判別損失：A %f B %f 生成損失：A %f B %f 循環損失：A ;
%f B %f'
        % (iter_cnt,
        err_avg[0], err_avg[1], err_avg[2], err_avg[3], err_avg[4], err_
```

```
avg[5]),
        )
        err_sum = np.zeros_like(err_sum)
    # 產生快照
    if (iter_cnt % SNAPSHOT_INTERVAL == 0):
        A = train_A.get_pics(4)
        B = train_B.get_pics(4)
        display(snapshot(model.cycleA, model.cycleB, A, B))
    # 保存模型
    if (iter_cnt % SAVE_INTERVAL == 0):
        model.save(path = "./models/model-{}".format(iter_cnt))
```

13.4.7 結果展示

訓練過程中主要用到 trainA 和 trainB 資料夾，其中，trainA 一共有 400 幅彩色影像，trainB 一共有 6287 幅彩色影像，所有影像的尺寸大小均為 256×256，如圖 13-12 所示。

圖 13-12

以梵谷的畫為 A 類別圖像，以真實的照片為 B 類別圖像進行訓練。當訓練第 1 個 epoch 時，訓練結果基本是雜訊。當訓練 5 個 epoch 時，已經能夠生成具有簡單色彩的影像。當訓練 15 個 epoch 時，已經可以看到一些紋理，比如 45° 的紋理線。當訓練 30 個 epoch 時，能夠生成更加濃郁的色彩。當訓練 60 個 epoch 時，生成影像的效果更為細膩一些。當訓練 100 個 epoch 時，對比原作，我們會發現 AI 繪製出來的影像確實具有梵谷的神韻。

後記

進一步深入學習

　　看完了本書，恭喜大家進入了深度學習的大門。我們在入門學習的過程中一個重要方法就是學習別人的程式，透過把高手的程式 debug 一遍，就能真正弄懂一個技術的原理。更重要的一點是，我們入門這個領域肯定不會自己動手一步一步地去實現所有需要的技術程式，最直接的學習方法就是結合開放原始碼的框架，善用這些開放原始碼框架是我們入門學習的最基本的手段。

　　接下來如何繼續提升自己呢？筆者給大家幾個建議：

1. 打好線性代數及矩陣知識的高數基礎

　　高等數學是學習人工智慧的基礎，因為人工智慧領域會涉及很多資料、演算法的問題，而這些演算法又是數學推導出來的，所以要理解演算法，就需要先學習一部分高數知識。那為什麼不建議一開始先學數學呢，主要是為了讓我們保持興趣和動力，不會一開始就被數學打擊得沒了學習 AI 的信心。當我們從案例實操中領悟了其背後執行的原理和真相後，再回頭補一下高等數學的知識，這樣信心能累積起來。深度學習是什麼呢？它就是一個複雜的類神經網路，這個神經網路的原理其實就包括了兩部分：前向傳播和反向傳播。這兩部分一個最核心的要點就是矩陣計算和梯度求導運算，所以説我們要能入門這個領域，線性代數及矩陣基礎還是要有的。這樣才會層層累積，避免沒有邏輯性地看一點學一點。

2. 不斷實戰，增強自己的實際經驗

當我們掌握了基本的技術理論，就要開始多實踐，不斷驗證自己學到的理論，更新自己的技術堆疊。找一個開放原始碼框架，自己多動手訓練深度神經網路，多動手寫寫程式，多做一些與人工智慧相關的專案。如果有條件的話，可以從一個專案的前期資料探勘，到中間模型訓練，並做出一個有意思的原型，把一整套的流程操作熟練。我們在學習過程中，可以經常去逛逛技術部落格，看看有沒有一些適合我們學習的專案可以拿來練手。

3. 找到自己的興趣方向，鑽研下去

人工智慧有很多方向，比如自然語言處理、語音辨識、電腦視覺等，生命有限，必須選一個方向深入地鑽研下去，這樣才能成為人工智慧領域的大神，從而有所成就。有的讀者可能會說我都想去研究個究竟，其實只要有時間這些都不是事。但是筆者覺得還是選擇一個方向去深入比較好，無論對於研究還是工作，我們不可能同一階段去深入幾件事，所以確定好一個深度學習的方向還是很重要的。

對選擇好的方向怎樣鑽研？最好的辦法就是結合一個實際的專案邊學邊做。有的讀者可能比較發愁，哪有實際專案去結合啊，其實 GitHub 網站上的每一位大神的程式都可以當成一個實際專案，比如人臉檢測、物體辨識等，這些公開的程式就是我們練手的利器。另外，從筆者自身學習的經驗來說，最有價值的做法就是，在一些高端會議上找到一篇開放原始碼的而且做的事是我們感興趣的論文，首先通讀論文，然後對應開放原始碼的程式開始大幹一場（就是把程式和論文對應上，確保自己完全理解）。

Note

Deepen Your Mind

Deepen Your Mind